# 煤中孔隙类型、研究方法与特征
# Types, Research Methods and Characteristics of Pores in Coal

潘结南 牟朋威 牛庆合 葛涛元 王 森 著

科学出版社
北 京

## 内 容 简 介

煤中孔隙是煤层气赋存与富集的场所,也是 $CO_2$ 强化煤层气开采与地质封存的主要空间。本书系统研究了煤中孔隙的形成与分类,对比分析了煤中孔隙不同测试技术与方法的优缺点,阐明了煤中多尺度孔隙结构演化特征及其主要控制因素,探讨了煤中封闭孔隙形成机理。

本书可供从事煤地质、煤层气地质与瓦斯地质等相关工作的研究人员与科技工作者阅读参考,也可作为高等院校相关专业研究生的参考用书。

#### 图书在版编目(CIP)数据

煤中孔隙类型、研究方法与特征=Types, Research Methods and Characteristics of Pores in Coal/ 潘结南等著. —北京:科学出版社,2023.9
ISBN 978-7-03-076238-2

Ⅰ. ①煤… Ⅱ. ①潘… Ⅲ. ①煤成气-孔隙-研究 Ⅳ. ①P618.13

中国国家版本馆 CIP 数据核字(2023)第 159833 号

责任编辑:冯晓利 / 责任校对:崔向琳
责任印制:师艳茹 / 封面设计:无极书装

科 学 出 版 社 出版
北京东黄城根北街 16 号
邮政编码:100717
http://www.sciencep.com

**北京建宏印刷有限公司** 印刷
科学出版社发行 各地新华书店经销
\*
2023 年 9 月第 一 版 开本:787×1092 1/16
2023 年 9 月第一次印刷 印张:13 3/4
字数:320 000
**定价:168.00 元**
(如有印装质量问题,我社负责调换)

# 前 言

随着经济的快速发展，大量的化石能源消耗带来了极为严重的环境问题，其中又以温室效应最为严重。据统计，2015年全球人为二氧化碳（$CO_2$）排放量已经达到336亿t，由此带来的温室效应对人类社会可持续发展和自然生态平衡产生了严重的负面影响。为了最大限度地缓解全球温室效应，人们采取多种措施减少大气中以 $CO_2$ 为主的温室气体含量，其中常用的措施包括利用较为清洁的化石能源（天然气、煤层气等）和实施 $CO_2$ 捕集和封存技术（carbon capture and storage，CCS）。

煤层既是煤层气的储集层，也是 $CO_2$ 封存的理想场所。煤作为一种多孔介质，具有典型的双重孔隙结构，其中，裂隙作为气体流动的主要通道，其发育特征对煤中气体运移起决定性作用；孔隙作为煤中气体的主要吸附空间，其发育特征决定了煤层气储量和煤层对 $CO_2$ 的封存能力。因此，查明煤中孔隙发育特征对准确评估特定区块煤层气开发潜力和 $CO_2$ 封存能力、最大限度地缓解全球温室效应具有重要意义。

人们很早就认识到了煤中孔隙的重要性，并对此进行了广泛的研究，这些研究涉及煤中孔隙发育特征及其分析测试方法、孔隙的成因类型及其演化、孔隙和煤与瓦斯突出、煤的自燃性和力学性质之间的关系、孔隙对矿产资源赋存和开发的影响等方面，在这个过程中，人们积累了一套较为成熟的煤中孔隙研究思路。然而，由于煤中孔隙成因复杂，孔隙孔径分布范围广且非均质性强，尽管很多方法可以用于表征煤的孔隙特征，定量获取煤中全尺度孔隙发育特征及其连通性仍存在一定的困难，可用于表征孔径小于10nm孔隙的方法也有待于进一步改进，对于煤中封闭孔隙的认识仍然十分缺乏。

本书针对上述存在的问题，系统论述了煤中孔隙的成因及其演化特征，并对煤中孔隙分类以及常用的孔隙表征方法的测试原理、适用范围及其优缺点进行了系统的分析与讨论。同时，综合煤地质学、煤层气地质学、煤化学、岩石学、构造地质学、流体力学以及分形几何学等多学科理论和方法，开展了不同地区、不同变质程度、不同变形程度煤中多尺度开放孔隙和封闭孔隙发育特征的定量表征工作，深入探讨了变质作用和变形作用对煤中孔隙发育的影响。本书的研究成果丰富和完善了煤地质学的理论和方法，为准确评价煤层气储量以及评估煤层 $CO_2$ 封存能力提供理论基础和科学依据。

本书主要依托于笔者主持的国家自然科学基金项目"煤孔隙结构演化的构造制约及瓦斯富集机理研究"和河南省高校科技创新人才支持计划项目"构造变形煤纳米级孔隙

特征及其构造演化机制研究"的部分研究成果。本书的出版得到了河南理工大学基本科研业务费项目和河南理工大学资源环境学院地质资源与地质工程河南省重点学科经费资助。本书在撰写过程中得到了中国科学院大学侯泉林教授的指导。另外，本书的出版得到了河南理工大学齐永安教授、罗绍河教授、苏现波教授、张玉贵教授、金毅教授、郑德顺教授、宋党育教授等多方面支持和帮助。笔者研究生郑鹤丹、李轶东、何海霞和聂帅等为本书资料整理和图形绘制提供了帮助。在此一并致以衷心的感谢！

由于作者水平和学识有限，书中不妥之处在所难免，敬请读者批评指正！

潘结南

2023 年 3 月

# 目　录

前言
第1章　绪论·······················································································1
　1.1　煤中孔隙的研究意义·····································································1
　1.2　煤中孔隙的研究现状·····································································2
　　1.2.1　煤中孔隙的成因及其分类·······················································2
　　1.2.2　煤中孔隙的研究方法·····························································3
　　1.2.3　煤中孔隙发育的影响因素·······················································6
　　1.2.4　孔隙对气体赋存和运移的影响···············································11
　参考文献······················································································13
第2章　煤中孔隙的形成与分类································································17
　2.1　孔隙成因分类············································································17
　2.2　孔隙孔径分类············································································19
　2.3　孔隙形态分类············································································21
　参考文献······················································································23
第3章　煤中孔隙的研究方法··································································24
　3.1　直接观察法···············································································24
　　3.1.1　扫描电子显微镜·································································24
　　3.1.2　原子力显微镜····································································29
　　3.1.3　透射电子显微镜·································································36
　3.2　流体侵入法···············································································37
　　3.2.1　压汞法·············································································37
　　3.2.2　氮气吸附法·······································································42
　　3.2.3　二氧化碳吸附法·································································52
　3.3　X射线与光谱法·········································································56
　　3.3.1　低场核磁共振实验······························································57
　　3.3.2　微米CT和纳米CT·······························································61
　　3.3.3　小角X射线散射实验····························································67
　参考文献······················································································70

# 第4章　煤中多尺度孔隙结构特征··················································75
## 4.1 煤中孔隙表面形态演化特征··················································75
### 4.1.1 煤中微米尺度孔隙··················································75
### 4.1.2 煤中纳米尺度孔隙··················································81
## 4.2 煤中纳米尺度孔隙结构特征··················································113
### 4.2.1 高压压汞孔隙结构研究··················································113
### 4.2.2 恒速压汞孔隙结构特征··················································127
### 4.2.3 纳米孔隙结构特征··················································131
## 4.3 煤中超微孔发育特征及其影响因素··················································158
### 4.3.1 煤样基本信息··················································158
### 4.3.2 基于 HRTEM 实验的构造煤超微孔发育特征··················································160
### 4.3.3 煤中超微孔发育的影响因素··················································165
参考文献··················································169

# 第5章　煤中封闭孔隙发育特征及其影响因素··················································172
## 5.1 煤样选择及煤岩学特征··················································173
### 5.1.1 煤样的宏观描述和变形特征··················································173
### 5.1.2 煤样的显微煤岩特征··················································175
## 5.2 基于 SAXS 的煤中总孔隙结构研究··················································177
### 5.2.1 不同变质程度煤样总孔隙发育特征··················································178
### 5.2.2 不同变质程度煤样总孔隙发育特征··················································182
## 5.3 基于液氮吸附实验的煤中开放孔隙结构研究··················································189
### 5.3.1 不同变质变形煤中开放孔隙发育特征··················································189
### 5.3.2 变质作用对开放孔隙孔体积和孔比表面积的影响··················································192
### 5.3.3 变形作用对开放孔隙孔体积和孔比表面积的影响··················································194
### 5.3.4 煤样孔隙的分形特征··················································195
## 5.4 不同变质变形煤中封闭孔隙发育特征及其形成机理··················································199
### 5.4.1 变质作用对封闭孔的影响··················································199
### 5.4.2 变形作用对封闭孔的影响··················································203
### 5.4.3 封闭孔隙形成机理··················································206

参考文献··················································209

# 第 1 章 绪 论

## 1.1 煤中孔隙的研究意义

煤炭作为我国的主要能源,长期在我国能源架构中占据首要地位。然而,随着环境的日益恶化,国家适时地提出了"二氧化碳排放力争于 2030 年前达到峰值,努力争取在 2060 年前实现碳中和"的目标,煤炭资源开发受到了极大的限制,如何高效地开发煤炭资源及其伴生能源(煤层气)成为目前煤炭地质领域研究的热点(赵路正等,2020)。

煤中孔隙作为煤炭伴生能源(煤层气)的主要储集空间,其发育特征也是影响煤炭高效开发的重要因素。研究表明,在成煤过程中,受煤化作用、构造应力等因素的综合影响,煤中发育大量不同类型、不同形状和不同大小的孔隙。这些孔隙不仅是煤炭伴生能源(煤层气)的主要储集空间,还是气体运移的主要通道,其发育情况直接决定了气体的吸附/解吸、扩散和渗流特征(Liu et al., 2019a; Pan et al., 2015a),从而影响煤层气的排采和 $CO_2$ 封存。

煤层气(煤矿瓦斯)主要是指赋存在煤层中的烃类气体,其主要成分为甲烷,与常规天然气成分极为相似,是一种优质的清洁能源(王明寿等,2004;方君实,2017)。近年来,为保障煤矿安全生产、增加清洁能源供应、减少温室气体排放(煤层气的温室效应是二氧化碳的 21 倍),国家对煤层气的勘探开发、综合利用以及煤矿瓦斯的突出防治工作极为重视。"十二五"时期,国家便出台了一系列政策和措施,大力推进煤层气的开发和利用,其间全国累计利用煤层气 340 亿 $m^3$,相当于节约 4080 万 t 标准煤,减排二氧化碳 5.1 亿 t。"十三五"时期,国家继续大力推进煤层气产业发展,以满足人们对能源的安全性、环保性的要求以及对接替能源的迫切需求。此外,人类生产活动使得 $CO_2$ 的排放量急剧增加,极大地加剧了全球温室效应。研究发现,使用 CCS 技术将原本排放到大气中的 $CO_2$ 进行捕集,经过处理后注入封闭的地下储层是减少大气中 $CO_2$ 的有效手段(Holloway, 2005)。深部不可采煤层作为天然的多孔介质,是 $CO_2$ 封存的理想场所。另外,注 $CO_2$ 于深部不可开采煤层既可实现 $CO_2$ 地质封存(Wang et al., 2020),又可用于促进煤层气的有效开发，具有环境和能源双重效益(Niu et al., 2020, 2021)。

然而，我国煤层气储层孔隙结构复杂，煤层气储层表现出极强的非均质性和低渗透性，极大地限制了煤层气的产出和$CO_2$封存，导致连续多年实际煤层气产量低于计划要求(郭威和潘继平，2019)，$CO_2$封存也仅停留在理论研究的层面。因此，系统地研究煤中孔隙结构特征及其发育规律，对探究煤层吸附—扩散—运移规律，指导煤矿煤炭安全生产和煤层气井增产、预防煤与瓦斯突出、评价煤层$CO_2$封存能力具有重要意义(Moore, 2012; Liu et al., 2015, 2016; Wang et al., 2020)。

## 1.2 煤中孔隙的研究现状

我国煤中孔隙的相关研究最早可以追溯到20世纪50年代。20世纪80年代开始，煤中孔隙的研究开始大量出现，主要涉及孔隙的结构表征及其成因和演化(黄瀛华等，1986；郝琦，1987；程秀秀等，1987；吕志发等，1991)、变质程度对孔隙的影响(朱春笙，1986)、孔隙和煤与瓦斯突出的关系(吴俊，1987；吴俊等，1991)、孔隙对矿产资源赋存的影响(陈瑞君和王东安，1995；吴俊，1993)、孔隙对气体放散的影响(杨其銮，1987)、孔隙与煤层渗透性的关系(王祯伟，1993；林柏泉和周世宁，1987)等方面。

### 1.2.1 煤中孔隙的成因及其分类

人们很早就观察到煤中有大量孔隙存在，而且不同孔隙的形貌特征存在较大差异。近些年来，随着各种电子显微镜的广泛使用(徐耀齐等，1980)，关于煤的微观形貌已经取得了诸多成果，人们也发现煤中孔隙形状、大小存在的差异可能与孔隙的形成过程复杂、形成原因多样有关。自此，关于煤中孔隙的成因及其发育特征的研究也逐步展开。

在能源领域，天然气作为一种常规能源具有重要的战略意义，然而，气从哪来？如何高效地找到气田是急需解决的问题，因此，煤中气孔的形成过程引起了人们的广泛关注(戴金星和戚厚发，1982)。戴金星和戚厚发(1982)就煤中气孔发育特征及其对天然气勘探的意义进行研究，认为煤中广泛发育的气孔是煤化作用过程中形成天然气的重要迹象。在煤化作用过程中，煤中有机物大分子结构的许多侧链和官能团随着温度和压力的升高而脱落，脱落的分子大部分转化为$CH_4$及其同系物和$CO_2$、$H_2O$等产物，而煤岩在高温高压作用下也表现出一定的塑性，因此，当边界条件适宜时煤中会产生气孔。然而，由于各种显微组分中气孔的发育程度存在差异，仅从气孔来分析气体的储存和运移仍然具有一定的局限性(郝琦，1987)。郝琦(1987)认为煤中的微观孔隙对于天然气的吸附、存储和运移均具有普遍意义，并根据孔隙的形状、孔径、矿物充填情况等进一步识别出植物组织孔、溶蚀孔、矿物铸膜孔、晶间孔、原生粒间孔和裂隙，其中，气孔是煤中大分子结构侧链和官能团脱落的结果；植物组织孔是成煤原生植物死亡埋藏后在成煤作用中残余的胞壁结构组成的；溶蚀孔是指煤中矿物在空气、地下水作用下经风化或溶蚀作用形成的；矿物铸膜孔是在煤层成岩压实过程中，压实的晶体脱落而形成的与晶型大致相同或相似的印坑；晶间孔和粒间孔，顾名思义，就是晶体间和矿物颗粒间的孔隙。需要注意的是，这些孔隙成因的划分主要参考了砂岩储层和灰岩储层中孔隙的名称。此外，张慧(2001)根据煤的结构和构造特征，结合煤的变质、变形特征对煤中孔隙进行划分，将煤中孔隙分为原生孔(胞腔孔和屑间孔)、外生孔(角砾孔、碎粒孔和摩擦孔)、变质孔(链间孔和气孔)和矿物质孔(铸模孔、溶蚀孔和晶间孔)，其中原生孔多出现在低变质作用阶段；随变质程度的增加，原生孔逐渐被破坏甚至消失，变质孔孔径呈增大趋势；当孔隙受到构造应力作用时，原生孔和变质孔被进一步被破坏，外生孔开始出现，且随着构造作用的增强，外生孔逐渐减小，造成煤层渗透率降低。

鉴于煤中孔隙对煤层气开发的重要意义，霍永忠和张爱云(1998)从煤层气地质的角度对煤中孔隙进行分类，将煤中孔隙分为生物成因孔(植物胞腔孔)和非生物成因孔(粒间孔和热成因孔)两大类；苏现波(1998)将煤中孔隙分为气孔、残留植物组织孔、次生孔隙、晶间孔、原生粒间孔等；张素新和肖红艳(2000)将孔隙分为植物细胞残留孔隙、基质孔隙和次生孔隙三类。

### 1.2.2 煤中孔隙的研究方法

煤中孔隙发育特征对煤层气的赋存和运移具有重要影响，因此，定量表征煤中孔隙是十分必要的。目前很多方法可以用于孔隙测定(图1-1)。按其发展脉络，孔隙测定方法也经历了一个从宏观到微观，从二维到三维的发展过程。

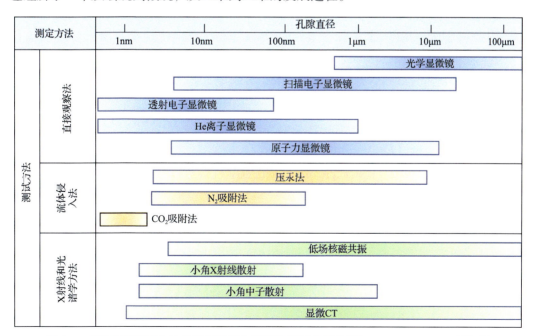

图1-1 各种孔隙测量方法的适用范围和常用孔径划分标准(据Song et al., 2020, 有修改)

最初，人们通过肉眼辨别宏观孔隙，并通过一定的方法测量煤样孔隙度进而衡量煤介质内流体容量和渗流状况，然而，该方法仅能从宏观角度表征煤中孔隙发育程度，而无法准确得出孔隙孔径分布、孔隙比表面积信息(陈煜朋等，2021)。随着技术的发展，光学显微镜、电子显微镜的引入使得观测微观孔隙的表面信息成为可能。通常情况下，光学显微镜可以用来观察微米级孔隙；扫描电子显微镜(SEM)用来研究纳米级孔隙，然而，扫描电镜通常只适用于观测小块样品，且对于孔径小于 10nm 的孔隙其观测效果并不理想；对于孔径更小的孔隙，通常借助高分辨率透射电镜(TEM)进行定量表征(Pan et al., 2015a; Vranjes-Wessely et al., 2020)，尤其是煤大分子晶格条纹之间的孔隙。需要注意的是，TEM 实验对样品的制备具有较高的要求(薄片样品)，因此，TEM 通常较少用于孔隙分析。然而，借助上述实验手段通常只能观测到煤中孔隙的表面信息，对于获取孔隙数量、孔隙分布规律等方面的信息仍然存在较大难度。原子力显微镜(AFM)可以在一定程度上解决上述问题。

AFM 是一种新型的具有较高分辨率的扫描探针显微镜，结合 Gwyddion 软件可以获得样品表面实时、原位的高分辨率图像。同时，AFM 的实验结果还可以用于定量表征纳米孔隙结构，如孔隙形状、孔径分布、孔隙数量、孔体积、孔比表面积、孔隙表面粗糙度、孔隙率以及煤岩的一些物理性质(黏附性和弹性模量)等(Zhao et al., 2019; Li et al., 2020; Liu et al., 2019a, 2019b; Tian et al., 2019)。研究表明，与低温 $N_2$ 吸附实验相比，AFM 测量的有效纳米孔隙范围更宽、精度更高(Liu et al., 2019a, 2019c)。AFM 实验数据有多种处理方法，其中常用的数值处理方法包括阈值法和分水岭法。Zhao 等(2019)对两种数值处理方法的应用范围进行了研究，认为阈值法适用于 10~500nm 的孔隙，分水岭法适用于 1~200nm 的孔隙。为了进一步丰富 AFM 实验的应用场景，Bruening 和 Cohen(2005)引入了 AFM 模式，使得定性评价煤表面的矿物特征成为可能，这也为在线 AFM 实验和进一步扩展 AFM 检测技术的应用范围提供了参考。然而，上述方法仍无法准确获取孔隙内部的准确信息，且其观测范围普遍较小，难以用于定量表征孔隙发育特征。流体侵入法的应用为解决上述问题提供了思路。

流体侵入法是将特定介质($CO_2$、$N_2$、汞等)注入孔隙，间接确定孔隙结构参数的方法。目前最常用的流体侵入法主要包括压汞法和气体吸附法。压汞法在中大孔测定方面具有极高的准确性，借助 Washburn 方程(Washburn, 1921)，压汞法可用于确定孔隙孔体积、孔比表面积和孔径分布特征。然而，由于汞进入微孔和部分过渡孔需要较大的压力，在较高压力作用下，汞的侵入可能导致煤样孔隙变形，且较小孔隙的往往存在屏蔽作用，造成实验测得的微孔和过渡孔数量偏少，因此，该方法并不适用于较小孔径孔隙的测量。用压汞法测量煤中纳米级孔隙时，必须对压汞数据进行校正，而孔径较小的孔隙往往通过气体吸附法测定。

气体吸附法主要包括 $N_2$ 吸附法和 $CO_2$ 吸附法。由于气体吸附法只能测得气体压力和吸附量等数据，并不能直接获得孔隙形态信息，因此，通常使用特定的计算模型将这些数据转换为孔隙结构信息。常用的计算模型包括 Langmuir 模型、Dubinin-Radushkevich(DR)模型、Dubinin-Astakhov(DA)模型、Brunauer-Emmett-Teller(BET)模型和非局域密度泛函理论(NLDFT)模型等。Li 等(2021)的研究表明，朗缪尔模型适用于相对低压($P/P_0$<0.01)阶段，实验误差随相对吸附压力($P/P_0$)的增大而增大；在 0.05<$P/P_0$<0.35 区间内，BET 模型(误差为–1.2733%)更准确；在相对低压阶段($P/P_0$<0.01)，用 DR 模型拟合的 $CO_2$ 吸附数据与使用 DA 模型拟合的结果吻合较好，其中 DA 模型拟合的结果更加准确；NLDFT 模型适用于 $N_2$ 吸附实验和 $CO_2$ 吸附实验，当相对吸附压力为 0.001~0.9996 时其拟合精度较高。对于 $CO_2$ 吸附实验，推荐使用 NLDFT 模型分析直径为 0.36~1.10nm 的微孔；对于 $N_2$ 吸附实验，NLDFT 模型可用于分析尺寸为 1.1~200.0nm 的孔隙。

由于所选流体的优异特性，流体侵入法在测孔方面具有较高的实验精度。然而，流体侵入法测孔的实验重复性较差，而且流体只能进入相互连通的孔隙中，因此，该方法只能用于检测开放孔和半开放孔，而封闭孔隙的测定则需要借助其他方法。此外，在进行联合实验时，由于不同方法的实验原理存在差异，因此，在对不同孔径的孔隙进行定量表征时，不能将压汞法、$N_2$ 吸附法和 $CO_2$ 吸附法所得孔隙数据进行简单的组合，有必要通过特定的方法对所有实验数据进行修正和规范化处理。需要注意的是，流体侵入法同样不能直接获取孔隙的内部信息，但是基于分形理论的流体侵入法可以在一定程度上反映孔隙的形态特征。

分形维数是描述孔隙结构非均质性和复杂性的重要参数之一(Wang et al., 2019; Hu et al., 2020)，该参数的获取主要依赖于其他孔隙测定方法获得的基本孔隙参数(孔隙体积、孔径分布等)，在这些参数的基础上，通过一定的数学模型将其转化为相应的分形维数。研究发现，通过气体吸附、小角度 X 射线散射(SAXS)、压汞法以及直接观察法等得到的数据均可用于计算分形维数。压汞法和 $N_2$ 吸附法实验数据处理简单，常用于计算分形维数。压汞法分形维数的计算通常可由 Washburn 方程和相似律联合求解，也可由 Menger 模型、热力学模型和 Sierpinski 模型联合求解。$N_2$ 吸附实验数据转换模型包括 Frenkel Halsey Hill(FHH)模型、Avnir 模型、Neimark 模型、Sierpinski 模型和 Menger 模型，但不同模型的适用范围不同。根据 Lu 等(2018)的研究，Sierpinski 模型可用于描述构造煤中渗流孔的非均质性；FHH 模型可以表征吸附孔的非均质性，Sierpinski 模型的计算结果可以作为吸附孔非均质性的补充；而 Menger 模型计算得到的分形维数往往大于 3，标准差较大，无法描述煤中孔隙的非均质性。对于特定的模型，其所适用的孔径范围也存在显著差异。Zhu 等(2016)利用 $N_2$ 吸附实验和 FHH 模型分析了煤的孔隙结构，计算了相对压力分别为 0.00~0.45 和 0.45~1.00 时的分形维数 $D_1$ 和 $D_2$，发现 $D_1$ 和 $D_2$ 与煤中孔隙结构密切相关。$D_1$ 主要受 10~220nm 的孔隙比表面积的影响，可以用于表征该孔径段孔隙的表面粗糙度；$D_2$ 主要受 2~10nm 的孔隙体积的影响。其他模型的适用范围还有待于进一步的研究。另外，孔隙结构同样与分形维数密切相关，研究发现随着构造变形程度的增大，煤孔隙内表面变得更加粗糙，孔隙结构也趋于复杂，煤孔隙的分形维数也随之增大，Li 等(2017)的研究也证实这点。

X 射线与光谱法由于其对样品的无损性而受到人们的广泛关注。在测孔的过程中，X 射线和光谱法主要通过记录 X 射线散射、波传播和正电子寿命谱来确定煤的孔径分布、孔隙度和渗透率等物理参数(Okolo et al., 2015; Mares et al., 2009; Yao et al., 2014)。对不能直接用流体侵入法测量的封闭孔隙，可以利用小角 X 射线散射实验(SAXS)与 $N_2$ 吸附实验测得，其中 SAXS 可以测得特定孔径段所有孔隙的发育特征，而 $N_2$ 吸附实验可以测得开放孔隙和半开放孔隙发育特征，通过将 SAXS 实验结果与 $N_2$ 吸附实验结果作差可以得到特定孔径范围内的封闭孔隙发育特征(Pan et al., 2016; Niu et al., 2017)。小角中子散射(SANS)可以有效表征纳米孔隙(1nm～10μm)结构特征(Clarkson et al., 2012, 2013; Mastalerz et al., 2012)，这主要是因为中子穿透深度大，对氢(及其同位素，特别是氘)很敏感。然而，由于 SAXS 和 SANS 方法测得的孔隙数据处理较为困难，极大地限制了该类方法应用。微纳米 CT 扫描技术具有成像速度快、扫描结果直观、立体的优点，但其分辨率较低，通常只能表征孔径大于 20nm 的孔隙。低场核磁共振技术(LFNMR)弥补了现有检测方法的不足，具有检测速度快、无损、检测连续、测量孔径大的优点，因此被广泛应用于煤的孔隙度、孔径分布、黏度和油气饱和度的测量(Liu et al., 2020; Yao and Liu, 2012)。然而，核磁共振在测定绝对孔体积和孔比表面积方面的可靠性还有待于进一步验证。

### 1.2.3　煤中孔隙发育的影响因素

煤中孔隙既是煤层气的赋存空间，也是 $CO_2$ 封存的理想场所。查明煤中孔隙结构发育特征及其主控因素是明确煤层气的吸附/解吸特征、揭示 $CO_2$ 吸附引起的煤大分子结构变化的重要前提。研究表明，受煤变质程度(Bustin and Clarkson, 1998; Prinz et al., 2004)、变形程度(Li and Ogawa, 2001; Xue et al., 2012; Qu et al., 2010)、显微组分(周龙刚和吴财芳，2012; Gürdal and Yalçın, 2001; Mastalerz et al., 2008a, 2008b)和矿物等多种因素的影响，不同变质、变形程度煤样的孔隙发育特征呈现出较大的差异。

#### 1.2.3.1　变质作用对煤中孔隙结构的影响

煤样的变质程度是决定煤中孔隙发育特征的重要因素(Pan et al., 2015b)。研究表明，随着煤样变质程度增加，煤中微孔含量增加，中孔含量略有变化，而大孔含量则逐渐减少。具体地，Bustin 和 Clarkson(1998)通过 $CO_2$ 吸附实验对不同煤阶煤样的微孔(<2nm)发育特征进行研究，发现微孔孔体积和孔比表面积随煤阶的增加呈先减小后增大的趋势，且在烟煤阶段达到最小，而在中高阶煤中，微孔往往占据最大的孔体积和孔比表面积(图1-2)，Prinz 等(2004)则持不同的观点。Prinz 等(2004)对 10 个煤样($R_{o,ran}$=0.76%～2.23%)进行了 SANS 和气体吸附实验，结果表明，随着变质程度的增加，微孔(<2nm)孔比表面积(BET)随变质程度的增大呈指数减小，孔体积的变化趋势呈抛物线形，且在 $R_{o,ran}$ 为 1.4%时达到最低点；而超微孔(<0.4nm)的孔比表面积则呈线性增加的趋势(Prinz and Littke, 2005)。此外，随着煤阶增加，微孔的分形维数逐渐增大，表明随着煤化程度的增加，微孔孔隙结构变得更复杂，孔隙表面的粗糙度也随之增加。

造成不同煤阶煤样孔隙发育特征存在差异的原因是多方面的，研究表明，不同煤阶煤的大分子结构特征也是影响其孔隙发育的重要因素(Liu et al., 2017, 2019)。低阶煤处于早期煤化阶段,煤岩结构疏松多孔,主要发育植物组织孔。

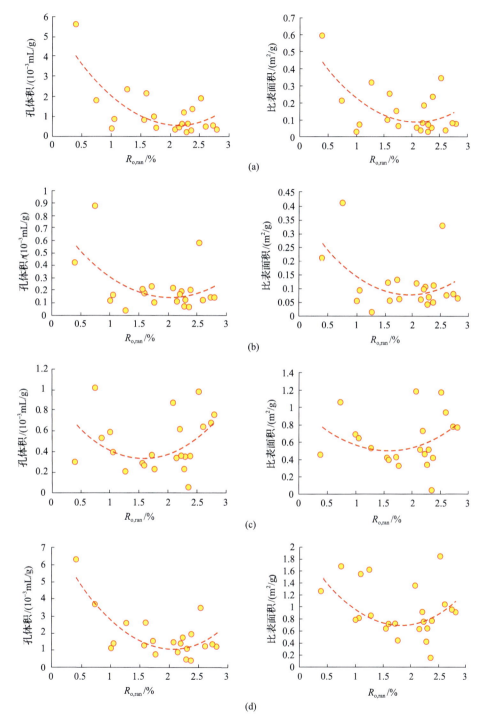

图 1-2　不同孔径段的孔体积、孔比表面积与镜质组反射率的关系(据 Pan et al., 2015b, 有修改)

(a) 10~100nm 的孔隙；(b) 5~10nm 的孔隙；(c) 2~5nm 的孔隙；(d) 2~100nm 的孔隙

随着煤岩埋深的增加，温度和压力逐渐增加，煤中大分子结构会发生脱水、脱氢等变化，芳香核的缩聚作用逐渐增加，大分子的官能团和侧链却随之减少，造成煤的结构更加紧凑，孔隙的开放程度也逐渐降低(Xin et al., 2019)；同时，植物组织碎片和晶粒间隙组成的晶间孔由于压实作用而紧密结合，造成中煤阶煤中孔隙孔体积和孔比表面积相对减小。随着变质作用的继续深化，在温度和压力的强烈作用下，煤岩发生连续的缩聚作用，大分子间的聚合作用继续增强，导致高阶煤中微孔异常发育，孔隙的孔体积和孔比表面积也进一步增大(Yan et al., 2021)，同时，纳米级孔隙结构的非均质性和孔隙表面粗糙度均有所增加。Cai 等(2014)的研究似乎可以在一定程度上解释随着变质程度的增加孔隙被压实的现象。他们通过 SAXS、SEM 和 $N_2$ 吸附实验研究了构造煤在不同温度和压力下的孔隙结构特征，发现中低阶煤主要发育球形孔隙，而高阶煤主要发育椭球状孔隙。

除了由于煤层埋深变化造成的孔隙结构差异外(深成变质作用)，区域岩浆热变质作用同样会对煤岩孔隙结构产生影响，且受到区域岩浆热变质作用影响的煤岩孔隙变化特征显著区别于深成变质作用。在深成变质作用下，煤的变质程度随埋深的增加而增大，其上覆静岩压力也逐渐增大，导致煤中大量孔隙封闭，微孔、中孔相对更加发育而大孔缺失。与深成变质作用相比，区域岩浆热变质作用下较浅的埋深即可形成与深成变质作用下相同变质程度的煤，因此，在区域岩浆热变质作用下，高阶煤的大孔一定程度发育(Sang et al., 2009)。此外，岩浆侵入区往往广泛发育次生孔隙，且在岩浆侵入的动力作用下，孔隙可以被裂隙连通，进而提高煤层的渗透性(刘大锰等，2015)。

#### 1.2.3.2 构造变形对煤孔隙结构的影响

中国的含煤盆地普遍具有复杂的构造演化特征，尤其是华北东部古生界的含煤盆地，经历了挤压、剪切、再次挤压等不同构造过程的叠加转化以及相邻板块间的相互作用形成了不同时期的不同性质和尺度的构造变形，该过程造成我国的含煤盆地构造复杂多变，进而形成了不同类型的构造变形煤。与原生结构煤相比，构造变形煤的物理性质发生了显著变化(Pan et al., 2015a, 2015b; Yu et al., 2020)，构造应力不仅会导致煤岩宏观结构的变形和破坏，还会对煤岩微观结构产生影响。

一般而言，构造应力会促进孔隙发育，煤岩变形程度越大，孔隙体积就越大。然而，煤岩变形机制的不同会造成孔隙结构变化存在差异。在脆性变形条件下，煤岩变形程度越高，过渡孔(10~100nm)所占的比例就越大，孔隙连通性也越大，这种变形机制有利于气体的运移。而在韧性变形作用下，煤岩表面呈蠕变流动特征，孔隙存在不规则发育的现象，微孔(<10nm)和过渡孔(10~100nm)所占比例增加，不利于改善孔隙连通性，煤岩对气体的吸附能力增强，扩散能力则呈降低的趋势。Yu 等(2017)基于低温 $N_2$ 吸附实验、$CO_2$ 吸附实验和分形理论对煤中孔隙进行研究，结果表明在韧性变形的情况下，煤中总孔比表面积和介孔(2~50nm)的孔体积会随着构造变形的增强而增大，构造变形煤中中孔的孔比表面积主要来自孔径为 2~10nm 和 10~20nm 的孔隙。不同变形结构煤纳米孔的孔体积和孔比表面积变化也存在差异。随着韧性变形的增强，孔隙的孔体积和孔比表面积显著增大，但其具体的变化趋势则因孔径的不同而存在差异。强变形使纳米

孔(2～100nm)和微孔(2～5nm)的孔体积和孔比表面积显著增加,其中过渡孔(10～100nm)的孔体积略有增大,而孔比表面积则呈减小趋势;微孔(2～10nm)随变形程度的增加孔体积和孔比表面积的增量迅速减小。此外,塑性变形过程增加了微孔(<2nm)的孔体积和孔隙表面的非均质性。需要注意的是,构造变形通常会对孔径为0.6～1.5nm的孔隙产生影响,在强脆性变形和糜棱岩化作用下,其所能影响的孔径将进一步扩大至0.3～0.6nm。

应力作用下煤中孔隙之所以会存在这样的变化,可能与构造变形破坏了煤的大分子结构有关,煤中大分子结构的破坏会影响煤的微孔隙发育(纳米级芳香层间隙)。李小诗(2011)研究了不同变形特征对煤大分子结构和纳米级孔隙的影响,发现不同变形作用下大分子结构的显著变化是造成纳米孔隙结构变化的主要原因。另外,通过HRTEM对6种不同构造变形煤的大分子结构进行观察,发现构造变形对煤的大分子结构和微孔(<1nm)有显著影响,且这种影响会随煤级的不同而存在差异(Pan et al., 2015a)。此外,Hou等(2017)认为,构造变形会消除封闭孔隙并增加可连通的中孔(2～50nm),从而提高中孔的孔比表面积和孔体积,另外构造变形可能导致微孔(<2nm)破碎,从而显著降低微孔的孔体积和孔比表面积。关于构造变形对封闭孔隙的影响,Pan等(2016)则持相反观点。Pan等(2016)利用SAXS和$N_2$吸附实验研究了构造变形煤的开放孔和封闭孔(中孔:2～50nm),发现煤的变形使孔径分布范围变得更窄,促进了原始孔隙的不均匀发育和进一步破碎,且随着变形程度的增加,封闭孔隙的孔比表面积所占比例达到峰值,而后逐渐降低。另外,随着变形程度的增加,封闭孔隙孔体积增大,但其占总孔隙的比例则出现一定程度的减小(Niu et al., 2017; Ren et al., 2021)。

显然,构造变形可以显著改变煤的孔隙结构特征(Pan et al., 2015b, 2015c; Qu et al., 2010; Pan et al., 2012),但其对煤孔隙连通性的影响尚需进一步的研究。Qu等(2010)认为,煤在经过构造变形后可以产生更多的孔隙,从而有效增加了孔隙的连通性,宋晓夏等(2013)持相同观点。

#### 1.2.3.3 显微组分对煤孔隙结构的影响

不同的显微组分中往往发育特有的孔隙(图1-3),因此显微组分对煤中孔隙发育特征具有较大影响。通常情况下,煤的显微组分主要包括镜质组、惰质组和壳质组等有机显微组分和矿物质等无机显微组分。研究发现,有机显微组分发育情况会影响煤中孔隙的孔径分布和孔隙类型(陈振宏等,2008a),这主要与煤化作用过程中不同有机显微组分的生烃能力存在差异有关。一般认为,生烃能力越强,越有利于变质孔发育。镜质组具有较强的热塑性、脆性和较高的产气量,因此最有利于变质孔的发育(陈振宏等,2008b; Wang et al., 2017),因此,镜质组是原生孔和变质孔发育的主要载体,其次是惰质组(尤其是丝质体),主要发育植物组织孔,壳质组一般不含孔隙(Liu et al., 2015, 2016)。考虑到原生孔和变质孔按照孔径划分属于微孔(<10nm)和过渡孔(10～100nm),因此,镜质组含量会影响微孔和过渡孔的分布(周龙刚和吴财芳,2012),主要表现为总孔体积会随镜质组含量的增加而增加(Zhao et al., 2014),但也有学者持相反观点(Gürdal and Yalçın,

2001; Mastalerz et al., 2008a)。

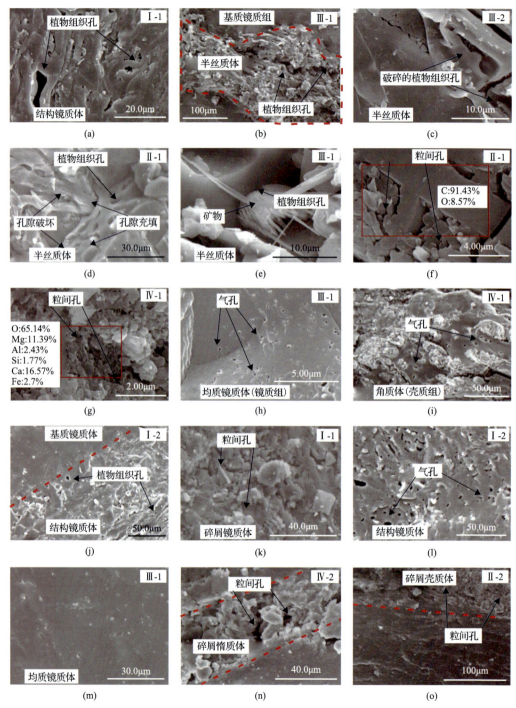

图 1-3 煤样不同显微组分的孔隙分布特征（据 Wang et al., 2017）

图右上角为样品编号，如 I-1

煤中矿物对孔隙和裂隙的影响主要表现为与矿物有关孔隙的发育以及次生矿物对孔

裂隙的充填作用。矿物中通常发育许多孔隙，如碳酸盐矿物中的溶蚀孔、黏土和碳酸盐矿物中的粒间孔(Liu et al., 2015, 2016)。差异收缩孔的发育也与矿物密切相关，其中矿物和有机质的热塑性和力学性质控制了差异收缩孔的形态(Liu et al., 2016)。矿物含量的增加一般会减小微孔体积，而其对中孔影响较为复杂，目前已经观察到正相关和负相关两种相反的变化规律(Mastalerz et al., 2008b)。煤储层大孔（>1000nm）和中孔（100～1000nm）发育特征与矿物充填情况密切相关(周龙刚和吴财芳, 2012)。矿物充填在孔隙或裂隙中，甚至形成裂隙脉，影响孔隙和裂隙的连通性和渗透率。

### 1.2.4 孔隙对气体赋存和运移的影响

煤是一种多孔介质，具有典型的双重孔隙结构。一般认为，煤中孔隙是煤层气赋存的主要场所，其发育特征对煤层气吸附/解吸和运移具有决定性作用。

煤层气的吸附/解吸行为是影响煤层气资源评价和煤层气开发的重要因素。学者们就气体吸附/解吸的影响因素进行了广泛的研究，发现影响煤岩吸附甲烷的因素有很多，主要可以分为两类：①煤自身性质，包含煤的变质程度、煤岩显微组分等；②外部因素，主要包括温度、压力、水分等。钟玲文和张新民(1990)通过分析不同变质程度煤样的等温吸附实验结果发现，随着变质程度的增高，甲烷吸附量呈现先降低后升高再降低的变化规律。陈振宏等(2008b)通过对不同煤阶煤样煤层气吸附/解吸特征的差异进行对比，认为高煤阶煤层气藏解吸效率较低，开发难度较大，低煤阶煤层气藏开发较容易。张庆玲等(2004)对采自不同地区、不同煤级的近500个煤样在平衡水条件下进行等温吸附实验，发现不同煤级煤样吸附能力与其显微组分含量密切相关：在褐煤阶段，煤的吸附能力随煤中惰质组含量的增加而增加，随镜质组含量增加而减少；到长焰煤阶段，其规律性不明显；当达到气煤到无烟煤阶段，煤的吸附能力表现出随惰质组含量的增加而减少、随镜质组含量增加而增加的趋势；在更深的变质阶段，显微组分含量对煤的吸附能力影响不明显。谢振华和陈绍杰(2007)对4种不同变质程度的煤样进行干燥条件和不同水分条件下的等温吸附实验，发现随着温度的升高，煤吸附甲烷量减小，但这种变化趋势并不显著。另外，许多学者也进行了多元气体的吸附/解吸实验研究。唐书恒等(2004, 2005)对多元气体吸附进行研究，发现与单组分气体吸附有所不同，混合气体吸附时，由于各组分的吸附能力相同，不同组分间会产生竞争吸附现象，对于二元气体吸附，$N_2$在和$CH_4$的吸附竞争中处于劣势，而$CO_2$在与$CH_4$的竞争中处于优势。然而，煤中气体主要以吸附态存在于孔隙中，因此，不管是煤岩自身的因素还是外部因素，其对气体吸附的影响都与煤岩孔隙密切相关。肖鹏和杜媛媛(2021)引入了吸附常数$a$、$b$(分别代表煤吸附瓦斯的饱和吸附量以及吸附速率)就煤岩孔隙发育特征与气体吸附间的关系进行了研究，发现吸附常数$a$与煤样微孔孔容、比表面积呈正相关关系，吸附常数$b$随着煤样大孔孔容占比、微孔占比的增大而增加，且随着孔隙总比表面积的增加，单位质量煤瓦斯吸附量逐渐增加。此外，孔隙的非均质性特征也会影响气体吸附，这可能因为较强的孔隙非均质性往往对应较大的朗缪尔体积和较小的朗缪尔压力，造成煤样对甲烷吸附能力增强、吸附速率加快(李倩和蔡益栋, 2020)。

煤层气解吸后，将以扩散的形式在孔隙和裂隙间运移。气体扩散作为煤层气运移的重要一环，对煤层气开发具有重要意义。学者们从理论和实验的角度对气体扩散行为进行系统的研究，已经取得了较大的进展。通常情况下，$CH_4$扩散特性可以通过扩散系数表征。然而，由于研究目标不同，国内外学者往往采取不同的测试方法对扩散系数进行测定，其中，瓦斯突出方面的研究通常采用常压解吸法来测定煤屑扩散系数；石油天然气行业普遍结合气相色谱法，采用规则块样测试烃类在岩石中扩散系数；煤层气井采气过程则普遍使用钻孔样品常压解吸法确定解吸时间，用于近似描述扩散特性(唐巨鹏等，2021)。气体的扩散行为同样受到多种因素的影响。唐巨鹏等(2021)从分子动力学的角度对双鸭山、孙家湾和大同等地区煤样的$CH_4$扩散规律进行研究，发现随着压力的增加，3种煤样中$CH_4$分子扩散系数表现为先减小后趋于稳定的变化规律；温度升高有利于煤层气扩散；而随着含水饱和度的增加，煤岩$CH_4$分子扩散系数逐渐降低。此外，煤层中$CO_2$和$H_2O$的存在不利于$CH_4$扩散，且与$H_2O$相比，$CO_2$对$CH_4$分子扩散抑制作用更明显(唐巨鹏等，2021)。张廷山等(2017)通过分子动力学的方法对页岩有机质纳米孔隙中的气体扩散行为进行进一步的研究，发现$CH_4$的自扩散系数随埋深(温度和压力条件)的增加呈增大趋势，同时，该研究还证明了孔隙发育特征与气体扩散行为之间存在密切的联系。多位学者的研究证实了上述结论。安丰华等(2021)对煤中瓦斯扩散模型进行了研究，结合煤粒内部扩散过程的计算，发现瓦斯扩散以过渡型扩散为主，但由于孔径不同，克努森系数、扩散系数等均不同，同时这些参数会在解吸过程中发生变化。阴昊阳等(2021)则认为不同的孔径段往往对应不同的扩散方式，其中克努森扩散主要发育在孔径为1.10~1.23nm的孔隙内，过渡型扩散则常出现在1.23~123nm的孔隙中，菲克扩散对应于孔径123nm的孔隙。同样地，聂百胜等(2018)认为，瓦斯气体在纳米级孔隙结构中的扩散模式以过渡型扩散为主；对于微孔更发育的煤样，其扩散形式更接近克努森扩散；中孔发育的煤样中的扩散形式更接近菲克扩散。进一步地，他们认为克努森数与温度呈负相关关系，与压强呈正相关关系。当温度高于250K后，克努森数趋于稳定；压强越大，气体扩散越容易。经过上述分析可以发现，气体扩散存在多种形式，主要包括克努森扩散、过渡型扩散和菲克扩散等，然而，当前的研究表明，这些扩散形式也可能存在缺陷。由于"扩散慢化"效应的存在，分形多孔介质中的气体扩散行为已不能完全满足菲克扩散定律(刘福生等，2001)。张路路等(2020)认为经典的瓦斯扩散模型是利用整个扩散过程的平均扩散系数来描述扩散过程，会出现扩散前期平均扩散系数偏小、扩散后期平均扩散系数偏大的情况，造成理论推演与实验结果有较大出入。扩散系数是孔径和孔隙压力的函数，孔径越大，扩散阻力越小，因此，当扩散发生时，大孔内的气体由于扩散阻力小，首先扩散出介质，从煤粒表面开始由表及里，扩散主导孔隙尺寸由大变小，使得扩散系数逐渐变小，其与时间的关系则显示出随时间延长扩散系数逐渐衰减的特征。因此，他们认为考虑不同孔径中分子的运动特点，并根据孔隙大小和孔隙压力得出的动态扩散系数能够更精确地描述瓦斯扩散的全过程。

煤层渗透率作为反映煤层渗流性的重要参数，同时也是评价煤层气可采性的关键参数(刘永茜等，2016)。研究表明，煤层渗流特性同样受孔隙结构发育特征的影响，这集中体现在孔隙孔径大小和孔隙性质等方面。严敏等(2021)通过分析煤孔隙连通性与煤层渗透性的关系时发现，煤样渗透率与煤样孔隙率及有效孔隙率均表现出良好的指数关系，与小孔、中孔、大孔及裂隙占比呈正相关关系，与微孔占比呈负相关关系。许江等(2012)则将原煤孔隙分为内部孔隙和外部孔隙，并发现原煤的内外部孔隙特征与渗透率呈正相关关系。另外，研究表明，孔隙性质同样会影响煤层渗透性。叶桢妮等(2019)研究发现脆性构造变形作用对孔隙整体复杂性、渗流孔复杂性以及微观裂隙复杂性均具有积极的改造作用，对吸附孔结构复杂性具有均一化作用，并建议优先考虑弱脆性变形的碎裂结构煤为主体的断层、向斜和背斜区域进行煤层气抽采。

## 参 考 文 献

安丰华, 贾宏福, 刘军. 2021. 基于煤孔隙构成的瓦斯扩散模型研究. 岩石力学与工程学报, 40(5): 987-996.
陈瑞君, 王东安. 1995. 南桐矿区煤的微孔隙与瓦斯储集、运移关系. 煤田地质与勘探, 23(2): 29-31.
陈煜朋, 姜文忠, 秦玉金, 等. 2021. 煤的孔隙分布特征研究理论与方法综述. 煤矿安全, 52(3): 190-196.
陈振宏, 贾承造, 宋岩, 等. 2008a. 高煤阶与低煤阶煤层气藏物性差异及其成因. 石油学报, 29(2): 179-184.
陈振宏, 王一兵, 宋岩, 等. 2008b. 不同煤阶煤层气吸附、解吸特征差异对比. 天然气工业, 28(3): 30-32.
程秀秀, 黄瀛华, 任德庆. 1987. 煤焦的孔隙结构及其与气化的关系. 燃料化学学报, (3): 261-267.
戴金星, 戚厚发. 1982. 我国煤中发现的气孔及其在天然气勘探上的意义. 科学通报, (5): 298-301.
方君实. 2017. 煤层气"十三五"规划解读. 化工管理, (1): 51, 52.
郭威, 潘继平. 2019. "十三五"全国油气资源勘查开采规划执行情况中期评估与展望. 天然气工业, 39(4): 111-117.
郝琦. 1987. 煤的显微孔隙形态特征及其成因探讨. 煤炭学报, (4): 51-56, 97-101.
黄瀛华, 沙兴中, 程秀秀, 等. 1986. 煤及煤焦孔隙结构的研究—Ⅱ. 煤及煤焦孔隙结构特征与气化反应性的关系. 华东化工学院学报, (3): 325-332.
霍永忠, 张爱云. 1998. 煤层气储层的显微孔裂隙成因分类及其应用. 煤田地质与勘探, 26(6): 29-33.
李倩, 蔡益栋. 2020. 煤储层孔隙结构非均质性及其对甲烷吸附能力影响研究//2020年中国地球科学联合学术年会论文集(十一). 北京: 北京伯通电子出版社.
李小诗. 2011. 两淮煤田构造煤大分子—纳米级孔隙结构演化特征及其变形变质机理. 北京: 中国科学院大学.
林柏泉, 周世宁. 1987. 煤样瓦斯渗透率的实验研究. 中国矿业学院学报, (1): 24-31.
刘大锰, 李振涛, 蔡益栋. 2015. 煤储层孔-裂隙非均质性及其地质影响因素研究进展. 煤炭科学技术, 43(2): 10-15.
刘福生, 马正飞, 王晟. 2001. 化学工程中分形问题的正交配置法. 计算物理, 18(3): 235-240.
刘永茜, 侯金玲, 张浪, 等. 2016. 孔隙结构控制下的煤体渗透实验研究. 煤炭学报, 41(S2): 434-440.
吕志发, 张新民, 钟铃文, 等. 1991. 块煤的孔隙特征及其影响因素. 中国矿业大学学报, 20(3): 48-57.
聂百胜, 伦嘉云, 王科迪, 等. 2018. 煤储层纳米孔隙结构及其瓦斯扩散特性. 地球科学, 43(5): 1755-1762.
宋晓夏, 唐跃刚, 李伟, 等. 2013. 基于显微CT的构造煤渗流孔精细表征. 煤炭学报, 38(3): 435-440.
苏现波. 1998. 煤层气储集层的孔隙特征. 焦作工学院学报, 17(1): 9-14.
唐巨鹏, 邱于曼, 马圆. 2021. 煤中$CH_4$扩散影响因素的分子动力学分析. 煤炭科学技术, 49(2): 85-92.
唐书恒, 郝多虎, 汤达祯, 等. 2005. 煤对二元气体等温吸附过程中的组分分馏效应. 科学通报, 50(1): 64-69.
唐书恒, 汤达祯, 杨起. 2004. 二元气体等温吸附实验及其对煤层甲烷开发的意义. 地球科学: 中国地质大学学报, 29(2): 219-223.
王明寿, 汤达祯, 张尚虎. 2004. 煤储层孔隙研究现状及其意义. 中国煤层气, 1(2): 9-11.
王祯伟. 1993. 孔隙含水层透水能力的主要因素及渗透系数经验公式. 煤炭科学技术, (1): 27-28.
吴俊, 金奎励, 童有德, 等. 1991. 煤孔隙理论及在瓦斯突出和抽放评价中的应用. 煤炭学报, 16(3): 86-95.
吴俊. 1987. 突出煤和非突出煤的孔隙性研究. 煤炭工程师, (5): 1-6.
吴俊. 1993. 煤微孔隙特征及其与油气运移储集关系的研究. 中国科学(B辑 化学 生命科学 地学), (1): 77-84.

肖鹏, 杜媛媛. 2021. 构造煤微观结构对其吸附特性的影响实验. 西安科技大学学报, 41(2): 237-245.

谢振华, 陈绍杰. 2007. 水分及温度对煤吸附甲烷的影响. 北京科技大学学报, 29(2): 42-44.

徐耀琦, 石淑娴, 任玉琴. 1980. 突出煤与非突出煤的结构探讨——电子显微镜在瓦斯研究上的应用. 煤矿安全, (1): 10-15.

许江, 袁梅, 李波波, 等. 2012. 煤的变质程度、孔隙特征与渗透率关系的试验研究. 岩石力学与工程学报, 31(4): 681-687.

严敏, 张彬彬, 李锦良, 等. 2021. 低透气性煤孔隙结构连通率对煤层渗透性的影响规律研究. 煤矿安全, 52(4): 31-38.

杨其銮. 1987. 煤屑瓦斯放散特性及其应用. 煤矿安全, (5): 1-6, 65.

叶桢妮, 侯恩科, 段中会, 等. 2019. 不同煤体结构煤的孔隙-裂隙分形特征及其对渗透性的影响. 煤田地质与勘探, 47(5): 70-78.

阴昊阳, 许石青, 郑连军. 2021. 考虑基质多尺度扩散的双孔隙介质模型. 矿业工程研究, 36(1): 62-70.

张慧. 2001. 煤孔隙的成因类型及其研究. 煤炭学报, (1): 40-44.

张路路, 魏建平, 温志辉, 等. 2020. 基于动态扩散系数的煤粒瓦斯扩散模型. 中国矿业大学学报, 49(1): 62-68.

张庆玲, 张群, 张泓, 等. 2004. 我国不同时代不同煤级煤的吸附特征. 煤田地质与勘探, (32): 68-72.

张素新, 肖红艳. 2000. 煤储层中微孔隙和微裂隙的扫描电镜研究. 电子显微学报, 19(4): 531, 532.

张廷山, 何映颉, 杨洋. 2017. 有机质纳米孔隙吸附页岩气的分子模拟. 天然气地球科学, 28(1): 146-155.

赵路正, 吴立新, 管世辉. 2020. 煤层气开发利用规划实施影响因素与对策建议. 煤炭经济研究, 40(12): 65-69.

钟玲文, 张新民. 1990. 煤的吸附能力与其煤化程度和煤中组成间的关系. 煤田地质与勘探, 4: 29-35.

周龙刚, 吴财芳. 2012. 黔西比德-三塘盆地主采煤层孔隙特征. 煤炭学报, 37(11): 1878-1884.

朱春笙. 1986. 煤的孔隙度与煤质的关系. 煤田地质与勘探, (5): 29-32, 75.

Bruening F A, Cohen A D. 2005. Measuring surface properties and oxidation of coal macerals using the atomic force microscope. International Journal of Coal Geology, 63(3): 195-204.

Bustin R M, Clarkson C R. 1998. Geological controls on coalbed methane reservoir capacity and gas content. International Journal of Coal Geology, 38(1): 3-26.

Cai Y D, Liu D M, Pan Z J, et al. 2014. Pore structure of selected Chinese coals with heating and pressurization treatments. Science China-Earth Sciences, 57(7): 1567-1582.

Clarkson C R, Freeman M, He L, et al. 2012. Characterization of tight gas reservoir pore structure using USANS/SANS and gas adsorption analysis. Fuel, 95: 371-385.

Clarkson C R, Solano N, Bustin R M, et al. 2013. Pore structure characterization of North American shale gas reservoirs using USANS/SANS, gas adsorption, and mercury intrusion. Fuel, 103: 606-616.

Gürdal G, Yalçın M N. 2001. Pore volume and surface area of the carboniferous coals from the Zonguldak Basin (NW Turkey) and their variations with rank and maceral composition. International Journal of Coal Geology, 48(1): 133-144.

Holloway S. 2005. Underground sequestration of carbon dioxide a viable greenhouse gas mitigation option. Energy, 30(11): 2318-2333.

Hou S H, Wang X M, Wang X J, et al. 2017. Pore structure characterization of low volatile bit uminous coals with different particle size and tectonic deformation using low pressure gas adsorption. International Journal of Coal Geology, 183: 1-13.

Hu Z, Zhang D, Wang M, et al. 2020. Influences of supercritical carbon dioxide fluid on pore morphology of various rank coals: A review. Energy Exploration & Exploitation, 38(5): 1267-1294.

Li H Y, Ogawa Y. 2001. Pore structure of sheared coals and related coalbed methane. Environmental Geology, 40: 1455-1461.

Li Y, Yang J G, Pan Z, et al. 2020. Nanoscale pore structure and mechanical property analysis of coal: An insight combining AFM and SEM Images. Fuel, 260: 116352.

Li Y B, Song D Y, Li G F, et al. 2021. Applicability analysis of determination models for nanopores in coal using low-pressure $CO_2$ and $N_2$ adsorption methods. Journal of Nanoscience and Nanotechnology, 21(12): 472-483.

Li Y, Zhang C, Tang D, et al. 2017. Coal pore size distributions controlled by the coalification process: An experimental study of coals from the Junggar, Ordos and Qinshui Basins in China. Fuel, 206: 352-363.

Liu S Q, Sang S X, Liu H H, et al. 2015. Growth characteristics and genetic types of pores and fractures in a high-rank coal reservoir of the Southern Qinshui Basin. Ore Geology Reviews, 64: 140-151.

Liu S Q, Sang S X, Pan Z J, et al. 2016. Study of characteristics and formation stages of macroscopic natural fractures in coal seam for CBM development in the East Qinnan Block, Southern Quishui Basin, China. Journal of Natural Gas Science and Engineering, 34: 1321-1332.

Liu X, Nie B, Wang W, et al. 2019a. The use of AFM in quantitative analysis of pore characteristics in coal and coal-bearing shale. Marine and Petroleum Geology, 105: 331-337.

Liu X, Song D, He X, et al. 2019b. Nanopore structure of deep-burial coals explored by AFM. Fuel, 246: 9-17.

Liu X, Song D, He X, et al. 2019c. Quantitative analysis of coal nanopore characteristics using atomic force microscopy. Powder Technology, 346: 332-340.

Liu Y, Zhu Y, Li W, et al. 2017. Ultra micropores in macromolecular structure of subbituminous coal vitrinite. Fuel, 210: 298-306.

Liu Y, Zhu Y, Chen S. 2019. Effects of chemical composition, disorder degree and crystallite structure of coal macromolecule on nanopores (0.4～150nm) in different rank naturally-matured coals. Fuel, 242: 553-561.

Liu Z, Liu D, Cai Y, et al. 2020. Application of nuclear magnetic resonance (NMR) in coalbed methane and shale reservoirs: A review. International Journal of Coal Geology, 218: 103261.

Lu G, Wang J, Wei C, et al. 2018. Pore fractal model applicability and fractal characteristics of seepage and adsorption pores in middle rank tectonic deformed coals from the Huaibei Coal Field. Journal of Petroleum Science and Engineering, 171: 808-817.

Mares T E, Radliński A P, Moore T A, et al. 2009. Assessing the potential for $CO_2$ adsorption in a subbituminous coal, Huntly Coalfield, New Zealand, using small angle scattering techniques. International Journal of Coal Geology, 77(1): 54-68.

Mastalerz M, Drobniak A, Rupp J. 2008a. Meso- and micropore characteristics of coal lithotypes: Implications for $CO_2$ adsorption. Energy & Fuels, 22: 4049-4061.

Mastalerz M, Drobniak A, Strapoć D, et al. 2008b. Variations in pore characteristics in high volatile bituminous coals: Implications for Coal bed gas content. International Journal of Coal Geology, 76: 205-216.

Mastalerz M, He L, Melnichenko Y B, et al. 2012. Porosity of coal and shale: Insights from gas adsorption and SANS/USANS techniques. Energy & Fuels, 26: 5109-5120.

Moore T A. 2012. Coalbed methane: A review. International Journal of Coal Geology, 101: 36-81.

Niu Q H, Cao L W, Sang S X, et al. 2021. Experimental study on the softening effect and mechanism of anthracite with $CO_2$ injection. International Journal of Rock Mechanics and Mining Sciences, 138: 104614.

Niu Q H, Pan J N, Cao L W, et al. 2017. The evolution and formation mechanisms of closed pores in coal. Fuel, 200: 555-563.

Niu Q, Wang W, Liang J, et al. 2020. Investigation of the $CO_2$ flooding behavior and its collaborative controlling factors. Energy & Fuels, 34(9): 11194-11209.

Okolo G N, Everson R C, Neomagus H W J P, et al. 2015. Comparing the porosity and surface areas of coal as measured by gas adsorption, mercury intrusion and SAXS techniques. Fuel, 141: 293-304.

Pan J N, Hou Q L, Ju Y W, et al. 2012. Coalbed methane sorption related to coal deformation structures at different temperatures and pressures. Fuel, 102: 760-765.

Pan J N, Niu Q H, Wang K, et al. 2016. The closed pores of tectonically deformed coal studied by small-angle X-Ray scattering and liquid nitrogen adsorption. Microporous and Mesoporous Materials, 224: 245-252.

Pan J N, Wang S, Ju Y W, et al. 2015a. Quantitative study of the macromolecular structures of tectonically deformed coal using high-resolution transmission electron microscopy. Journal of Natural Gas Science and Engineering, 27(3): 1852-1862.

Pan J N, Zhao Y Q, Hou Q L, et al. 2015b. Nanoscale pores in coal related to coal rank and deformation structures. Transp. Ort in Porous Media, 107: 543-554.

Pan J N, Zhu H T, Hou Q L, et al. 2015c. Macromolecular and pore structures of Chinese tectonically deformed coal studied by atomic force microscopy. Fuel, 139: 94-101.

Prinz D, Littke R. 2005. Development of the micro- and ultramicroporous structure of coals with rank as deduced from the accessibility to water. Fuel, 84: 1645-1652.

Prinz D, Pyckhout-Hintzen W, Littke R. 2004. Development of the meso- and macroporous structure of coals with rank as analysed with small angle neutron scattering and adsorption experiments. Fuel, 83: 547-556.

Qu Z H, Wang G G, Jiang B, et al. 2010. Experimental study on the porous structure and compressibility of tectonized coals. Energy & Fuels, 24(5): 2964-2973.

Ren J G, Song Z M, Li B, et al. 2021. Structure feature and evolution mechanism of pores in different metamorphism and deformation coals. Fuel, 283: 119292.

Sang S X, Liu H H, Li Y M, et al. 2009. Geological controls over coal-bed methane well production in southern Qinshui Basin. Procedia Earth & Planetary Science, 1(1): 917-922.

Song Y, Jiang B, Li F L, et al. 2017. Structure and fractal characteristic of micro- and meso-pores in low, middle-rank tectonic deformed coals by $CO_2$ and $N_2$ adsorption. Microporous and Mesoporous Materials, 253: 191-202.

Song Y, Jiang B, Li M, et al. 2020. A review on pore-fractures in tectonically deformed coals. Fuel, 278: 118248.

Tian X, Song D, He X, et al. 2019. Surface microtopography and micromechanics of various rank coals. International Journal of Minerals, Metallurgy and Materials, 26(11): 1351-1363.

Vranjes-Wessely S, Misch D, Issa I, et al. 2020. Nanoscale pore structure of carboniferous coals from the Ukrainian Donets Basin: A combined HRTEM and gas sorption study. International Journal of Coal Geology, 224: 103484.

Wang A, Wei Y, Yuan Y, et al. 2017. Coalbed methane reservoirs' pore-structure characterization of different macrolithotypes in the Southern Junggar Basin of Northwest China. Marine and Petroleum Geology, 86: 675-688.

Wang K, Pan J N, Wang E Y, et al. 2020. Potential impact of $CO_2$ injection into coal matrix in molecular terms. Chemical Engineering Journal, 401: 126071.

Wang Z, Cheng Y, Qi Y, et al. 2019. Experimental study of pore structure and fractal characteristics of pulverized intact coal and tectonic coal by low temperature nitrogen adsorption. Powder Technology, 350: 15-25.

Washburn E W. 1921. The dynamics of capillary flow. Physical Review Journal, 17(3): 273-283.

Xin F, Xu H, Tang D, et al. 2019. Pore structure evolution of low-rank coal in China. International Journal of Coal Geology, 205: 126-139.

Xue G W, Liu H F, Li W. 2012. Deformed coal types and pore characteristics in Hancheng Coalmines in Eastern Weibei Coalfields. International Journal of Mining Science and Technology, 22: 681-686.

Yan J W, Meng Z P, Li G Q. 2021. Diffusion characteristics of methane in various rank coals and the control mechanism. Fuel, 283: 118959.

Yao Y B, Liu D M. 2012. Comparison of low-field NMR and mercury intrusion porosimetry in characterizing pore size distributions of coals. Fuel, 95: 152-158.

Yao Y B, Liu D M, Xie S B. 2014. Quantitative characterization of methane adsorption on coal using a low-field NMR relaxation method. International Journal of Coal Geology, 131: 32-40.

Zhao S, Li Y, Wang Y, et al. 2019. Quantitative study on coal and shale pore structure and surface roughness based on atomic force microscopy and image processing. Fuel, 244: 78-90.

Zhao Y X, Liu S M, Elsworth D, et al. 2014. Pore structure characterization of coal by synchrotron small-angle X-ray scattering and transmission electron microscopy. Energy & Fuels, 28(6): 3704-3711.

Zhu J F, Liu J Z, Yang Y M, et al. 2016. Fractal characteristics of pore structures in 13 coal specimens: Relationship among fractal dimension, pore structure parameter, and slurry ability of coal. Fuel Processing Technology, 149: 256-267.

# 第 2 章
# 煤中孔隙的形成与分类

## 2.1 孔隙成因分类

孔隙结构发育特征可以在一定程度上反映煤岩的形成环境,而不同类型孔隙的连通性及其对气体的吸附能力存在较大差异(Meng et al., 2016; Liu et al., 2017),对煤中孔隙进行成因分类对恢复成煤环境、评价煤层气储量和煤层 $CO_2$ 封存能力具有重要意义。研究表明,孔隙的形成受显微组分特征、煤岩变质和变形程度等因素的影响,在此基础上,根据孔隙的成因类型可将其分为原生孔隙、变质孔隙、矿物质孔隙和外生孔隙(张慧,2001)。

原生孔隙主要是指在沉积时期形成的与煤岩组构有关的孔隙,主要包括植物组织孔和粒间孔。植物组织孔[图 2-1(a)、(b)]是成煤植物的细胞结构孔,其孔径一般大于 10μm,主要发育在中低阶煤的结构镜质体(杨昊睿,2017)、丝质体和菌类体中,孔隙形状主要为圆形或椭圆形,且常被矿物充填;高阶煤中植物组织孔发育较少。粒间孔,又被学者称为屑间孔,是指煤岩碎屑颗粒之间的孔隙(张慧,2001; Liu et al., 2017),主要发育在镜质体中,孔径在 1μm 以上,形状通常不规则。

变质孔隙是煤在变质作用过程中发生各种物理化学反应而形成的孔隙,可分为气孔、差异收缩孔和链间孔(张慧,2001),其孔径范围大致为 0.01~0.1μm。气孔[图 2-1(c)、(d)]又被称为热成因孔,主要发育在煤岩有机质中,其孔径大致分布在 0.1~3μm,单个气孔多呈圆形。中低阶煤中的气孔多为成煤作用同期生成(张慧,2001),形状规则,通常低阶煤中气孔的含量相对较少,中阶煤含量达到最大,但孔径有减小趋势(赵兴龙等,2010)。高阶煤中气孔通常分为两类:一类是残余气孔,即先期形成的气孔在后期高围岩压力作用下受压形成的孔(张慧,2001),常呈短线状;另一类是后期形成的气孔,即次生气孔,这类气孔大多以群聚的形式出现,形态以圆形、椭圆形为主,部分气孔受上覆静岩压力的影响产生变形,甚至闭合(Liu et al., 2017)。气孔的形成机理在 1.2.1 节中已经详细论述,此处不再赘述。差异收缩孔是煤化作用过程中有机质收缩并与原生矿物分离而形成的孔隙(Liu et al., 2017),主要发育在高阶煤原生矿物边缘与有机质交接处(Liu et al., 2017)，其孔径一般较大，属于中孔和大孔。链间孔是凝胶化物质在变质作用下缩聚而形成的链与链之间的孔隙(张慧，2001；Liu et al., 2017)，主要发育在

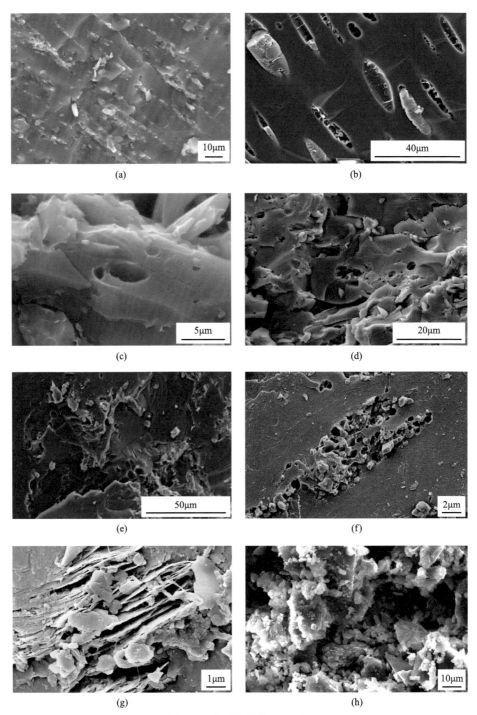

图 2-1 典型孔隙的 SEM 图
(a)和(b)植物组织孔；(c)和(d)气孔；(e)和(f)铸模孔；(g)晶间孔；(h)外生孔隙

煤岩有机质中，孔隙孔径为0.01~0.1μm，通常无固定形态。

矿物质孔隙，顾名思义，即与矿物质有关的孔隙。常见矿物质孔有矿物溶蚀孔、晶间孔[图2-1(g)]和铸模孔[图2-1(e)、(f)]，孔径一般以微米级为主。其中，矿物溶蚀孔是煤中可溶性矿物在气和水长期作用下受溶蚀而形成的孔隙(张慧，2001；Liu et al.，2017)，孔径通常较小，形态不规则。晶间孔为矿物晶粒之间的孔隙(张慧，2001；Liu et al.，2017)，孔径多在1μm(王生维和陈钟惠，1995)。铸模孔是煤中原生矿物在有机质中因硬度差异而形成的印坑，通常包括鲕粒铸模孔、生物铸模孔、石膏或石盐晶体铸模孔等。

外生孔隙是指煤在固结成岩后受各种外界因素(构造破坏、摩擦和滑动)作用而形成的孔隙，又称为构造孔隙，主要包括角砾孔、碎粒孔和摩擦孔。角砾孔是煤岩受到构造破坏后形成的角砾之间的孔隙，孔径范围通常在2~10μm，连通性较好；碎粒孔是指煤样在受到更严重的构造破坏后形成的碎粒之间的孔隙，孔径多分布在0.5~5μm；摩擦孔是指煤中压性构造面上的孔隙，其形成常具有方向性，孔径分布范围较广，孔隙间连通性较差(张慧，2001)。

## 2.2 孔隙孔径分类

煤中孔隙分布范围广泛，不同孔径的孔隙发育特征及其对煤层气吸附、解吸和运移的贡献也不同。鉴于孔径划分对孔隙分布特征的研究非常重要，有针对性的孔径划分可以清晰地反映不同孔径孔隙的分布特征，因此，学者们依据孔隙与气体分子间的相互作用、气体赋存状态、测试方法、孔隙结构分布特征和分形特征等对孔隙进行分类，详细的孔径分类方案见表2-1。目前较为常用的是霍多特(1966)和国际纯粹与应用化学联合会(International Union of Pure and Applied Chemistry, IUPAC)(Sing, 1985)提出的孔径分类方案。霍多特(1966)在工业吸附孔隙分类的基础上，根据煤的力学和渗透特性，制定了煤岩孔隙孔径分类方案：直径小于0.01μm的超微孔或微孔，是吸附瓦斯的容积；直径为0.01~0.1μm的过渡孔，是瓦斯毛细凝结和扩散的区域；直径为0.1~1.0μm的中孔，是瓦斯缓慢层流渗透的区域；直径为1.0~100μm的大孔，构成剧烈层流渗透区域，是结构高度破坏煤的破碎面；肉眼可见的孔隙和开度大于100μm的裂缝，构成层流与紊流渗透同时存在的区域，是坚固与中等强度煤的破碎面。该分类方案较为简单，因此在国内相关孔隙研究工作中得到了广泛的应用。IUPAC的分类方

表2-1 煤中孔隙孔径大小划分方案及其依据

| 分类依据 | 参考文献 | 孔径段/nm | 孔隙分类及其特征 |
| --- | --- | --- | --- |
| 孔隙与气体分子间的相互作用 | 霍多特(1966) | <10 | 微孔：气体吸附空间 |
| | | 10~100 | 过渡孔：气体的毛细凝结及扩散空间 |
| | | 100~1000 | 中孔：气体缓慢渗流区 |
| | | 1000~100000 | 大孔：气体剧烈层流渗流区 |
| | | >100000 | 可见孔隙(包括裂隙)：层流与紊流并存区 |

续表

| 分类依据 | 参考文献 | 孔径段/nm | 孔隙分类及其特征 |
|---|---|---|---|
| 孔隙与气体分子间的相互作用 | 吴俊等(1991) | <5 | 微孔：气体扩散 |
| | | 5~50 | 过渡孔：气体扩散 |
| | | 50~500 | 中孔：气体渗流 |
| | | 500~7500 | 大孔：气体渗流 |
| | 桑树勋等(2005) | <2 | 微孔：气体吸附空间，主要为墨水瓶孔 |
| | | 2~10 | 小孔：气体吸附空间，主要为墨水瓶孔 |
| | | 10~100 | 中孔：凝结吸附空间，主要以板状孔隙为主 |
| | | 100~1000 | 大孔：气体渗流空间，主要以板状孔隙为主 |
| | | 1000~10000 | 超大孔：气体不稳定空间，主要为管状或板状孔隙 |
| 气体的赋存状态 | Close(1993) | <2 | 微孔 |
| | | 2~20 | 过渡孔 |
| | | >20 | 大孔 |
| | IUPAC(Sing,1985) | <2 | 微孔 |
| | | 2~50 | 介孔 |
| | | >50 | 大孔 |
| 测试手段 | Gan等(1972) | 0.4~1.2 | 微孔 |
| | | 1.2~30 | 过渡孔 |
| | | 30~2960 | 大孔 |
| | 抚顺煤岩所(1985) | <8 | 微孔 |
| | | 8~100 | 过渡孔 |
| | | >100 | 大孔 |
| | Liu(1993) | <10 | 微孔 |
| | | 10~100 | 过渡孔 |
| | | 100~7500 | 中孔 |
| | | >7500 | 大孔 |
| 孔隙结构分布特征 | 杨思敬等(1991) | <10 | 微孔：煤分子结构单元组成的孔隙 |
| | | 10~50 | 过渡孔：微孔与中孔间的过渡性孔隙 |
| | | 50~750 | 中孔：煤的微观组分组成的孔隙 |
| | | >750 | 大孔：外部孔隙，如残留在样品中的微裂缝 |
| | 秦勇等(1995) | <15 | 微孔 |

续表

| 分类依据 | 参考文献 | 孔径段/nm | 孔隙分类及其特征 |
|---|---|---|---|
| 孔隙结构分布特征 | 秦勇等(1995) | 15~50 | 过渡孔 |
| | | 50~400 | 中孔 |
| | | >400 | 大孔 |
| | 琚宜文等(2005) | <2.5 | 超微孔 |
| | | 2.5~5 | 亚微孔 |
| | | 5~15 | 微孔 |
| | | 15~100 | 过渡孔 |
| | | 100~5000 | 中孔 |
| | | 5000~20000 | 大孔 |
| 孔隙分形特征 | Fu等(2005) | <65 | 扩散孔 |
| | | >65 | 渗流孔 |

案主要根据气体的赋存状态进行划分，在国际孔隙结构理论研究方面得到了广泛的认可(刘世奇等，2021)。

## 2.3 孔隙形态分类

煤中孔隙结构极为复杂，孔隙形态也多种多样。通过低温液氮吸附实验分析煤样吸脱附曲线的滞后环形状可以间接推测煤岩孔隙形态。de Boer(1958)认为吸脱附曲线的滞后环形状可以反映不同的孔隙形态，并据此将孔隙分为五种(图2-2)：A型滞后环，对应于圆柱孔；B型与狭缝状孔有关；C型和D型滞后环的出现可归因于楔形孔；而E型滞后环则与瓶颈孔有关。傅雪海等(2007)认为通过压汞实验绘制煤样的进汞—退汞曲线，进而根据"压汞滞后环"的特征，可以对孔隙的连通性及其基本形态进行间接推断。开放孔隙因为连通性较好而具有明显的压汞滞后环，半封闭孔则由于退汞压力与进汞压力相同而不具有压汞滞后环，较为特殊的半封闭型细瓶颈孔因其瓶颈与瓶体的退汞压力不同，也可形成突降型滞后环。然而，对于进汞—退汞曲线的滞后环形态与孔隙连通性的关系仍然存在较大争议，仍有待于进一步验证。进一步地，Nie等(2015)认为基于孔隙连通性，煤中的孔隙还可分为通孔、交联孔、死孔(又叫末端孔隙)和封闭孔隙等(图2-3)，其中前三种孔隙由于具有良好的连通性被称为开孔，它们对煤中气体的吸附、解吸和扩散有很大的影响。Wang等(2020)使用X射线CT图像对煤中三种尺度(纳米尺度、微米尺度和宏观尺度)孔隙的孔径分布和体积贡献进行了定量表征，并引入了形状因子，将孔隙形状分为五种类型(图2-4)：球形(0.2~0.8μm)、管状(0.8~10μm)、窄缝状(10~30μm)和狭缝状孔隙(30~40μm)及扁平型裂缝(50~240μm)。

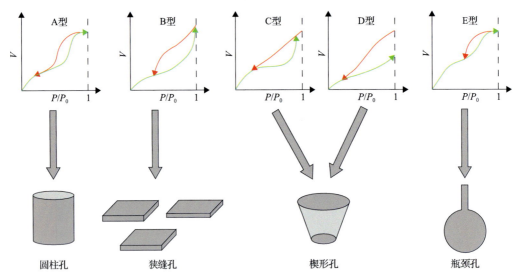

图 2-2 不同类型的氮气吸附—脱附曲线滞后环对应的孔隙形状（据 de Boer, 1958）

$V$ 为吸附量；$P/P_0$ 为相对压力

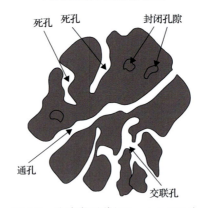

图 2-3 孔隙类型（据 Nie et al., 2015）

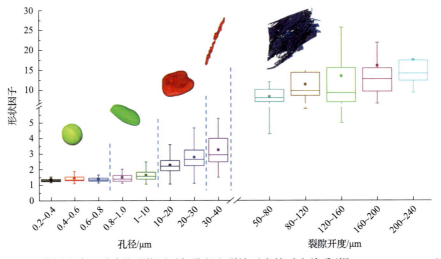

图 2-4 煤样孔隙和裂隙的形状因子与孔径和裂缝开度的对应关系（据 Wang et al., 2020）

## 参 考 文 献

抚顺煤研所. 1985. 煤中烃类气体组分与煤化作用关系研究. 抚顺: 抚顺煤炭科学研究院.

傅雪海, 秦勇, 韦重韬. 2007. 煤层气地质学. 徐州: 中国矿业大学出版社.

霍多特 B B. 1966. 煤与瓦斯突出. 宋世钊, 王佑安, 译. 北京: 中国工业出版社: 27-30.

琚宜文, 姜波, 侯泉林, 等. 2005. 华北南部构造煤纳米级孔隙结构演化特征及作用机理. 地质学报, 79(2): 269-285.

刘世奇, 王鹤, 王冉, 等. 2021. 煤层孔隙与裂隙特征研究进展. 沉积学报, 39(1): 212-230.

秦勇, 徐志伟, 张井. 1995 高煤级煤孔径结构的自然分类及其应用. 煤炭学报, 20(3): 266-271.

桑树勋, 朱炎铭, 张时音, 等. 2005. 煤吸附气体的固气作用机理(Ⅰ)——煤孔隙结构与固气作用. 天然气工业, 25(1): 13-15, 205.

王生维, 陈钟惠. 1995. 煤储层孔隙、裂隙系统研究进展. 地质科技情报, 14(1): 53-59.

吴俊, 金奎励, 童有德, 等. 1991. 煤孔隙理论及在瓦斯突出和抽放评价中的应用. 煤炭学报, 16(3): 86-95.

杨昊睿. 2017. 韩城地区构造煤孔隙结构和吸附特征分析. 太原: 太原理工大学.

杨思敬, 杨福蓉, 高照祥. 1991. 煤的孔隙系统和突出煤的孔隙特征//第二届国际采矿科学技术讨论会论文集. 徐州: 中国矿业大学出版社: 770-777.

张慧. 2001. 煤孔隙的成因类型及其研究. 煤炭学报, (1): 40-44.

赵兴龙, 汤达祯, 许浩, 等. 2010. 煤变质作用对煤储层孔隙系统发育的影响. 煤炭学报, 35(9): 1506-1511.

Close J C. 1993. Natural fractures in coal. Tulsa: AAPG: 119-132.

de Boer J H. 1958. The structure and properties of porous materials//Proceedings of the tenth Symposium of the Colston Research Society, London: Butterworths: 68-94.

Fu X H, Qin Y, Zhang W H, et al. 2005. Fractal classification and natural classification of coal pore structure based on migration of coal bed methane. Chinese Science Bulletin, 50: 51-55.

Gan H, Nandi S P, Walker P L. 1972. Nature of Porosity in American Coals. Fuel, 51: 272-277.

Liu C H. 1993. Experimental study on structural characteristics of coal pore. Safety in Coal Mines, (8): 1-5.

Liu S, Sang S, Wang G, et al. 2017. FIB-SEM and X-Ray CT characterization of interconnected pores in high-rank coal formed from regional metamorphism. Journal of Petroleum Science and Engineering, 148: 21-31.

Meng Z, Liu S, Li G. 2016. Adsorption capacity, adsorption potential and surface free energy of different structure high rank coals. Journal of Petroleum Science and Engineering, 146: 856-865.

Nie B S, Liu X F, Yang L L, et al. 2015. Pore structure characterization of different rank coals using gas adsorption and scanning electron microscopy. Fuel, 158: 908-917.

Sing K S W. 1985. Reporting physisorption data for gas/solid systems with special reference to the determination of surface area and porosity (Recommendations 1984). Pure and Applied Chemistry, 57(4): 603-619.

Wang X L, Pan J N, Wang K, et al. 2020. Characterizing the shape, size, and distribution heterogeneity of pore fractures in high rank coal based on X-Ray CT image analysis and mercury intrusion porosimetry. Fuel, 282: 118754.

# 第 3 章
# 煤中孔隙的研究方法

煤中孔隙孔径分布范围广泛，包括肉眼可见或借助于光学显微镜可以直接观察到的毫微米级孔隙、借助其他方法可以观测到的微纳米级孔隙和常规方法难以观测的封闭孔隙。由于不同孔径段的孔隙往往具有不同的结构特征，而单一的孔隙表征方法很难全面地获取煤中所有的孔隙信息，因此，有必要根据研究的需要选用适当的孔隙表征方法。孔隙的表征方法有很多，根据测试原理可将其大致分为三类：直接观察法、流体侵入法及 X 射线与光谱法。

## 3.1 直接观察法

直接观察法，即借助肉眼或其他显微镜技术能直接观察孔隙表面特征的方法，可用于确定煤样表面孔隙的形态、大小、连通性和平面分布特征，具有操作简单、结果直观、对试样损伤小的优点。常用的直接观察法除了肉眼直接观察外，还包括光学显微镜（Sun et al., 2016）、扫描电子显微镜（SEM）（Liu et al., 2019a）、氦离子显微镜（HIM）（Wang et al., 2018）、原子力显微镜（AFM）（Pan et al., 2013, 2015a, 2015b）和透射电子显微镜（TEM）观察等。各种观测方法的优缺点已经在 1.2.2 节中详细论述，下面将就煤孔隙研究中常用的扫描电子显微镜、原子力显微镜和透射电子显微镜观察法进行详细的介绍。

### 3.1.1 扫描电子显微镜

扫描电子显微镜是一种介于光学显微镜和透射电子显微镜之间的观察手段，最早由 Knoll 于 1932 年提出（金嘉陵，1978），但是，最初的扫描电子显微镜由于不能获得高分辨率的样品表面电子图像，而只能用作电子探针 X 射线微分析仪的辅助成像装置。之后，经过近 90 年的发展，扫描电子显微镜不但可以获得样品表面的电子图像，而且其分辨率已经达到 1nm，放大倍数也达到 30 万倍及以上且连续可调。进一步地，学者们将扫描电子显微镜和其他分析仪器相结合，可以实现在观察微观形貌的同时进行物质微区成分的分析。至此，扫描电子显微镜被广泛应用于生命科学、物理学、化学、司法、地球科学、材料学以及工业生产等领域的微观研究，仅在地球科学方面就包括了结晶学、矿物学、矿床学、沉积学、地球化学、宝石学、微体古生物、天文地质、油气地质、工程地质和构造地质等(于丽芳等，2008)。

#### 3.1.1.1 扫描电子显微镜的基本构成及实验原理

如图3-1所示，扫描电子显微镜通常由产生高能电子束的镜筒(电子枪、电磁透镜和扫描线圈)、接收并处理各种电子信号的成像系统(扫描信号发生器、探测器、扫描放大器、电子信息处理器和监控器)、记录电子图像的信息记录系统(摄像头、图像分析器和记录设备)、作为电子束与样品作用载体的真空系统(样品室、真空阀门、机械泵、油扩散泵、离子泵和真空检测装置)、调控扫描电子显微镜外部环境的电源系统(不间断电源、变压器、稳压器、安全控制线路和独立地线)等部分组成。在实验过程中，扫描电子显微镜电子枪发射出的电子束经过聚焦后会聚成点光源，点光源在加速电压作用下形成高能电子束，这些高能电子束经由两个电磁透镜被聚焦成直径微小的光点，在透过最后一级带有扫描线圈的电磁透镜后，电子束以光栅扫描的方式逐点轰击到样品表面，同时激发出不同深度的电子信号。此时，电子信号会被样品上方不同信号接收器的探头接收，通过放大器同步传送到电脑显示屏，形成实时成像记录[图3-2(a)]。

显然，扫描电镜成像的信号来自入射光束与样品的相互作用。通常情况下，由入射光束轰击样品表面激发出来的电子信号有俄歇电子、二次电子、背散射电子、X射线(特征X射线、连续X射线)、阴极荧光、吸收电子和透射电子[图3-2(b)]等，每种电子信号均需配置专门的信号接收器，但单一的机器能够配备的信号接收器是有限的，因此，试验用的扫描电子显微镜往往只能实现一部分功能。当前阶段，在煤岩检测中利用较多的电子信号主要是二次电子和特征X射线。

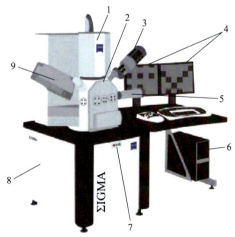

图3-1　扫描电子显微镜基本组成图(据甘玉雪等，2019)

1-镜筒；2-样品室；3-EDS探测器(用于样品成分分析)；4-监控器；5-EBSD探测器；6-计算机主机；
7-开机、待机、关机按钮；8-底座；9-WDS探测器

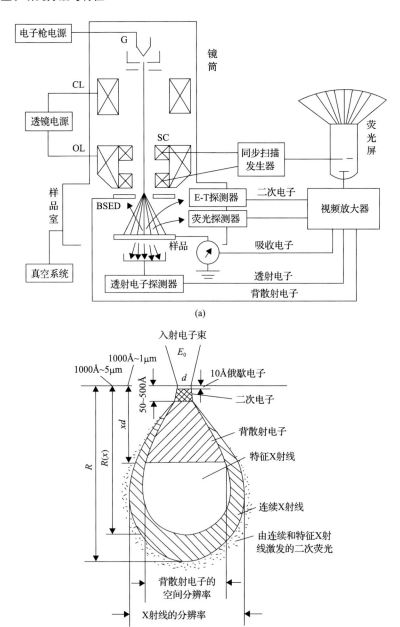

图 3-2 扫描电子显微镜原理图(据张大同，2009)和电子束在试样中的散射示意图(据章晓中，2006)

G-电子枪；CL-聚光镜；OL-物镜；SC-扫描线圈；BSED-背散射电子探测器；$E_0$-入射电子束能量，eV；
$d$-束斑直径；$xd$-背反射电子来源范围；$R(x)$-特征 X 射线来源范围；$R$-连续 X 射线来源范围

二次电子是入射电子经非弹性散射，从样品中射出的能量小于 50eV 的电子。通常情况下，只有样品表层几纳米到几十纳米范围内的电子才能从样品中逃逸出来从而成为二次电子，因此，通过捕获二次电子所获得的图像往往与样品表面形貌有关。研究表明，二次电子成像可以识别样品表面分辨率为 1nm 左右的形貌图像，从而在纳米尺度上获得样品表面的三维形貌信息(陈莉等，2015；凌妍等，2018)。

特征 X 射线同样是入射电子经样品非弹性散射产生的。当高能电子束轰击样品时，样品中原子的内层电子被电离，此时原子处于较高激发状态，外层的高能量电子会向内层跃迁以填补内层空缺从而释放能量，这部分辐射能量就称为特征 X 射线。特征 X 射线可以用来鉴别样品的组成成分以及测定样品中丰富的元素，而上述过程可以通过 X 射线能谱分析仪实现。X 射线能谱仪可以给出样品微区分析中成分的定性结果，也可以给出成分的半定量或定量结果，同时还可以通过电子束的线扫描和面扫描，给出样品的元素分布信息(陈莉等，2015；凌妍等，2018；甘玉雪等，2019)。

#### 3.1.1.2 扫描电子显微镜在孔隙研究中的应用

1. 形貌观察和成因判别

在煤岩孔隙研究中，扫描电子显微镜可以用于观测孔隙表面形貌和煤岩表面矿物的形貌特征，而这种表面形貌的观测正是通过收集和分析二次电子信号实现的。研究表明，在形貌观测方面二次电子具有分辨率高、无明显阴影效应、景深大、立体感强的优势，是扫描电子显微镜中最适于形貌观察的信号(甘玉雪等，2019)。利用二次电子信号可获取直观、实时的微区形貌及结构图像，通过形貌、微结构特征可推断样品表面某种现象的成因，如 1.2.1 节和 2.1 节中涉及的煤孔隙 SEM 图像及其成因分析正是对该技术的应用。此外，扫描电子显微镜图像还可以用于鉴定矿物类型和煤岩微观组分(刘锡贝等，2018；高凤琳等，2021)。如图 3-3 所示，在碳质泥岩层中观察到许多六边形的黄铁矿和粒径较小的草莓状黄铁矿，这种矿物类型的判定正是根据其在扫描电镜下的形态特征进行的。图 3-4 显示的是扫描电子显微镜下煤岩典型显微组分发育特征。

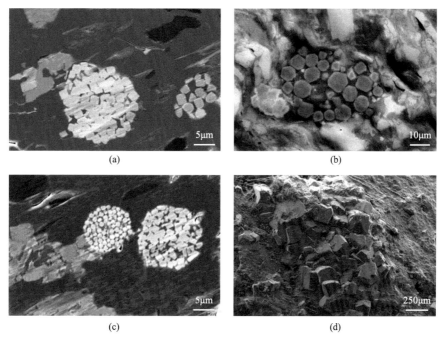

图 3-3　扫描电镜下煤系泥岩中的黄铁矿(据 Pan et al., 2021)
(a)和(b)草莓状黄铁矿；(c)被有机质包围的黄铁矿；(d)粒径较大的同生黄铁矿

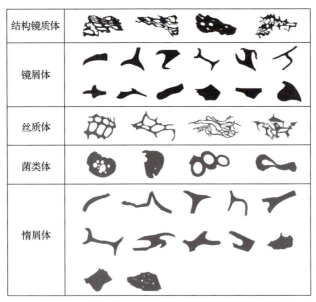

图 3-4 氩离子抛光扫描电镜下典型显微组分识别标志(据高凤琳等，2021)

此外，随着图片处理技术的发展，依据扫描电镜图片可以获取更多的孔隙结构信息。李祥春等(2022)联合扫描电镜(SEM)和孔隙-裂隙分析系统(PCAS)对不同变质程度煤样的孔隙进行分析，获取了孔隙面积、周长、形状因子和分形维数等孔隙结构信息(图 3-5)；鲍园和安超(2022)依据煤岩扫描电镜图片，结合计盒维数法对孔隙的分形维数进行了计算(图 3-6)。显然，随着技术的发展，扫描电镜在孔隙研究中仍存在较大的应用潜力。

2. 成分分析

煤岩成分分析主要是通过识别特征 X 射线实现的，而 X 射线主要借助 X 射线能谱仪收集和分析。X 射线能谱仪经常伴随着扫描电子显微镜使用，可以实现在形貌观察的同时进行成分分析。图 3-7(a)是在加速电压为 10kV、放大倍数为 4500 倍条件下的沙白团簇体 SEM 照片，图 3-7(b)是图 3-7(a)中沙白团簇体标记点 1 处的能谱图，从能谱图可以发现沙白粉末中主要含有 Ca 和 O 两种元素，可以结合 X 射线衍射(XRD)图谱具体判断是哪种化合物(凌妍等，2018)。

图 3-5 无烟煤 SEM 原始图像和 PCAS 处理后图像(据李祥春等，2022)

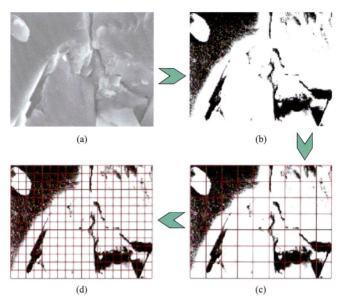

图 3-6 基于计盒维数法计算煤中孔隙分形维数流程图(据鲍园和安超,2022)

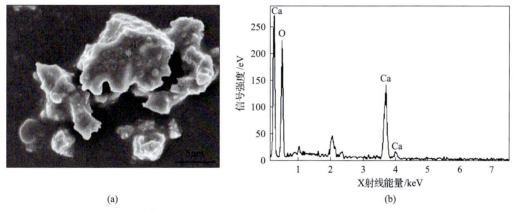

图 3-7 沙白团簇体 SEM 照片和该照片标记点 1 处的能谱图(据凌妍等,2018)

目前,X 射线能谱仪的分析范围已经覆盖到 5B-92U。在做能谱分析时,扫描电子显微镜的加速电压应根据被测元素的特征 X 射线能量进行适当调整以提高成分分析的空间分辨率,最好选择被测元素特征 X 射线能量的 2~3 倍。在制样方面,一般能看出形貌的样品都能做能谱分析,而当进行线扫描或面扫描分析时,则要求样品表面光滑、平整(陈莉等,2015)。

### 3.1.2 原子力显微镜

原子力显微镜(atomic force microscopy,AFM)是在扫描隧道显微镜(scanning tunneling microscopy,STM)的基础上由 IBM(International Business Machines Corporation)在 1986 年发明的,是一种可用于研究包括绝缘体在内的固体材料表面结构的分析仪器,其与扫描隧道显微镜被合称为扫描探针显微镜(scanning probe microscopy,SPM)(高扬,2021)。研究表明,AFM 具有较高的分辨率,可以获得诸如孔隙形状、孔径分布、孔隙数量、孔体积、孔比表面积、表面粗糙度、孔隙率等孔隙结构信息和煤岩表面实时、原位信息，还可以获取煤岩物理性质信息（黏聚力和弹性模量）（Zhao et al., 2019; Li et al., 2020; Liu et al., 2019a, 2019b; Tian et al., 2019）。AFM 在煤岩研究方面具有广阔的应用前景。

#### 3.1.2.1 原子力显微镜的基本构成及其实验原理

原子力显微镜通常由带针尖微悬臂、微悬臂运动检测装置、监控其运动的反馈回路、对样品进行扫描的压电陶瓷扫描器件、计算机控制的图像采集、显示及处理系统等组成（图 3-8）。在使用原子力显微镜扫描待测样品表面时，由于探针位于具有弹性变形能力的悬臂末端，当探针在样品表面扫描时，随着针尖与样品表面之间距离的变化，其所产生的微小作用力引起悬臂的偏转，进而造成照射在探针背面的激光束发生偏转并投射到光电检测器中；检测器将反射的激光束进行转化，光束信息被转换成或明或暗的区域亮度信息；这些亮度信息经进一步的拼合处理形成有明暗对比度的样品表面形貌图像（Patel and Kranz, 2018）（图 3-9）。

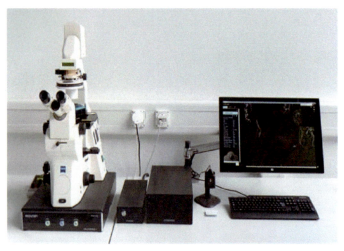

图 3-8　原子力显微镜基本构成

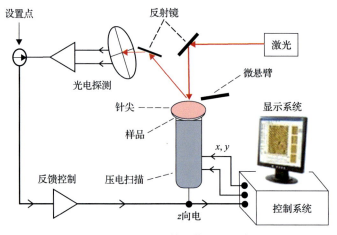

图 3-9　原子力显微镜工作原理示意图

此外，在扫描过程中，每个像素点都记录有探针与样品间的相互作用力信息，这些相互作用力可以通过式(3-1)计算：

$$F = KZ \quad (3-1)$$

式中，$F$ 为悬臂末端力；$Z$ 为针尖相对试样的距离；$K$ 为悬臂弹性系数。

通过分析悬臂末端力与距离之间的关系曲线可以得出样品的力学性质信息(图 3-10)。进一步地，根据力的检测方法可将原子力显微镜实验分为两类：一类是检测探针的位移变化；另一类是检测探针的角度变化(刘小虹等，2002)。

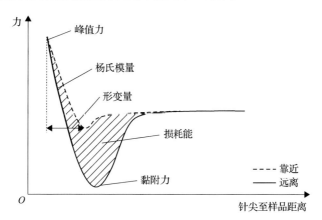

图 3-10　样品与探针之间的相互作用力曲线(据杨江浩等，2019)

另外，根据探针针尖与样品的作用方式，可以将原子力显微镜的工作模式分为接触式(contact mode)、非接触式(non-contact mode)和敲击模式(tapping mode)。接触式是指在整个扫描成像过程中，探针针尖始终与样品表面保持紧密接触，是最直接的成像模式。然而，在进行扫描时，悬臂施加在针尖上的力有可能会破坏试样的表面结构，所以尽管已经将力控制在 $1.0×10^{-10}$～$1.0×10^{-6}$ N，但是对不能承受这种力的柔软样品仍然不宜选用此种模式进行扫描成像。非接触式是指探针始终不与样品表面接触，而是在距离样品表面 5～10nm 的距离内振荡的模式。在这种模式中，样品与针尖的相互作用取决于范德瓦耳斯力(10～12N)，且由于该过程吸引力通常小于排斥力，故灵敏度比接触式高，但分辨率比接触式低，且不适用于液体成像。敲击模式是悬臂在样品表面以共振频率振荡，针尖仅仅短暂地接触样品表面的工作模式，是介于接触式与非接触式之间的模式。这种模式可以很好地消除横向力对实验结果的影响，得到的图像分辨率较高，是实际测试中最常用的工作模式。

#### 3.1.2.2　原子力显微镜在孔隙研究中的应用

1. 原子力显微镜的成像类型

原子力显微镜存在多种成像类型，通过分析原子力显微镜实验结果可以得到不同类型的煤体结构信息。目前常见的原子力显微镜成像类型可分为以下 5 种：微观形貌图像、杨氏模量图像、形变量图像、黏附力图像和损耗能图像。

微观形貌图是根据相互作用力曲线直接得到的,它表示的是样品表面的高度信息,反映了样品表面最直观的形貌特点。常见岩石的 AFM 形貌图像如图 3-11 所示。根据图 3-11(a)和(b)可以发现页岩表面孔隙极为发育,通过 AFM 图像不仅可以观察到其表面孔隙的大小,还可以清楚地看出孔隙的深度及其连通性。对于煤岩样品[图 3-11(c)],通过 AFM 形貌图像可以发现其表面发育有直线状平行裂隙,该裂隙延伸距离较远且方向一致,并将煤样分割为凹凸起伏且宽度不等的条带状结构。显然,相较于 SEM,AFM 试验在观测样品表面三维形态方面更具优势。

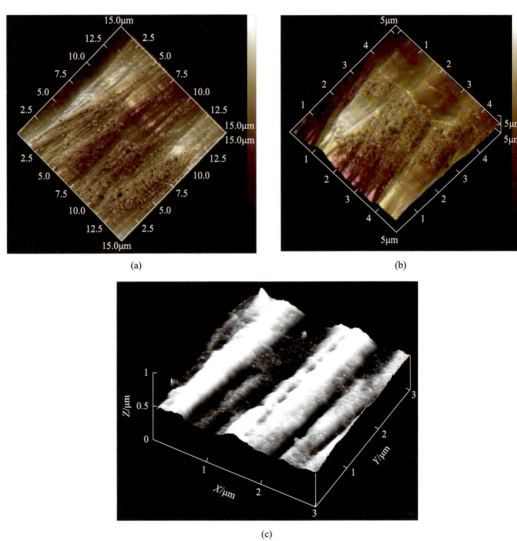

图 3-11　常见岩石的 AFM 三维形貌图像

(a)和(b)页岩的 AFM 三维形貌图像(据蔡潇,2015);(c)煤岩的 AFM 三维形貌图像(据朱海涛,2014)

另外,在采用轻敲模式进行 AFM 实验时,通过不同模型对探针与样品表面相互作用力变化曲线进行拟合,可以得到杨氏模量曲线、形变量曲线、黏附力曲线和损耗能曲线。进一步地,在这 4 种曲线的基础上可以获得 4 种不同类型的 AFM 图像,在这些图像中均可发现样品表面孔隙的痕迹(图3-12)。

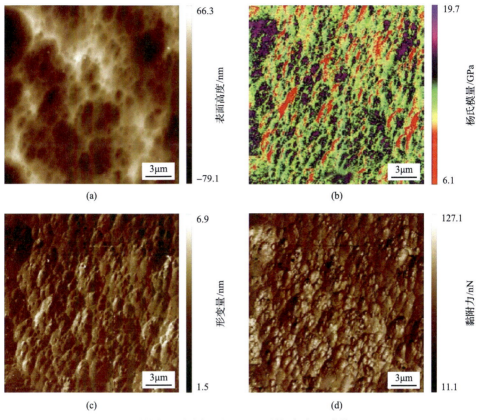

图3-12 某样品不同类型的AFM图像(据杨江浩等,2019)
(a)形貌；(b)杨氏模量；(c)形变量；(d)黏附力

2. 煤岩表面特征

通过AFM试验获得样品表面图像之后，需要借助不同的方法对图像进行分析。目前常用的图像分析方法包括粒度分析、相分析和横切面分析等(Pancewicz and Mruk, 1996)。粒度分析主要用于测定煤孔隙及其表面突出颗粒的面积[图3-13(a)和(b)]；相分析可用于研究煤样表面不同高度的表面特征及其分布情况，是测定煤样表面孔隙率的有效方法(姚素平和焦堃，2011)；横切面分析是在样品表面沿特定方向进行线分析，以查明该方向起伏情况和表面粗糙度特征[图3-13(c)]，进而确定单个孔隙的发育情况。

3. 煤岩表面粗糙度特征

表面粗糙度是物体表面特征研究的重要参数之一，可被用于描述物体表面细微结构的几何学特征(图3-14)。近年来，随着测试技术的发展，国内外学者对煤岩表面粗糙度的研究也从二维转向了三维，其中AFM试验是定量表征煤岩表面三维粗糙度特征的有效手段(Gadelmalwe et al., 2002)。

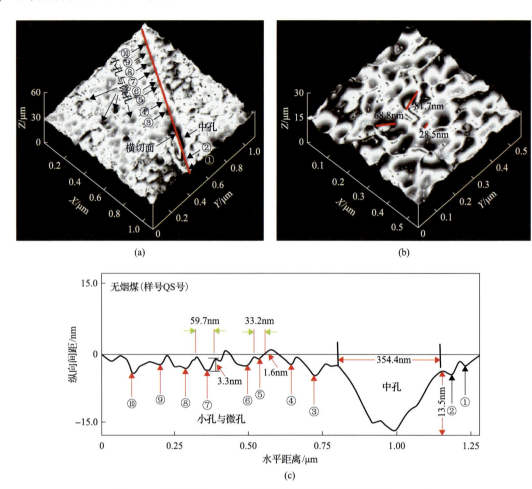

图 3-13 煤中孔隙 AFM 表面形貌特征（据姚素平和焦堃，2011）

(a)某无烟煤样品的 AFM 图像；(b)为(a)图的局部区域放大图；(c)为(a)图切面(红线)的 AFM 横切面分析图

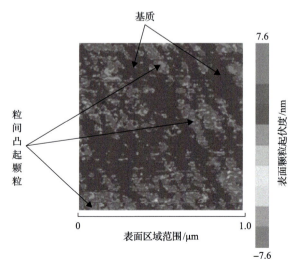

图 3-14 某地区煤样表面粗糙度图像（据王晓东，2019）

一般情况下，可以将表面三维粗糙度参数分为幅度参数和综合参数，它们在表征物体表面微观形貌时通常包括三个方面的特性：统计特性、极值特性和高度分布的形状特性。其中，幅度参数主要是指平均粗糙度($S_a$，即表面偏离基准面的平均距离)及其均方根值($S_q$)(Bruening and Cohen, 2005)，两者的计算公式如下：

$$S_a = \frac{1}{MN}\sum_{i=1}^{N}\sum_{j=1}^{M}|Z(X_i,Y_j)| \tag{3-2}$$

$$S_q = \sqrt{\frac{1}{MN}\sum_{i=1}^{N}\sum_{j=1}^{M}Z^2(X_i,Y_j)} \tag{3-3}$$

式中，$M$、$N$分别为采样区域内$X$方向、$Y$方向的离散采样点数；$Z(X,Y)$为表面偏离高度。

综合参数主要包括峭度($S_{ku}$)、偏斜度($S_{sk}$)、峰点密度($S_{sd}$)和表面结构形状比率($S_{tr}$)等。其中，峭度表示高度的集中程度：

$$S_{ku} = \frac{1}{S_q^4}\frac{1}{N}\sum_{j=1}^{N}Z_j \tag{3-4}$$

当$S_{ku}>3$时，物体表面高度分布针状般尖锐；当$S_{ku}=3$时，物体表面高度尖缓部位并存；当$S_{ku}<3$时，物体表面高度分布相较于平均面偏上，以峰的形式存在。偏斜度($S_{sk}$)是表征物体表面轮廓曲面偏离基准面程度的参数，可通过式(3-5)计算：

$$S_{sk} = \frac{1}{S_q^3}\frac{1}{N}\sum_{j=1}^{N}Z_j^3 \tag{3-5}$$

当$S_{sk}=0$时，表面起伏对称；当$S_{sk}>0$时，高度分布相对于平均面偏下(谷)；当$S_{sk}<0$时，高度分布相对于平均面偏上(峰)。

#### 3.1.2.3 原子力显微镜的特点

原子力显微镜(AFM)在样品形貌观测方面具有广阔的应用前景。相较于扫描电子显微镜，原子力显微镜有以下优点：①AFM能提供三维图像、不需要对样品进行任何处理，如镀金或铜；②AFM在常压下即可正常工作，且可以应对液体环境等各种复杂的实验条件；③AFM的分辨率远超扫描电子显微镜，其放大倍数高达10亿倍，是电子显微镜的1000倍，可以直接观察到样品的分子与原子；④应用范围广，AFM可用于样品表面观察、尺寸测定、表面粗糙度测定、颗粒度分析、凸起与凹坑的统计处理、成膜条件评价、保护层尺寸台阶的测定、层间绝缘膜的平整度评价、化学气相沉积(CVD)涂层评价、定向薄膜摩擦处理过程评价、缺陷分析等；⑤软件处理功能强，AFM三维图像显示的样品大小、视角、显示色、光泽等均可以自由设定，并可选用网络、等高线等不同形式的显示方式，还可以实现图像处理的宏管理、断面形状与粗糙度分析、形貌解析等多种功能。

然而，AFM 同样存在缺点：①成像范围太小，速度慢，特殊结果往往会被当作整体结果分析，实验结果的重复性太差；②样品自身因素影响较大，由于 AFM 图像分辨率很高，在样品制备过程中产生的或从背景噪声中产生的极小赝像都能被检测、观察；③探针针尖易磨钝或受到污染，且这种磨损往往是无法修复的，污染清洗也较为困难。

### 3.1.3 透射电子显微镜

透射电子显微镜是研究固体物质微观形貌、晶体结构、微小结构尺寸和形状的重要工具。研究表明，与其他显微分析技术相比，透射电子显微镜具有空间分辨率高和综合分析能力强的优势，可在纳米尺度和原子水平上对固体样品进行形貌像、晶格像和原子像的直接观测以及晶体结构、元素分布和化学价态分析，还可以进行纳米晶体内势场和磁结构研究等(姚骏恩, 1974; Muller et al., 2008)，在材料科学、地球科学等诸多领域均具有广阔的应用前景。

#### 3.1.3.1 透射电子显微镜的基本组成及其实验原理

通常情况下，透射电子显微镜主要由电子光学模块、真空模块(各种真空泵组，如隔膜泵、分子泵和离子泵)、电源与控制模块(如各种电源、安全系统和控制系统)3 部分组成(图 3-15)。电子光学模块是透射电镜的核心组件，主要包括照明系统(电子枪、高压发生器、加速管、照明透镜系统和偏转系统等)、成像系统(物镜、中间镜、投影镜等)、观察和记录系统(李斗星, 2004; 章晓中, 2006)。

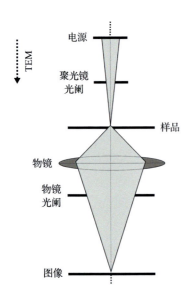

图 3-15　高分辨透射电子显微镜（HRTEM）工作原理示意图

在实验开始之后，由电子枪发射出来的电子束在真空通道中沿着镜体光轴穿越聚光镜，而后被聚成一束尖细、明亮而又均匀的光斑照射在样品室内的样品上。此时，电子束与样品之间会产生两种现象：①光斑(电子束)与样品的原子核和核外电子相互作用后产生电子散射现象(入射电子束的方向或能量发生改变，或二者同时改变)。根据散射过程中电子束能量是否发生变化可将散射分为弹性散射(仅方向改变)和非弹性散射(方向与能量均改变)，其中弹性散射是电子衍射谱和相位衬度成像的基础，而损失能量的非弹性电子及其转成的其他信号(X 射线、二次电子、阴极荧光、俄歇电子和透射电子等)可以用于样品的化学元素分析或表面观察，这个过程与扫描电子显微镜的成像机理类似；②透过样品的电子束携带有样品内部的结构信息，经过物镜的会聚调焦和初级放大后，电子束进入下级的中间透镜和第 1、第 2 投影镜进行综合放大成像，最终被放大了的电子影像投射在观察室的荧光屏板上，并通过照相室成像和拍照获取最终结果，如明/暗场像、电子衍射谱、高分辨像和化学信息等(唐旭和李金华, 2021)。

3.1.3.2 透射电子显微镜在孔隙研究中的应用

与扫描电子显微镜类似，透射电子显微镜也可以与其他试验设备联用，并获取样品的二维形貌像、三维重构像、晶体结构与缺陷、原子成像、化学分析、物性分析等信息(唐旭和李金华，2021)。其中，高分辨率透射电镜(HRTEM)能获取极微细材料的组织结构、晶体结构和化学成分等方面的信息，可用于材料形貌、内部组织结构和晶体缺陷的观察以及晶胞参数、高分辨晶格、结构像等物相的观察和鉴定。例如，Sharma 等(2000)借助 HRTEM 第一次报道了煤的清晰 TEM 晶格条纹图像(图 3-16)，并观察到除了边缘之外的条纹有一些定向性外，整个结构无定型；使用 Sharma 等(1999)的半定量分析方法计算出条纹(芳香层)大小和堆垛的芳香层数，对比发现随着煤级的增加，条纹长度增大，堆砌的芳香层数量增多。此外，透射电子显微镜结合能谱仪(EDS)还可以对纳米微粒和微区形态、大小及化学成分的点、线和面元素等进行定性和定量分析。

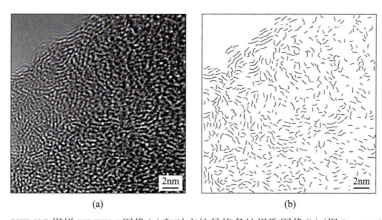

图 3-16　XTM07 煤样 HRTEM 图像(a)和对应的晶格条纹提取图像(b) (据 Pan et al., 2015a)

## 3.2　流体侵入法

流体侵入法是将特定介质($CO_2$、$N_2$、汞等)注入孔隙，从而间接地确定孔隙结构参数的方法，可用于定量表征煤孔隙体积、比表面积和孔径分布特征。目前常用的流体侵入法主要包括压汞法(高压压汞法和恒速压汞法)和气体吸附法($N_2$ 吸附法和 $CO_2$ 吸附法)。其中压汞法测量压力较高，可用于测量大多数材料的大孔和中孔特征，结合进汞-退汞曲线可以获取更多的孔隙结构信息；$N_2$ 吸附法适用于孔径范围为 0.35～500nm 的孔隙测定(蔺亚兵等，2016；刘一杉等，2019)；$CO_2$ 吸附法在表征孔径小于 2nm 的微孔时具有较高的可信度(徐浩，2019)。

### 3.2.1　压汞法

压汞法(mercury intrusion porosimetry, MIP)，又称汞孔隙率法，是研究煤岩孔隙结构较常用的方法之一，主要包括高压压汞法和恒速压汞法。目前，国内多采用高压压汞法研究岩石的孔隙结构；恒速压汞法是近年来国际上用于岩石微观孔隙结构特征分析的先进技术之一，目前在煤岩孔隙分析中并没有得到广泛的使用(罗磊等，2015；陈蒲礼和王烁，2013)。

### 3.2.1.1 高压压汞法

1. 实验原理

将孔隙假设为圆柱孔是高压压汞法测孔的重要前提(图3-17)。考虑到汞对固体表面具有不可润湿性，因此，在实验过程中，外力作用下的汞可以顺利进入孔隙内部，且随着注入压力的逐渐增大(连续增压或步进增压)，进入孔隙中的汞体积也不断增加。然而，不同孔径的孔隙对进汞的阻力不同，随着压力增大被汞填充孔隙的孔径反而逐渐减小，因此，随压力的增大进汞体积的增加速率也发生变化。通过分析进汞体积与进汞压力的变化关系，结合Washburn方程[式(3-6)]即可得到样品的孔径分布特征。

$$r = -\frac{4\gamma\cos\theta}{P} \tag{3-6}$$

式中，$r$为孔径，nm；$P$为进汞压力，Pa；$\gamma$为汞的表面张力，25℃时为0.48N/m，50℃时为0.472N/m；$\theta$为汞在固体表面的接触角，其数值受汞的展开方式和固体表面物理化学性质共同影响(Gamson et al., 1998)。

大量实验表明，汞在固体表面的接触角为135°～150°，在实际计算过程中通常取140°(图3-17)，故式(3-6)可进一步简化为

$$r = \frac{735}{P} \tag{3-7}$$

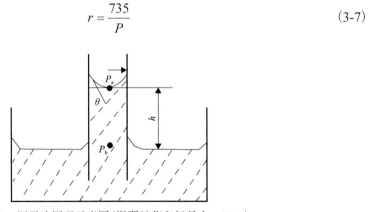

图3-17 压汞法原理示意图(据邵显华和杨昌永，2019)

$P_a$为毛细管压力，MPa；$P_b$为外界压力，MPa；$\theta$为汞与毛细管表面的接触角，(°)；$h$为毛细管内液柱高度，m

Washburn方程假设样品所含孔隙为圆柱形孔隙且所有孔隙均能与汞接触。然而，由于孔隙结构的复杂性和较强的非均质性，很少有材料符合上述假设，故压汞测得的实验数据只能反映汞注入孔隙内部的物理过程，其数据只能表征"孔喉"，而非整个"孔体"(张涛和王小飞，2016)。尽管如此，压汞法作为流体注入的测孔方法，其孔隙测试范围可达0.003～1100μm，仍然比其他方法测试范围更广，高压压汞法测得的孔隙参数仍然可以反映煤中大多数孔隙的发育情况。

2. 样品的选择与制备

压汞法要求所采样品具有代表性，采样量和采样次数应根据试验的需要来定。对于具体的试验样品，其要求较为宽泛，试验样品可以是块状样品，也可以是粉末样品。对于块状样品，为了保证所选样品能代表块体中的不同区域，可以将块体分割为约 1cm³ 小块进行试验；粉末或颗粒样品可以使用旋转取样器或斜槽式分格取样器进行细分样品；非流动性粉末样品可以通过锥式取样法或四分法进行取样；对于膜状或片状样品可用切条和冲压盘取样。试验所需的样品量取决于试样的性质。对于煤岩样品，通常将煤样破碎成粒径为 3~6mm 的样品进行压汞试验，压汞法测孔试验样品的制备要求和试验流程可以参考 GB/T 21650.1—2008 或 ISO 15901-1:2005（图 3-18）进行。此外，需要注意的是压汞试验样品通常无须进行预处理，但对于强亲水或多孔材料有必要进行预处理以得到更精确、可重复的试验结果(刘长江和桑树勋，2019)。

图 3-18  AutoPore V9500 系列全自动压汞仪

3. 高压压汞法在孔隙研究中的应用

研究表明，不同的孔隙结构特征往往对应不同的进汞-退汞曲线，通过分析压汞法获取的进汞-退汞曲线可以获取煤样的孔隙结构信息，主要包括孔体积、孔表面积、平均孔径、排驱压力、分选性系数、最大孔喉半径、孔隙率、有效孔隙率、退汞效率、分形维数等(袁镭，2014)。

1) 毛细管压力曲线形态

毛细管压力曲线是毛细管压力与饱和度的关系曲线，反映了岩石孔隙喉道分布特征。根据毛细管压力曲线和孔喉的柱状频率分布图(图 3-19)，可以将进汞曲线分为四段：$AB$、$BC$、$CD$ 和 $DE$；退汞曲线也可分为 $ab$、$bc$、$cd$ 和 $de$ 四段。

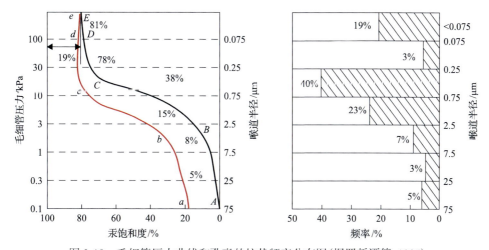

图 3-19  毛细管压力曲线和孔喉的柱状频率分布图(据罗蛰潭等, 1987)

对于进汞曲线：AB 段表明汞刚开始进入煤孔隙喉道，其发育形态反映了大孔所占比例和煤岩排驱压力，如果 AB 段较陡，说明大孔所占比例较大，排驱压力较低；反之则说明大孔所占比例较少，排驱压力较大。BC 段反映了煤中孔隙分选性的优劣，如果 BC 段斜率较小，平直段较长，说明煤孔隙孔径分布较为集中，煤中孔隙的分选性较好；反之，若 BC 段斜率大且平直段短甚至不存在，则说明煤中孔隙分布不均匀，分选性较差。CD 段对应煤中的小孔，其曲率的大小反映了喉道所占的比例，曲率越大表明细喉道所占比例就越高。DE 段基本平行于压力轴，表明进汞已停止。

同样地，对于退汞曲线：ed 段曲线基本平行于坐标轴，表明尚未开始退汞。dc 段（与压汞曲线 CD 段相对应的凹形弧线）的曲率反映小孔的分散程度：曲率越小，弧线越长，小孔所占的频率越大。cb 段曲线斜率反映了孔隙的分选性。ba 段为停止退汞段，当 cb 段的退汞曲线完整时，ba 段起始位置的高低反映了煤中最大孔隙的孔径。

2）进汞-退汞曲线

煤样压汞-退汞曲线形态可以清楚地反映孔隙结构特征。李明等（2012）根据压汞曲线形态将其分为平行形、尖棱形、反"S"形、"M"形、双"S"形和双弧线形 6 种类型，不同的曲线类型代表不同的孔隙结构。

平行形进汞-退汞曲线中的进汞曲线与退汞曲线的大部分区段呈线性且近于平行，相同压力点处进、退汞体积差值很小[图 3-20(a)]。孔隙以微孔和过渡孔为主[图 3-20(f)]，孔隙度和孔容均很低，退汞效率很高，反映孔喉数量较少，孔隙连通性良好。

反"S"形进汞-退汞曲线中的进汞曲线呈反"S"形，退汞曲线主要区段呈线性降低[图 3-20(b)]。大孔最为发育，孔容增量随孔径的增大呈先减小后增大的趋势，孔隙度和孔容均相对较高[图 3-20(g)]，退汞效率较高，孔隙连通性较好。

尖棱形进汞-退汞曲线中的进汞与退汞曲线的大部分区段呈线性延伸，在顶端两者呈一定锐夹角，随着压力的减小，同一压力点进、退汞体积差值变大[图 3-20(c)]。该类型各孔径段孔容较为均衡，孔容增量也较为均匀[图 3-20(h)]，孔隙度和孔容较平行型的均有增加，退汞效率有所降低，表明孔隙连通性有所下降。

双"S"形进汞-退汞曲线中的进汞与退汞曲线分别呈"S"形和反"S"形[图 3-20(d)]。该类型中孔异常发育，微孔所占比例最低，孔容增量随孔径的增大先增大后减小、在中孔阶段达到最大值[图 3-20(i)]，退汞效率较低，孔隙连通性较差。

双弧线形进汞-退汞曲线中的进汞与退汞曲线均呈下凸的弧形[图 3-20(e)]，以过渡孔为主，中孔和大孔均相对发育较差，孔容增量随孔径的增大呈指数降低[图 3-20(j)]，孔隙度和孔容均进一步增加，退汞效率相对较高，表明孔隙连通性较好。

3）孔隙孔体积和比表面积特征

利用压汞法还可以得到孔隙孔体积、孔比表面积和孔径分布特征，其中孔径分布曲线是反映各孔径段孔隙发育特征的有效方式。如图 3-21 所示，孔体积增量和孔比表面积增量与孔隙直径之间的关系曲线在各个孔径段内的变化趋势存在明显差异。在大孔（>1000nm）范围内，煤样孔体积增量和孔比表面积增量变化平缓，表明大孔孔隙数量

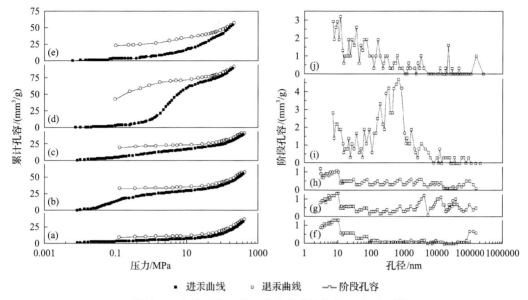

图 3-20 煤样压汞曲线形态及其反映的孔隙结构类型(据李明等,2012)

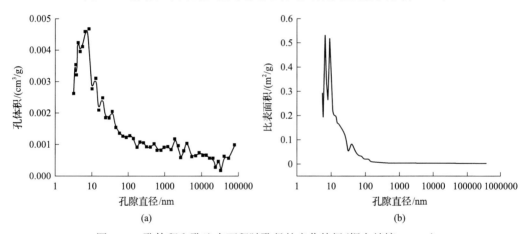

图 3-21 孔体积和孔比表面积随孔径的变化特征(据卜婧婷,2019)

较少;中孔段(100~1000nm)煤样孔体积增量和孔比表面积增量变化斜率明显,甚至出现次峰,说明中孔的孔隙数量较多;在过渡孔(10~100nm)范围内,煤样孔体积增量和孔比表面积增量均呈锯齿状变化;在微孔段(<10nm),煤样孔体积增量和孔比表面积增量变化最为明显,出现多个峰值,表明微孔的孔隙数量急剧增加。

#### 3.2.1.2 恒速压汞法

恒速压汞法的基本原理与高压压汞法相似(图 3-22),其不同点在于恒速压汞法是在极低且恒定的注汞速度条件下测定岩石的毛细管压力曲线。恒定低速使得进汞过程可近似为准静态过程,汞经细小喉道进入大孔时,压力会突然降低而出现跳跃现象,压力跳跃时的进汞增量即对应特定孔径的孔隙体积。与高压压汞法相同,整个试验过程中将喉道视为毛细管状,孔隙则理想化为球形,通过式(3-6)可计算得出喉道半径,并根据进汞体积计算出孔隙半径。恒速压汞实验的制样要求和试验过程可参照《岩石毛管压力曲线的测定》(SY/T 5346—2005)进行。

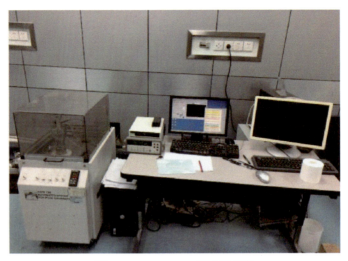

图3-22　ASPE-730 恒速压汞仪

### 3.2.2　氮气吸附法

当气体与固体表面接触时，一部分气体会被固体捕获。此时，若压力恒定，则气体体积往往会变小；若体积恒定，则表现为气体压力下降，这种气体附着于固体表面造成气体减少的现象即为吸附。此外，多孔固体因毛细凝结而引起的气体吸着作用也可称为吸附作用，而且这种吸附作用往往是可逆的。进一步地，人们利用固体的这种特性来测定超细粉体材料的比表面积和孔径分布情况。然而，常温下固体吸附气体的量极少以至于难以检测，因此，在实际测量过程中多通过降低外界温度的方式来增加气体吸附量(例如，液氮温度一般为$-192\,℃$)。吸附介质方面，氮气具有价廉易得，且不具有任何腐蚀性的特点，常被用作吸附介质。基于此，低温液氮吸附实验作为最常用的孔隙测定方法为人们所熟知。

#### 3.2.2.1　实验原理

低温液氮吸附法主要通过分析气体在固体表面的吸附规律实现对固体比表面积和孔径分布的测定。在特定温度下，随着压力的变化吸附平衡状态的气体往往对应于特定的气体吸附量，这种吸附量随压力变化的曲线就称为吸附等温线。通过分析吸附等温线不仅可以获取有关吸附剂和吸附质性质的信息，还可以用于计算固体的比表面积和孔径分布特征。

#### 3.2.2.2　低温液氮吸附实验的制样要求及测试方法

通常情况下，煤样的低温液氮吸附实验主要采用粉样(60～80目)进行。在测定煤样吸附等温线之前，需要通过脱气除去样品表面的物理吸附物质，同时要避免煤岩表面发生不可逆的变化，因此需要特别注意脱气的温度。一般情况下，脱气的最高温度(即样品不被影响的温度)可以通过热重分析法(图 3-23)、光谱法或基于不同脱气温度和时间的尝试法来确定，而脱气可通过在高温下用惰性气体(如氦)吹扫样品或者通过使用真空技术来实现。对于真空脱气法，在将已加热脱气的盛样器与真空泵和管道隔离之后(图 3-24)，如果气压稳定时间持续 15~30min，或者真空度达到约 1Pa 甚至更低时，表明脱气已经完成。需要注意的是，对于温度敏感型样品，加热过程可能会破坏样品的微孔结构，因此，通常需要控制气压来加热(图 3-25)，即在真空状态下根据多孔材料脱气时的气压变化来改变加热速率。当气压超过临界值 $P_{临}$ 时(通常为 7~10Pa)，要停止升温，保

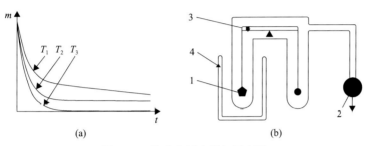

图 3-23　热重分析法脱气原理图

$m$-样品质量；$t$-脱气时间；$T_1$-温度太低，需长时间脱气；$T_2$-最佳温度；$T_3$-温度太高，因样品分解导致气体逸出；1-样品；2-真空系统；3-天平；4-加热炉

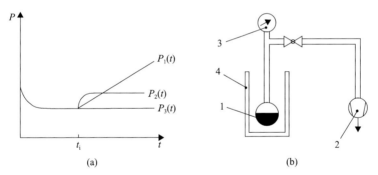

图 3-24　真空脱气法示意图

$P$-压力；$t_i$-样品隔离时间；$P_1(t)$-脱气完全，密封好；$P_2(t)$-脱气不完全；$P_3(t)$-漏气；1-样品；2-真空系统；3-天平；4-加热炉

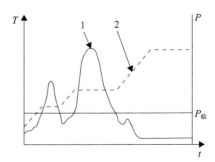

图 3-25　温度敏感型样品受控压力下的加热速率控制

$P$-压力；$T$-温度；$t$-时间；$P_{临}$-固定压力限制；1-压力曲线；2-温度曲线

持温度恒定直到气压低于临界值。脱气完成后，将盛样器冷却至测试温度，并参照标准 ISO 8213:2014 和 ISO 14488:2007 进行后续实验。

实验完成以后，需要借助一定的方法获取煤岩表面吸附气体总量，以进一步分析吸附气体总量和压力的关系。目前，常用的可用于计算吸附气体总量的方法有静态容量法、动态容量法、重量法和气相色谱法等。

1. 静态容量法

将已知量的气体通入特定温度的样品室内(图3-26)之后，由于样品室容量固定，样品对气体的吸附作用导致室内气压逐渐下降，直至最后吸附达到平衡，此时，平衡状态下被吸附的气体量是通入样品室的气体总量与游离态气体量之差。然而，考虑到气体的体积还与样品室的体积和温度密切相关，因此，需要用测量温度下的氦气对游离气体积进行标定。同时，还需要注意的是有些测试样品会吸收或吸附氦气。对这些存在吸附现象的样品，在其吸附等温线测定完成后要对实验结果进行适当的修正。对于样品室的准确体积通常用室温下的氦气来测定，为保证样品室体积测量结果的准确性，可以在相同的实验条件下(温度和相对压力范围)设置相应的空白试验作为对照。

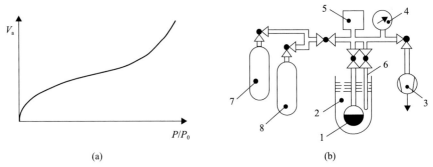

图 3-26　容量法物理吸附分析仪原理图

$V_a$-吸附体积；$P/P_0$-相对压力；1-样品；2-盛有液氮的杜瓦瓶；3-真空系统；4-压力计；
5-气体量管；6-饱和压力管；7-吸附气体；8-测量死空间的气体(如氦气)

2. 动态容量法

不同于静态容量法，动态容量法的测试气体连续不断地以相对较低的流速流过样品。该过程中，在一个可控的流速下，可以连续监测样品室内气体压力的变化，通过对比吸附气体压力的上升速率与非吸附气体(如用于校准的氦气)压力的上升速率来测定气体的吸附量。此外，通过测定通入相同体积吸附气的参考管和样品管的气体压差也可以实现气体吸附量的测定。相较于静态容量法，动态容量法可以在更短的时间内完成吸附量测定。

3. 重量法

重量法主要包括连续式重量法和非连续式重量法。连续式重量法的实验原理是通过灵敏的微量天平测量吸附气体的质量，然后分析气体质量与相对压力之间的关系(图3-27)，即吸附等温线。需要注意的是，在使用连续式重量法测量吸附等温线之前，需要测量室温下天平和样品在吸附气体作用下的浮力，其中天平的浮力可以借助于平衡臂设备进行消除，而样品的密度可以通过与样品密度相同的砝码来补偿。与此同时，考虑到连续式重量法分析的样品与温控器没有接触关系，为保证样品处于测量温度，需要对样品温度进行监测。对于非连续式重量法，在实验中只需逐步通入吸附气体，并保持压力不变，当样品质量达到一个恒定值时即可结束实验。

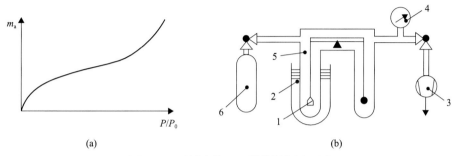

图 3-27　重量法物理吸附分析仪原理图

$m_a$-比吸附质量；$P/P_0$-相对压力；1-样品；2-冷却浴；3-真空系统；4-压力计；5-天平；6-吸附气体

4. 气相色谱法

在气相色谱法中，首先将吸附气体和载气(氦气)以一定比例混合，然后将混合气体通入试样中(图 3-28)。在这个过程中，由于样品的吸附作用，吸附气体的浓度有所降低，而这部分浓度的降低可通过气体探测器(通常是一个热传导器)测定，主要表现为一个与时间成函数关系的吸附峰信号；当把样品从液氮杜瓦瓶移出后，又可以检测到一个脱附峰。考虑到脱附峰更尖锐，且能够被更好地整合，因此通常选择脱附峰对样品的初始吸附气体量进行评价。需要注意的是，为降低热扩散效应对脱附峰信号的干扰，需要用已知体积的纯吸附气对探测器进行校准，尽管样品的检测峰和标准峰较为类似(Frisch and Röper, 1968)。

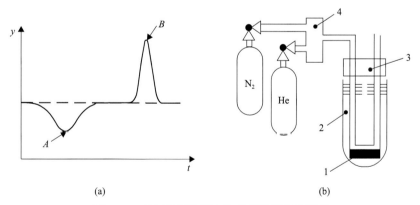

图 3-28　气相色谱法测定物理吸附量实验原理

$y$-探测器的信号；$t$-时间；$A$-吸附峰；$B$-脱附峰；1-样品；2-盛有液氮的杜瓦瓶；3-热导率探测器；4-气体混合器

### 3.2.2.3　吸附等温线和吸附滞后曲线

1. 吸附等温线

将吸附气导入恒温的样品容器中，根据不同相对压力($P/P_0$)下气体吸附量的变化特征可以得出吸附等温线。吸附等温线包括吸附曲线和脱附曲线两个部分，其形状与材料的孔隙结构有关。根据形状可将吸附等温线分为 6 种不同类型(IUPAC)，如图 3-29 所示。

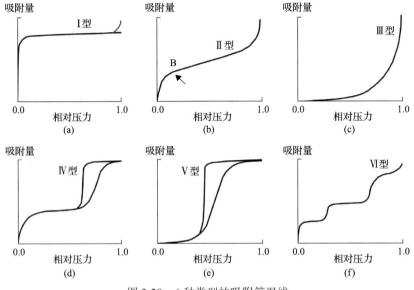

图 3-29　6 种类型的吸附等温线

第一类吸附等温线（Ⅰ型），也叫朗缪尔吸附曲线，是一种基于单分子层吸附模型的吸附曲线，表现为随着相对压力的增加吸附量先迅速增加，后缓慢增大直至达到吸附极限。一般认为，气体极限吸附量即为单分子层饱和吸附量。然而，需要注意的是除了单分子吸附表现为Ⅰ型外，当吸附剂仅有 2～3nm 以下微孔时，虽然发生了多层吸附和毛细孔凝聚现象，其吸附等温线也可表现为第一种类型。这是因为当相对压力 $P/P_0$ 逐渐增加时，孔隙表面发生了多层吸附，同时伴随着毛细孔凝聚现象，使得吸附量很快增加，而一旦所有微孔被填满后，吸附量便不再随 $P/P_0$ 的增加而增加，表现出饱和吸附的特征，即吸附剂具有微孔结构，而微孔大小与吸附分子的尺寸同数量级，此时气体极限吸附量是气体分子将微孔填满的结果，而不是表面铺满单分子层的吸附量。因此，只要是第一类吸附等温线，作为吸附剂的固体颗粒要么不具孔隙，要么是微孔。

第二类吸附等温线（Ⅱ型）又称为(反)"S"形等温线，表现为前半段吸附量上升较快，吸附曲线总体呈向上凸的形状，常见于物理吸附。此类吸附剂广泛发育孔径大于 5nm 的孔隙，多用多层吸附 BET 公式来解释(当吸附质在吸附剂表面吸附时，当第一层的吸附热 $E_1$ 比吸附质的凝聚热 $E_L$ 大时，常出现此种类型的吸附)。在等温线的后半段，由于发生了毛细孔凝聚现象，吸附量急剧增加，又因为孔径范围较大，较难形成吸附饱和状态。因此，凡是第二类吸附等温线，作为吸附剂的固体颗粒一定广泛发育孔径大于 5nm 的中孔和大孔。

第三类吸附等温线（Ⅲ型）的吸附剂表面的孔隙分布情况与第二类相同，属于中孔和大孔。只是吸附质与吸附剂的相互作用性质与第二类有区别。该曲线在低压下表现为凹形等温线，表明吸附质和吸附剂之间的相互作用很弱，第一层吸附热 $E_1$ 比凝聚热 $E_L$

小。因此，此种类型在起始时，曲线既向下凹又向上翘。后半段的解释等同于第二类吸附曲线。

此外，可以将第四种类型吸附等温线(Ⅳ型)与Ⅱ型相比较，其等温线在低压下呈凸起形状，表明该条件下吸附剂和吸附质有相近的亲和力。

第五种类型吸附等温线(Ⅴ型)与Ⅲ型在低压下曲线形态大体相同；在高相对压力下，Ⅴ型出现了吸附饱和现象，表明该吸附剂的孔径范围有限，在较高相对压力下容易达到饱和。综上，Ⅱ型至Ⅴ型等温线都是多层吸附和毛细孔凝聚现象综合作用的结果。若吸附剂是非孔性的或广泛发育大孔，气体的吸附空间被没有限制，此时气体吸附等温线主要为Ⅱ型或Ⅲ型，表现为当 $P/P_0$ 趋近于 1 时，气体吸附量急剧上升；若吸附剂是多孔的，但不是微孔型或至少不完全是微孔型，此时气体的吸附空间虽可以容纳多层吸附和毛细孔凝聚，但该空间不是无限的，吸附曲线主要为Ⅳ型或Ⅴ型。因此，凡是出现Ⅳ型或Ⅴ型的吸附等温线，作为吸附剂的固体颗粒一定具有介孔结构。

Ⅵ型等温线具有典型的阶梯状特性。这些台阶是均匀非孔表面依次多层吸附的结果，而液氮温度下的氮气吸附不能获得这种等温线的完整形式，此时通常需要使用氩气吸附以获取吸附等温线特征(王中平等，2015)。

2. 吸附滞后曲线

吸附滞后曲线是反映材料孔隙结构的重要曲线，其形状特征可以在一定程度上反映孔隙的类型。考虑到脱附曲线是剩余吸附量和压力的关系曲线，当气体完全脱附时，吸附-脱附曲线会完全重合；当脱附不完全时，即剩余的气体吸附量大于相同压力条件下的吸附量时，脱附曲线会滞后于吸附曲线；当相对压力下降至 0.4 及以下时，脱附曲线滞后现象消失，吸附-脱附曲线重合到一起，最终曲线出现了所谓的滞后环。通常认为，滞后环的产生与孔隙中的毛细管冷凝现象密切相关。当吸附剂被吸附到孔内时，阻力比较小，吸附容易进行；然而，对于孔隙结构较为复杂的材料，其气体脱附路径往往取决于网络效应和各种形式的孔隙阻塞，气体解吸压力则取决于孔隙喉道尺寸和空间分布。当孔隙喉道直径足够大时，孔隙网络中的气体可能会在特定渗透阈值的相对压力下排空，此时吸附-脱附曲线相差较小甚至重合，可以从等温线的解吸分支中获得关于孔喉的信息；而当孔隙喉道直径较小时(喉道尺寸小于临界尺寸：77K 时氮气吸附喉道直径为 5~6nm)，气体的解吸过程可能涉及空化(即亚稳态冷凝流体中气泡的自发成核和生长)，气体脱附的阻力也较大，会出现脱附不完全的现象，只能在更低的相对压力下气体才能脱附出来，从而产生了滞后环，此时无法获取关于孔喉分布的定量信息。

滞后环形状与孔隙结构密切相关。根据最新的研究，IUPAC 将滞后环的类型在原来的基础上扩充为了六类(图 3-30)，其中每一种类型都与特定的孔隙结构特征和潜在的吸附机制密切相关。

H1 型滞后回线(图 3-30)主要存在于具有较窄孔径范围、中孔均匀发育的材料中，主要表现为吸附和脱附曲线均很陡，发生凝聚和蒸发的相对压力较为居中，这种陡峭、狭窄的回路是吸附支路延迟冷凝的明显标志。具有这类回线的吸附剂通常发育有典型的两端开口的圆柱孔(颜志丰等，2009)，此外，最新的研究表明，孔隙直径与喉道宽度相似的墨水瓶孔隙网络中也发现有 H1 型滞后现象。

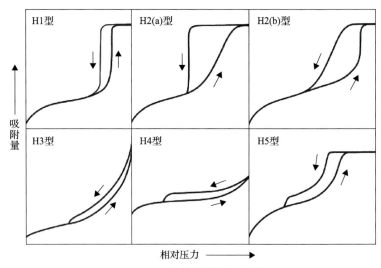

图 3-30  6 种不同的滞后回线类型

H2 型滞后回线反映了更为复杂的孔隙结构(图 3-30)，主要代表着墨水瓶状孔隙或者锥形管状孔隙结构。非常陡峭的解吸分支是 H2(a)型滞后回线的主要特征，这与狭窄范围内孔隙的孔阻塞以及渗透或空化引起的蒸发密切相关，在向孔隙中注入吸附质的过程中，当相对压力达到瓶口相应半径发生凝聚作用所需的压力时，吸附质就会充满孔隙的孔径；随着相对压力的进一步增加，吸附质会逐渐充满整个孔隙，造成吸附段上升比较缓慢。当作用于吸附质的相对压力开始下降时，由于孔口的吸附质封闭了孔口造成孔隙内液体积聚；随着相对压力的持续降低并达到孔口半径发生解吸时所需的相对压力时，孔隙内的吸附质开始退出，但此时的相对压力已经远远低于孔体内吸附质发生解吸时所需的压力，造成此时孔体内的吸附质突然地全部涌出(喻廷旭等，2013；刘爱华等，2013)，表现在吸附曲线上就是脱附分支在中等相对压力处存在吸附量急剧下降的现象。H2(b)型滞后回线也与孔隙阻塞有关，但是其孔喉的直径分布范围要大得多，主要代表的是锥形管状孔隙结构。当相对压力达到与小口半径相对应的值时，物质开始发生凝聚，一旦气液界面由柱状变为球状，凝聚所需要的压力迅速降低，物质吸附量上升很快，直至将孔隙填满；当相对压力达到与大口半径时，物质开始蒸发。

H3 型回线主要特征表现为：①吸附支路类似于 Ⅱ 型等温线；②解吸支路的下限通常位于空化引起的 $P/P_0$ 处，其主要反映的是平行板状的狭缝孔隙。当物质开始凝聚时，由于气液界面是大平面，只有当压力接近饱和蒸气压力时才会发生毛细凝聚(狭缝等温线类似 Ⅰ 型)。当物质蒸发时，气液界面呈圆筒状，只有当 $\ln(P/P_0)=-[\sigma V_L/(RT)](1/r_k)$ 时(该式中，$V_L$ 为朗缪尔体积；$R$ 为摩尔气体常数；$T$ 为温度；$r_k$ 为 Kelvin 半径)，蒸发才能开始。

H4 型回线与 H3 型较为相似，其吸附支路是 Ⅰ 型和 Ⅱ 型的复合物，在低 $P/P_0$ 下吸附作用与微孔的填充有关，主要代表着具锥形结构的狭缝孔。与平行板结构孔隙相同，当压力接近饱和蒸气压力时物质开始发生毛细凝聚；蒸发时，由于板间不平行，Kelvin 半径是在不断变化的，因此，曲线并不像 H2(b) 类回线那样急剧下降，而是缓慢下降。如果窄端处间隔很小，只有几个分子直径大小，还会出现回线消失的情况。

需要注意的是，尽管 H5 型回线不常见，但是其与某些孔隙的独特样式密切相关，其中包含开放和部分封闭的中孔。

#### 3.2.2.4 基于液氮试验的孔隙结构特征

孔比表面积的分析测试方法有很多，其中气体吸附法因其测试原理的科学性，测试过程的可靠性，测试结果的一致性，在国内外各行各业中被广泛采用。许多国际标准组织都已将气体吸附法列为比表面积测试标准，如美国 ASTM 的 D3037，国际 ISO 标准组织的 ISO-9277：2022 (Determination of the specific surface area of solid by gas adsorption-BET method)，我国比表面积测试最具代表性的行业标准是国标《气体吸附 BET 法测定固态物质比表面积》(GB/T 19587—2017)。氮气吸附实验作为气体吸附法中较为常用的实验方法，通过分析其液氮吸附曲线进行可以得到孔比表面积、孔隙度等孔隙结构信息。

气体吸附法测定比表面积是通过分析气体在固体表面的吸附特性实现的。在给定压力下，被测样品颗粒(吸附剂)表面在超低温下对气体分子(吸附质)具有可逆的物理吸附作用，且对于一定的压力往往对应特定的平衡吸附量，通过测定该平衡吸附量，结合一定的理论模型可以求出被测样品的比表面积。由于实际颗粒外表面具有不规则性，因此，该方法测定的是吸附质分子所能到达的颗粒外表面和内部通孔的总表面积之和(图 3-31)，即"等效"比表面积，可以通过吸附剂表面密排包覆(吸附)的氮气分子数量和分子最大横截面积来表征。

图 3-31　吸附法所测定的颗粒比表面积示意图

"等效"比表面积的计算流程为：首先实际测出氮分子在样品表面的平衡饱和吸附量($V$)；然后通过不同的理论模型计算单层饱和吸附量($V_m$)，并得出分子个数；最后采用表面密排六方模型计算出氮气分子等效最大横截面积($A_m$)，即被测样品的比表面积。

详细的计算公式如下：

$$S_g = \frac{V_m N A_m}{22400 W} \times 10^{-18} \qquad (3\text{-}8)$$

式中，$S_g$ 为被测样品比表面积，$m^2/g$；$V_m$ 为标准状态下氮气分子单层饱和吸附量，mL；$A_m$ 为氮分子等效最大横截面积（密排六方理论值 $A_m=0.162\text{nm}^2$）；$W$ 为被测样品质量，g；$N$ 为阿伏加德罗常数（通常取 $6.02 \times 10^{23}$）。

对式(3-8)进行简化，可以得到氮气吸附法计算比表面积的基本公式：

$$S_g = 4.36 \times \frac{V_m}{W} \qquad (3\text{-}9)$$

由式(3-9)可以看出，准确测定样品表面单层饱和吸附量 $V_m$ 是确定孔隙比表面积的基础。通常情况下，样品表面单层饱和吸附量可通过朗缪尔吸附模型计算，然而，朗缪尔吸附模型已被证明存在一定局限性。BET(Brunauer-Emmet-Teller)理论吸附模型是基于朗缪尔吸附模型提出来的，主要考虑到物理吸附可分为多层方式进行，通常不等第一层吸满就在第一层之上发生第二层吸附，然后吸附第三层，依次类推，当吸附平衡时各层均达到各自的吸附平衡，最后导出 BET 吸附方程：

$$\frac{P}{V(P_0-P)} = \frac{1}{CV_m} + \frac{C-1}{CV_m} \cdot \frac{P}{P_0} \qquad (3\text{-}10)$$

式中，$V$ 为样品实际吸附量；$V_m$ 为单分子层饱和吸附量；$P$ 为气体的吸附质压力；$P_0$ 为气体吸附质饱和蒸气压力；$C$ 为与样品吸附能力相关的常数。

根据式(3-10)可以发现，BET 方程体现了单层饱和吸附量 $V_m$ 与多层吸附量之间的数量关系，可以用于孔隙比表面积的测定。BET 方程是建立在多层吸附的理论基础之上，与许多物质的实际吸附过程更为接近，因此测试结果可靠性更高。

在实际测试过程中选用的方法通常为多点 BET 实验方法，即首先测试 3～5 组样品在不同气体分压下的多层吸附量 $V$，然后以 $P/P_0$ 为 $X$ 轴，$P/[V(P_0-P)]$ 为 $Y$ 轴，在 BET 方程的基础上进行线性拟合（图 3-32），得到直线的斜率和截距，从而确定 $V_m$ 值并进一步计算被测样品的比表面积。理论和实践研究表明，当 $P/P_0$ 的范围在 0.05～0.35 时（图 3-32），图形线性拟合的效果较好，BET 方程能较好地反映实际吸附过程，因此实际测试过程中通常将相对压力控制在该范围内。此外，当被测样品的吸附能力很强，即 $C$ 值很大时，拟合直线的截距接近于零，可近似认为该直线通过原点，此

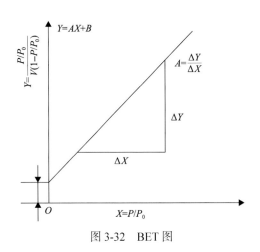

图 3-32 BET 图

时可只测定一组 $P/P_0$ 数据,并与原点相连求出样品比表面积,该方法称为单点 BET。与多点 BET 相比,单点 BET 实验结果误差更大。

$$V_{\mathrm{m}} = \frac{1}{A+B} \tag{3-11}$$

$$C = \frac{A}{B} + 1 \tag{3-12}$$

$$S = \frac{V_{\mathrm{m}} \sigma N}{V_0} \tag{3-13}$$

质量比表面积 $S_{\mathrm{w}}$ 和体积比表面积 $S_{\mathrm{v}}$ 可通过单层容量和每个分子在一个完整的单层上所占有的平均面积求出。通常认为氮气是测定比表面积最适宜的气体。然而,对于低比表面积的样品,由于仪器的灵敏度不足,采用氮气测量往往存在较大的测量误差,此时可采用较重分子或蒸气压力比氮气低的吸附气体,如氪气。由于不同气体的分子横断面积、可及孔和测量温度不同,其测量结果往往存在偏差。为了保证测量结果的可重复性,通常采用重新取样进行多次测量的方法,得出标准偏差的平均值。在 77K 温度下,氮气分子的横断面积为 $0.162\mathrm{nm}^2$,因此可分别按式(3-14)和式(3-15)求出固态物质的质量比表面积和体积比表面积:

$$S_{\mathrm{w}} = \frac{4.35 V_{\mathrm{m}}}{m} \tag{3-14}$$

$$S_{\mathrm{v}} = S_{\mathrm{w}} \rho \tag{3-15}$$

式中,$V_{\mathrm{m}}$ 为单层吸附体积(标准态);$\rho$ 为吸附质分子横断面积;$m$ 为样品材料的有效密度。

同时,多种理论可被用于气体吸附实验孔隙结构计算。其中 BET 理论与物质实际吸附过程更接近,因此其可测定的样品范围更广,测试结果准确性和可信度更高。此外,BJH 法(Barrett-Joyner-Halenda)是基于圆筒孔模型和开尔文(Kelvin)方法(MK)的一种孔径表征方法,可用于计算孔容、孔径分布和孔比表面积,是分析孔隙发育特征的经典方法。

气体吸附法孔径(孔隙度)分布测定利用的是毛细凝聚现象和体积等效替换的原理,即以被测孔中充满的液氮量等效为孔的体积。由毛细凝聚理论可知,在不同的 $P/P_0$ 下,能够发生毛细凝聚的孔径范围是不一样的,随着 $P/P_0$ 值的增大,能够发生凝聚的孔隙半径也增大,特定的 $P/P_0$ 条件往往对应一定的临界孔半径 $R_{\mathrm{k}}$,半径小于 $R_{\mathrm{k}}$ 的所有孔隙均会发生毛细凝聚现象,液氮可以填充其中;大于 $R_{\mathrm{k}}$ 的孔隙不会发生毛细凝聚现象,液氮也就不会在其中填充。临界孔隙半径可由开尔文方程计算:

$$R_{\mathrm{k}} = -\frac{0.414}{\ln \dfrac{P}{P_0}} \tag{3-16}$$

式中，$R_k$ 为开尔文半径，其大小完全取决于相对压力 $P/P_0$。开尔文公式也可以理解为当压力低于一定的 $P/P_0$ 时，半径大于 $R_k$ 的孔中的凝聚液将气化并脱附出来。研究表明，当 $P/P_0$ 大于 0.4 时才会发生毛细凝聚现象。

### 3.2.3 二氧化碳吸附法

孔隙结构表征中常用的气体吸附法包括氮气吸附法和二氧化碳吸附法。然而，随着研究的深入，学者们发现基于氮气吸附法无论用 BJH 模型还是 DFT 模型都无法有效地表征微孔(王阳，2017)。究其原因，Ross 和 Bustin(2009)认为在低温状态下，氮气分子由于缺少足够的热能而无法进入更狭窄的微孔，而二氧化碳气体分子更小，扩散速率更快，在饱和温度(273K)下具有更高的饱和压力，所以二氧化碳吸附可用于表征微孔。

#### 3.2.3.1 测试原理

采用二氧化碳为吸附质气体，在恒温下逐步升高气体压力，测定样品在不同压力下的吸附量，然后由吸附量对气体压力作图，从而得到样品的吸附等温线；之后，反过来逐步降低分压，测定相应的脱附量，由脱附量对分压作图，则可得到相应的脱附等温线(谢晓永等，2006)。

#### 3.2.3.2 实验仪器基本参数及其对样品的要求

二氧化碳吸附实验与氮气吸附实验的实验仪器基本相同。图 3-33 为美国麦克 Micromeritics 公司生产的 ASAP 2460 四站式全自动快速比表面积与孔隙分析仪，该仪器适用于沸石、碳材料、分子筛、二氧化硅、氧化铝、土壤、黏土等材料的微孔和介孔的测定与研究。

图 3-33 ASAP 2460 四站式全自动快速比表面积与孔隙分析仪

不同粒径的样品会对二氧化碳吸附结果产生极大影响。通常情况下,可以将样品破碎至 60~80 目(0.18~0.25nm),之后,页岩样品可进行 72h 的脱气处理和 4h 的高温(150℃)抽真空预处理;对于煤中样品,可将煤样放置于 110℃的干燥真空容器中 12h 以上,以去除吸附的水分和挥发性物质,最后称取 1~2g 样品进行测定(Li et al., 2021)。

#### 3.2.3.3 吸附等温线的测量方法及计算模型

1. 吸附等温线的测量方法

样品的吸附/脱附等温线通常可由容量法或重量法计算得出。关于容量法和重量法的介绍见 3.2.2.2 小节。

2. 吸附等温线的计算模型

经过多年的发展,多种计算模型可用于吸附等温线的计算和材料(活性炭、沸石、页岩)孔径分布特征的分析。根据模型所能获取的孔隙信息,可将其分为两类:第一类可用于测量孔隙体积和比表面积,包括朗缪尔模型、D-A 模型、D-R 模型、BET 模型等;第二类不仅可以确定孔隙体积和比表面积特征,还可以分析孔隙孔径分布特征,主要包括 NLDFT 模型和 BJH 模型。需要注意的是,不同的计算模型往往有其特定的分析范围,仅适用于特定的多孔材料孔隙结构的测定。

1)朗缪尔模型

作为理想公式,朗缪尔模型是基于热力学假设提出的,即认为吸附剂表面的吸附为均匀的单分子层吸附且吸附分子之间无相互作用。其方程为

$$V = \frac{V_L bP}{1+bP} \tag{3-17}$$

式中,$V$ 为吸附气体的体积,$cm^3/g$;$V_L$ 为朗缪尔体积,$cm^3/g$;$P$ 为平衡气体压力,MPa;$b$ 为朗缪尔常数(广义参数),无量纲,$b=1/P_L$,其中 $P_L$ 为朗缪尔压力,表示的是当吸附体积为朗缪尔体积一半时所对应的压力值。从数学上讲,式(3-17)可改写为如下线性形式:

$$\frac{V}{V_L} = \frac{P}{P+P_L} \tag{3-18}$$

通过绘制 $P/V$ 与气体压力 $P$ 的关系曲线可方便地求出单层吸附容量和吸附平衡常数。

此外,由于微孔中主要发生单层吸附,采用基于单层吸附理论的朗缪尔比表面积值较为合适。朗缪尔比表面积值的计算流程为:首先,在吸附等温线上任取几组数据 $[(P/P_0)_i, (V_a)_i]$;然后结合取值情况,按照 $V=(P/P_0)/V_a$ 计算得到 $[(P/P_0), V']$;最后以 $V'$ 纵轴,$P/P_0$ 为横轴绘制关系曲线,并进一步计算得出纵轴截距 $I'$ 和斜率 $S'$。

$$I' = \frac{b'}{V_m} \tag{3-19}$$

$$S' = \frac{1}{V_m} \tag{3-20}$$

式中，$b'$ 为朗缪尔常数（为一具体参数）。由 $S'$ 和 $I'$ 可算出单分子层饱和吸附量 $V_m$：

$$V_m = \frac{1}{S'} \tag{3-21}$$

由 $V_m$ 可以算出样品表面吸附的气体分子个数，再根据气体分子的横截面积，即可求得样品的比表面积 $S$。

2) D-R 方程

D-R 方程最早是由 Dubinin 和 Radushkevich 在吸附的 Polanyi 势能理论的基础上提出的：假定当特征吸附能为 $E$ 时，由液体吸附质占据的吸附部分的体积 $V$ 可用高斯函数表示：

$$\theta = \frac{V}{V_0} = \exp\left[-\left(\frac{RT}{\beta E_0}\ln\frac{P_0}{P}\right)^2\right] \tag{3-22}$$

式中，$V$ 为相对压力 $(P/P_0)$ 下已填充的孔容，即吸附体积；$V_0$ 为微孔体系的总孔容，即极限吸附体积；$\theta$ 为微孔充填率，是单一吸附质体系吸附势作用下 $V$ 与 $V_0$ 的比值；$E_0$ 为参考流体的特征吸附能；$\beta$ 为相似系数，即给定吸附质的摩尔体积与参考液体摩尔体积的比值；$R$ 为气体常数；$T$ 为吸附平衡温度。

对式 (3-22) 两侧取自然对数，则有：

$$\ln V = \ln V_0 - \left(\frac{RT}{\beta E_0}\right)^2 \left(\ln\frac{P_0}{P}\right)^2 \tag{3-23}$$

根据 $\ln V$ 和 $[\ln(P_0/P)]^2$ 的关系曲线，通过线性回归可求出微孔体系总孔容 $V_0$ 和参考流体特征吸附能 $E_0$ 等参数。将式 (3-23) 中的指数 2 换为 $n$，就得到 Dubinin-Astakhov 方程（D-A 方程）。其中 D-R 方程是 D-A 方程中 $n=2$ 的特例。

另外，根据以上所述，纯气体在微孔吸附剂的吸附等温线可用 Polanyi 势能理论描述。当吸附质/吸附剂体系受吸附剂特殊的化学性质影响时，该体系可由吸附势 $E$ 来表征。因此，在给定的相对压力下，微孔总体积 $V$ 的一部分填充体积 $V_a$ 与吸附势 $E$ 的关系如式 (3-24) 所示：

$$V_a = f(E) \tag{3-24}$$

Dubinin 和 Radushkevich (1947) 认为，吸附势等于将吸附分子转变为气相分子所做的功。当 $T<T_{cr}$ 时，根据 Polanyi 势能理论，$E$ 可由式 (3-25) 得出：

$$E = RT\ln\frac{P_0}{P} \tag{3-25}$$

对于特定的吸附剂，基于 Polanyi 恒定温度"特征曲线"(即 $V_a$ 对 $E$ 曲线)的概念，Dubinin 和 Radushkevich 得出如式(3-26)所示的经验方程:

$$V_a = V \exp\left[-\left(\frac{RT}{\beta E_0}\ln\frac{P_0}{P}\right)^2\right] \quad (3\text{-}26)$$

特征吸附势 $E_0$ 与孔径分布有关。对于特定的吸附剂，相似系数 $\beta$ 使得不同吸附质的特征曲线与某些可用作随机标准的特殊吸附质的特征曲线相一致，则 Dubinin 等温线可表示为对数形式的直线方程，如式(3-27)所示:

$$\ln V_a = \ln V - D\left(\lg\frac{P_0}{P}\right)^2 \quad (3\text{-}27)$$

式(3-27)在相对压力为 $10^{-4} \sim 10^{-1}$ 范围内的准确性较高。通过绘制 $\lg V_a$ 和 $[\lg(P_0/P)]^2$ 的曲线得到的斜率即为 $D$，由纵坐标的截距可以计算出微孔总体积 $V$。

3) NLDFT 模型

考虑到二氧化碳吸附实验进行时微孔中吸附质状态不再是液体状态，因此宏观热力学的方法如 BJH 孔径分布计算模型已经不再适用于微孔孔径分布的分析，开尔文方程在孔径小于 2nm 时也不再适用。非定域密度函数理论模型(NLDFT)是一种统计学计算方法，其与常规的微孔孔径分布分析法以及 Horvath-Kawazoe(HK)、Saito-Foley(SF)经验法相比更能准确地反映孔径分布特征。结合二氧化碳吸附实验，NLDFT 模型可真正实现对微孔的定量表征，因此得到了广泛使用(图 3-34)。NLDFT 模型的公式为

$$N(P/P_0) = \int_{\omega_{\min}}^{\omega_{\max}} N\left(\frac{P}{P_0},\omega\right)f(\omega)\mathrm{d}\omega \quad (3\text{-}28)$$

式中，$N(P/P_0)$ 为实验吸附等温线数据；$\omega$ 为孔隙宽度，nm；$\omega_{\max}$ 和 $\omega_{\min}$ 分别为最大和最小孔隙宽度，nm；$N(P/P_0,\omega)$ 为单孔宽度的等温线；$f(\omega)$ 为孔径分布函数。

在利用 NLDFT 模型对二氧化碳吸附实验数据进行孔隙孔径分布计算之前，有必要采用统计力学的方法计算理论模型等温线。理论模型等温线可以通过对模型孔中流体平衡密度分布 $[\rho(r)]$ 进行积分计算得出。通常情况下，对于特定的吸附质，可以计算每组给定孔径范围的等温线以建立模型数据库(也称为核)，并以该数据库为特定吸附体系的理论参比，结合实际吸附体系得到的吸附等温线以计算吸附质的孔径分布。

某特定核的相关数值受很多因素的影响，主要包括假设的几何孔模型、气体-气体和气体-固体相互作用参数值以及其他的一些模型假设。为最大限度地减小上述因素对试验结果的影响，主要采用调整相互作用参数(流体-流体和流体-固体)以使假设的模型能重现流体性质(如疏松堆积的液体-气体平衡密度和压力，液体-气体界面张力)的方法。

此外，正确预测表面张力对定量描述孔内毛细冷凝/脱附转换是十分必要的。从实验吸

附等温线得到的吸附体积数据，可由综合吸附(IAE)方程计算得到 $N(P/P_0)$，如式(3-28)所示。IAE 计算主要基于下述假设：①在研究孔径范围内，总吸附等温线是由一系列单独的"单孔"吸附等温线乘以它们的相对分布 $f(\omega)$ 得到的；②通过 DFT 模型或 MC 模型均能得到某一给定吸附质/吸附剂体系的一系列 $N(P/P_0, \omega)$ 等温线(核)。需要注意的是，现有的正则化算法能提供有意义的、稳定的解，但是为了确保计算正确，有必要将计算拟合 NLDFT 等温线与实验吸附等温线进行比较(Ross et al., 1961)。

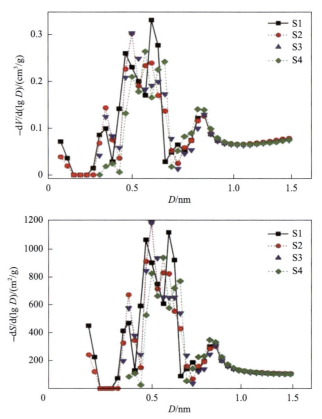

图 3-34　基于二氧化碳吸附实验和 NLDFT 计算模型的煤样孔容和孔比表面积分布特征(据李阳等，2019)

## 3.3　X 射线与光谱法

X 射线与光谱法由于其对样品的无损性而受到人们的广泛关注。在测孔的过程中，X 射线和光谱法主要通过记录 X 射线散射、波传播、正电子寿命谱和氢离子信号等来确定煤的孔径分布、孔隙度和渗透率等物理参数(Okolo et al., 2015; Mares et al., 2009; Yao et al., 2014)。常用的 X 射线与光谱法包括 X 射线散射(SAXS)、小角中子散射(SANS) (Clarkson et al., 2012, 2013; Mastalerz et al., 2012)、微米 CT 和纳米 CT 扫描，以及核磁共振(NMR)等。

### 3.3.1 低场核磁共振实验

核磁共振是将某些原子的原子核浸入一个静态磁场中,当其暴露在第二个振荡磁场中时所产生的一种现象(Hornak,1999)。由于地层中的水或者油均具有较高浓度的氢原子,因此,核磁共振试验被广泛地用于表征油气储层(Liu et al., 2020)。研究表明,相较于其他储层孔隙结构表征方法,核磁共振具有检测速度快、无损、检测连续、测量孔径范围广的优点,已经成为表征储层孔隙性质(Yao et al., 2010)、润湿性(Zhang et al., 2014; Sun et al., 2018)、流体特性(Meng et al., 2015)、黏度和油气饱和度等的有效方法(Liu et al., 2020; Yao and Liu, 2012)。

#### 3.3.1.1 实验原理

核磁共振中,"核"是指核磁共振中主要涉及的原子核;"磁"有两个含义,其一为促使核磁共振发生的恒定不变的强大静磁场($B_0$),如图 3-35 所示;其二为叠加的一个小的射频磁场以进行核激励并诱发核磁振($B_1$)。在核磁共振实验过程中,将样品放入磁场($B_0$)之后,通过发射一定频率的射频脉冲($B_1$),使氢质子发生共振,氢质子吸收射频脉冲能量并发生定向偏转[图 3-35(a)];当射频脉冲结束之后,氢质子会将所吸收的射频能量释放出来并回到其原来的自旋方向上[图 3-35(b)],通过专用的线圈记录氢质子释放能量的过程,即核磁共振信号。核磁共振信号通常包含频率、相位和振幅等信息。

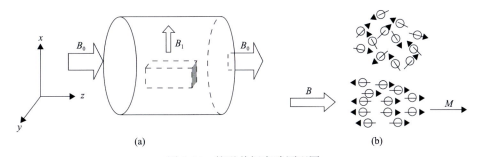

图 3-35 核磁共振实验原理图

(a)静磁场 $B_0$ 与射频磁场 $B_1$;(b)进入磁体前后氢原子核的状态变化。$B$ 为磁场;$M$ 为磁化方向

在实际测定过程中,核磁共振主要是通过记录岩体孔裂隙中含氢核流体(水等)在外加磁场中的弛豫机制,从而实现对孔裂隙发育特征的测定(卢方超等,2018;Lu et al., 2020)。岩石在完全饱和水的情况下,孔隙内的水由于岩石孔隙结构的影响而表现出不同的弛豫特征,在此基础上得出的核磁共振信号往往是由不同大小孔隙内水的信号叠加产生的,即不同的孔径往往对应不同的 $T_1$ 和 $T_2$ 弛豫时间($T_1$ 为纵向弛豫时间,$T_2$ 为横向弛豫时间)。影响 $T_1$ 或 $T_2$ 的核磁共振弛豫机制主要包括三种:体积弛豫、表面弛豫和扩散弛豫(Talabi and Blunt, 2010),其中体积弛豫是流体的固有特性,受流体的物理特性控制,如黏度和化学成分;表面弛豫是由于质子与表面碰撞而在流体-固体界面产生的一种弛豫现象;扩散弛豫通常仅能影响 $T_2$(Liu et al., 2020),且研究认为,获得 $T_2$ 弛豫时间比获取 $T_1$ 弛豫时间更快(Zhang et al., 2018),因此,在实际实验中通常采用 $T_2$ 谱作为

分析孔隙发育特征的参数。根据核磁共振基本原理，$T_2$（横向弛豫时间）可表示为

$$\frac{1}{T_2} = \frac{1}{T_{2B}} + \frac{1}{T_{2S}} + \frac{1}{T_{2D}} \tag{3-29}$$

式中，$T_2$ 为横向弛豫时间，ms；$T_{2B}$ 为横向体积弛豫时间，ms；$T_{2S}$ 为横向表面弛豫时间，ms；$T_{2D}$ 为横向扩散弛豫时间，ms。

一般来说，亲水岩石的横向弛豫主要取决于其表面弛豫和扩散弛豫，体积弛豫通常可忽略不计。而当回波间隔和磁场梯度较小时，扩散弛豫也可忽略不计，此时表面弛豫起主要作用，即 $T_2$ 与孔隙的比表面积呈正相关关系（Yang et al., 2019），因此，式（3-29）可进一步简化为（孟昆等，2021）：

$$\frac{1}{T_2} \approx \frac{1}{T_{2S}} = \rho_2 \left(\frac{S}{V}\right)_{\text{por}} \tag{3-30}$$

式中，$\rho_2$ 为横向表面弛豫率，μm/ms；$S$ 为孔隙的表面积，μm$^2$；$V$ 为孔隙体积，μm$^3$。

由于孔隙的表面积与体积之比与孔隙半径和形状因子有关，所以对于具有规则形状的孔隙，可根据式（3-30）推导出 $T_2$ 与孔隙半径的关系（孟昆等，2021；Xiao et al., 2016）：

$$\frac{1}{T_2} = \rho_2 \frac{F_s}{r} \tag{3-31}$$

$$r = CT_2 \tag{3-32}$$

式中，$\rho_2$ 为横向表面弛豫率，μm/ms；$F_s$ 为孔隙形状因子，通常情况下球状孔隙形状因子取 3，管形孔隙形状因子取 2（Zheng et al., 2018）；$r$ 为孔隙半径，μm；$C$ 为转换系数。

由式（3-31）和式（3-32）可以看出，核磁共振横向弛豫时间（$T_2$）与孔隙半径具正相关关系（Deng et al., 2018; Zou et al., 2020），即孔径越大，其孔隙中的水弛豫时间越长；孔径越小，该孔隙中的水所受到的束缚程度也越大，其弛豫时间也越短。显然，不同孔隙类型的 $T_2$ 不同，其在 $T_2$ 谱上的位置也不同，即 $T_2$ 谱实际上反映的是孔径分布。通常情况下，核磁共振强度的峰值对应的 $T_2$ 越小，代表孔隙半径越小；峰面积反映的是峰值对应孔径段的孔隙数量特征；峰个数反映的是孔隙的发育和连通情况（卢方超等，2018）。

#### 3.3.1.2 核磁共振实验的制样要求

核磁共振实验样品一般为柱状样品，可在岩心上钻取直径为 38.1mm 或 25.4mm、长度为 35~50mm 的岩样，岩样质量一般不少于 10g，然后洗净岩样中的剩余油和剩余盐，以消除该物质中含有的氢质子对实验结果的影响。将处理后的岩样风干后，并烘干直至恒重，然后放入干燥器中冷却至室温，需要注意的是，对于疏松的岩样，可选用特定直径且长度比岩样长 100mm 的热缩塑料管套住岩样，在温度为 75℃±2℃条件下烘 0.5h，然后放入干燥器中冷却至室温。最后，在温度为 15~25℃、湿度为 50%~70% 的条件下，

通过离心或驱替装置对饱水岩样进行脱水处理以制作不同饱和度的脱水岩样，而后测定不同饱水程度岩样的 $T_2$ 谱。此外，为了确定特定岩样的 $T_2$ 截止值，应将完全饱水岩心中的自由水脱去，脱去自由水时使用的脱水压力应为最佳脱水压力。样品制备过程参照 SY/T 5336—2006 的规定进行。

### 3.3.1.3 核磁共振实验步骤及参数测量

在实验开始之前，需按照仪器(图 3-36)要求设定磁体控制温度，并使探头和磁体保持恒温以达到设备预热的目的。然后将岩心样品在 105℃温度条件下烘干 24h，并称取其质量；相应的饱水样品是将烘干样放入真空加压饱水装置中抽真空加压饱水(2MPa, 12h)后制成，并称取其质量。之后，将标准水样、油样、标准样、待测岩样放入恒温箱中，温度设定为磁体工作温度，恒温 6h 以上。对于完全饱水的岩样，应将其及饱和液放入密闭玻璃容器中，整体放入恒温箱中保存；对于脱水岩样，需将烘干后的岩样用保鲜膜紧紧包裹后置于底部盛有饱和溶液的密闭玻璃容器中，整体放入恒温箱中待用。需要注意的是，恒温箱的温度应与测量温度一致。最后，通过设定横向弛豫时间 $T_2$ 和纵向弛豫时间 $T_1$ 测量参数，对实验样品的 $T_2$ 和 $T_1$ 进行测量，并将测量结果与标准谱进行对比以确定测量仪器的稳定性和准确性。详细的核磁共振试验过程可参照《岩心分析方法》(SY/T 5336—2006)、《油气探井核磁共振录井规范》(SY/T 6747—2008)和《岩样核磁共振参数实验室测量规范》(SY/T 6490—2014)进行。

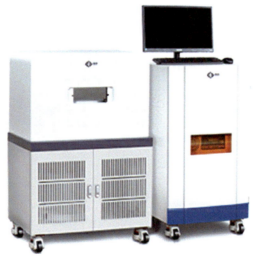

图 3-36　MesoMR23-060H-I 型核磁共振测试系统

该仪器由苏州纽迈分析仪器股份有限公司生产，其主要参数如下：磁体为永磁体；共振频率为
21.2374MHz；探头线圈的直径为 25mm；磁体温度为 32.00℃±0.02℃

在上述试验过程中需注意参数采集，其中测定横向弛豫时间 $T_2$ 时采集的参数主要包括回波间隔 TE(以提高对衰减快的短横向弛豫分量的分辨能力及降低扩散对横向弛豫测量的影响为设置原则)、完全恢复时间(以使纵向磁化矢量能够完全恢复为设置原则)、采集回波个数 NECH(以提高信噪比、增强对衰减慢的长横向弛豫分量的分辨能力为设置原

则)、采集扫描次数 NS(以提高信噪比为设置原则,信噪比宜控制在 80dB 以上)、接收增益 RG(在信号不失真的条件下,以提高信噪比为设置原则,信噪比宜控制在 80dB 以上);测量纵向弛豫时间 $T_1$ 时采集的参数主要包括 180 脉冲和 90 脉冲之间的测量时间序列(时间序列采用对数取点法,取点个数 10~20 个,最短时间通常为 0.05ms,最长时间通常应大于 $5T_1$)、完全恢复时间(所设值为横向弛豫时间 $T_2$ 测量时所设完全恢复时间的 1.5 倍)、采集扫描次数 NS(以提高信噪比为设置原则,信噪比宜控制在 80dB 以上)、接收增益 RG(在信号不失真的条件下,以提高信噪比为设置原则,信噪比宜控制在 80dB 以上)。

#### 3.3.1.4 核磁共振实验结果分析

1. 核磁共振 $T_2$ 分布

研究表明,横向弛豫时间 $T_2$ 分布反映了孔隙孔径和孔体积的分布(周科平等,2012),岩石孔隙孔径和孔体积分布特征可以通过分析 $T_2$ 谱获得。核磁共振 $T_2$ 谱中横坐标表示弛豫时间,纵坐标表示相应的 $T_2$ 幅值。$T_2$ 谱形态靠左表明样品弛豫速度快,弛豫时间短,其微孔更发育,可动流体少,大部分流体为束缚状态,反映的是较差的储集层特征;反之,$T_2$ 谱形态靠右,表明样品弛豫速度较慢,弛豫时间长,其中大孔和裂隙更发育,大部分流体为可动状态,反映的是较好储集层特征。

$T_2$ 谱如图 3-37 所示,常见的核磁共振 $T_2$ 谱通常包括单峰型、双峰型和三峰型,其中单峰型在煤样中较少见,有些岩石的 $T_2$ 谱为单峰型,如泥岩[图 3-37(a)];煤样的 $T_2$ 谱以双峰型为主(Zheng et al., 2018)。

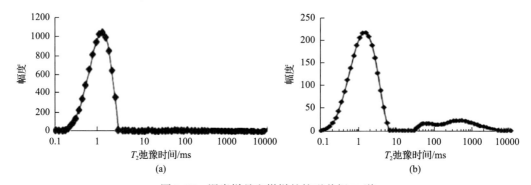

图 3-37 泥岩样品和煤样的核磁共振 $T_2$ 谱

(a)泥岩样品的 $T_2$ 谱,为单峰型;(b)煤样的 $T_2$ 谱,为三峰型

如前所述,$T_2$ 谱是样品孔隙发育特征的反映,根据弛豫时间由小到大可依次识别出微小孔、中大孔和裂隙 3 种类型的峰,且不同弛豫时间内的峰值对应于不同的孔径发育特征。微小孔对应于 $T_2$ 在 0.5~2.5ms 的峰值;中大孔对应于 $T_2$ 在 20~50ms 的峰值,其峰值一般比微小孔对应的峰要小;裂隙对应于 $T_2$>1000ms 段的峰值,该峰仅见于部分裂隙发育的样品。对于两峰型和三峰型,以弛豫时间 10ms 为峰的分割点,若两峰间连续性差,大小分布不连续,则表明孔隙和裂隙(割理)连通性差,不利于煤层气的富集和运移。

2. $T_2$ 谱面积分析

特定核磁共振弛豫时间区间范围内的谱积分面积与岩石中所含流体的量成正比，因此 $T_2$ 谱分布积分面积的变化反映了岩石孔隙体积的变化（肖立志，1996），全部 $T_2$ 谱面积可以视为核磁共振孔隙度，通常其略小于或等于岩石的有效孔隙度。

#### 3.3.1.5 核磁共振实验的特点

核磁共振实验具有快速、无损、安全、高效的特点和较高的分辨率，已经成为表征亚微米及纳米尺度微孔隙的有效方法。然而，当岩石中含有较多顺磁性物质或含氢物质时，其实验结果的准确性将受到极大的影响，且核磁共振实验无法分析水溶性样品，也仅能用于孔裂隙结构的定量测定而无法获取孔裂隙的形貌信息。近些年来，尽管核磁冻融技术的发展显著扩展了核磁共振实验的应用范围（郭威等，2016），但其对样品的孔裂隙结构三维可视化的表达仍存在较大的进步空间。

### 3.3.2 微米 CT 和纳米 CT

X 射线计算机断层扫描（X-ray CT scanning）是一种先进的、成熟的、快速发展的无损技术（Yao et al., 2009; Ramandi et al., 2016），可定量获取煤岩内部孔隙结构的非均质程度、二维形态和三维数据体，目前已经被广泛应用于煤岩孔隙结构发育特征的研究（Shi et al., 2018; Wang et al., 2020, 2022）。

#### 3.3.2.1 微米 CT 和纳米 CT 的基本构成及试验原理

根据分辨率的不同可以将 X 射线 CT 技术分为微米 CT 和纳米 CT，两者的实验原理基本相同，其不同之处在于光源和对实验样品的要求。下面将分别介绍微米 CT 和纳米 CT 的基本构成及其试验原理。

X 射线微米 CT 的工作原理是根据 X 射线在穿透材料后的能量衰减来识别材料的内部特征。其中能量的衰减可以用 Lambert-Beer 定律表示：

$$I = I_0 e^{-\int \mu(s) ds} \tag{3-33}$$

式中，$I$ 为 X 射线穿透材料后的能量；$I_0$ 为 X 射线的入射能量；$\mu(s)$ 为沿路径 $s$ 的线性衰减系数。

X 射线的衰减程度与材料的原子序数和密度有关，高序数原子和高密度物质对 X 射线的吸收能力更强。因此，当用具有一定初始能量的 X 射线照射物质时，不同密度的组分对 X 射线的吸收程度不同，通过各种组分并投射到感光器件的 X 射线强度也存在差异，感光器件将接收到的 X 射线能量通过光电转化变为电压信号，再转变为人眼可分辨的灰度值，从而实现对物质内部微观结构的观测。

一般情况下，X 射线微米 CT 扫描设备主要由 X 射线源、样品台和探测器组成（图 3-38）。样品位于 X 射线源和探测器之间，样品的厚度、组成和密度决定了到达探测器的 X 射线强度。实验过程中，射线源首先发出锥形 X 射线，样品台进行 360°旋转，然后探测器将接收到大量 X 射线衰减信号并重构出样品的三维立体模型（Vlassenbroeck et al.,2007)。这个数据体是线性衰减系数的三维分布,用灰度值表示。需要注意的是,目前传统的实验室微米CT设备的最高分辨率可以达到0.5μm,但是对于使用闪烁体和高放大倍数光学设备的CT系统而言,其分辨率可以达到50~100nm(Feser et al.,2008; Gelb et al.,2009)。

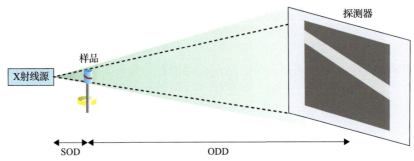

图3-38 实验室微米CT装置示意图(据Bultreys et al.,2016)
SOD为X射线源与样品间的距离;ODD为样品与探测器间的距离

相较于微米CT,纳米CT拥有更高的分辨率,可以实现样品原始状态下的无损三维成像,并确定地质储层中纳米尺度孔裂隙的大小、分布和连通性(孙亮等,2016)。

纳米CT与微米CT扫描原理基本相同,不同之处在于纳米CT的光源是平行光,旋转角度为180°(图3-39)。纳米CT的X射线在到达样品之前会经过一个光路校准器,从而将发散的锥形X射线压缩、校准成平行光路,扫描过程中样品台带动样品进行180°旋转,平行的X射线在穿透样品后到达物镜并进行光学放大,物镜中的光感粒子将X射线转换成可见光信号传输到接收器,接收器将光信号转换成电信号并输出至探测器,探测器接收到衰减后能量图像(吸收衬度成像和相位衬度成像)之后,利用X射线衰减图像重构出三维立体模型,即材料的纳米CT图像。

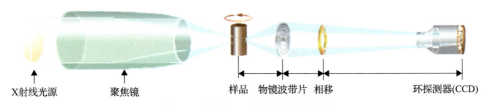

图3-39 纳米CT扫描原理示意图

#### 3.3.2.2 微米CT和纳米CT的图像处理方法

一般情况下,微米CT和纳米CT扫描得到的二维切片比较模糊且含有噪点,因此,为了后续更好地分析孔裂隙结构特征,需要首先对切片进行一系列的图像处理。数字图像处理主要是通过ImageJ和Avizo软件对二维CT切片进行灰度调节、滤波处理、三维重构和阈值分割等相关处理,其中最重要的是滤波处理和阈值分割。

1. 灰度调节

微米CT和纳米CT得到的二维切片图主要借助ImageJ软件进行灰度调节(图3-40)。

经过灰度调节后,在 CT 二维切片图上可以很容易分辨出三类物质:灰色的煤基质、亮白色的矿物质和深黑色的孔裂隙[图 3-40(b)]。然而,从切片图上仍然可以看到伪影的存在,因此需要对图片进行进一步的滤波处理。

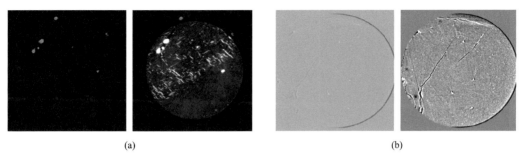

图 3-40 切片灰度处理效果图

(a)微米 CT 切片灰度处理;(b)纳米 CT 切片灰度处理

2. 滤波处理

滤波处理是消除切片中伪影的关键步骤。在 ImageJ 软件中分别选用中值滤波、均值滤波和高斯滤波对灰度调节后的切片图进行滤波处理(图 3-41)。从图 3-41 中可以看出,三种滤波方法中中值滤波法效果最好,均值滤波效果次之,高斯滤波效果最差。中值滤波既能有效降低噪声,又能很好地保持图像元素的完整性和清晰度,有利于后续进行阈值分割和孔隙结构的提取。因此,通常选用中值滤波对煤样原始切片进行平滑降噪。

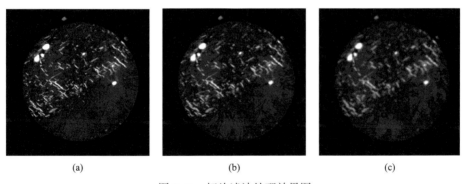

图 3-41 切片滤波处理效果图

(a)中值滤波;(b)均值滤波;(c)高斯滤波

3. 阈值分割

阈值分割是图像处理的关键步骤,影响着后续的图像分析(Schlüter et al., 2014)。设图像为 $f(x,y)$,其灰度范围是 $[0,L]$,选择一个合适的阈值 $T$,图像分割可以描述为

$$g(x,y)=\begin{cases} 1, & f(x,y) \geqslant T \\ 0, & f(x,y) < T \end{cases} \tag{3-34}$$

式中,$g(x,y)$ 为经阈值处理后的图像。

目前存在许多不同的阈值分割方法，包括全局阈值法(global thresholding)和局部阈值法(local segmentation)等。其中局部阈值法主要通过邻域分析进行类赋值，该方法可以有效平滑物体边界，避免噪声干扰。由于增加了灵活性，局部阈值法通常会取得更加令人满意的分割结果(Wang et al., 2011；贾娟娟, 2012)。

分水岭算法(watershed algorithm)是局部阈值分割中最常用的算法，其基本思想是把图像看作一幅地形图，图像中每一点像素的灰度值表示该点的海拔高度，每一个局部极小值及其影响区域称为集水盆，集水盆的边界就形成了分水岭(Schlüter et al., 2014)。其中亮度比较强的区域像素值较大，而比较暗的区域像素值较小，分水岭算法正是通过寻找"汇水盆地"和"分水岭界限"对图像进行分割(图 3-42)(贾娟娟, 2012)。

图 3-42　基于分水岭算法的煤样阈值分割图

4. 孔隙网络模型提取

孔隙网络模型(PNM)是运用规则形状来描述岩石复杂孔隙空间结构的一种方法。通过构建孔隙网络模型可以得到岩石孔隙和喉道的半径、体积、长度、配位数和形状因子等信息(图 3-43)，以这些信息为基础可以构建与实际情况相符的孔隙网络(雷健等, 2018)。

从数字岩心中提取孔隙网络模型的方法主要有居中轴线法和最大球法，居中轴线是指由位于孔隙空间中心位置的体素集合构成的曲线[图 3-44(a)]，可以通过细化算法(Baldwin et al., 1996; Liang et al., 2000)或燃烧算法(Lindquist et al., 1996; Lindquist and Venkatarangan, 1999)得到。居中轴线可以再现储层岩石的拓扑结构，有效获得储层岩石的连通特性，但是孔隙居中轴线法不能获取孔隙空间形状等几何特征。为了解决孔隙居中轴线法在识别孔隙方面的困难，Silin 和 Patzek(2006)最早提出了最大球法。最大球法不需要细化孔隙空间，而是寻找孔隙体素与骨架体素相切的最大内切球，去掉包

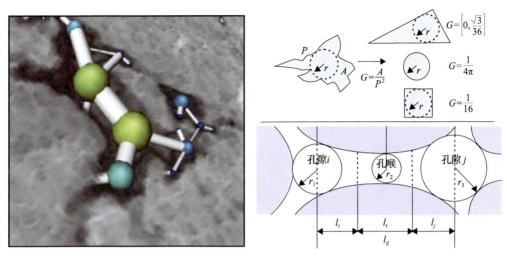

图 3-43　孔隙网络模型参数示意图（据 Dong and Blunt, 2009）

$l_i$ 为孔隙 $i$ 的长度；$l_j$ 为孔隙 $j$ 的长度；$l_t$ 为孔喉的长度；$l_{ij}$ 为孔喉总长度

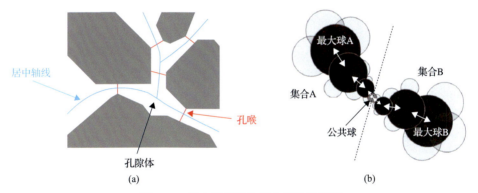

图 3-44　居中轴线法和最大球法示意图

含在其他最大内切球中的内切球，剩下的最大内切球称为最大球（闫国亮，2013）。Al-Kharusi 和 Blunt(2007)、Dong 和 Blunt(2009) 及 Blunt 等(2013) 随后发展了最大球法，将局部半径最大的最大球定义为孔隙，在两个孔隙之间局部半径最小的最大球定义为喉道 [图 3-44(b)]。在实际应用过程中，可以将孔隙用最大球法进行填充，经拓扑运算后获得孔隙空间的孔喉分布，最后对孔喉抽象后得到样品的孔隙网络模型（图 3-45）。

5. 连通域检测

连通性评价是多孔介质孔隙空间形态学研究的重要内容，可为孔隙网络模型提供量化参数，并应用到渗透性分析中（孙亮等，2016；邹才能等，2012）。利用种子填充法可以检测出数字模型中所有的孔隙连通域（孙亮等，2016），其原理是将任意一个孔隙像素作为种子，将每个像素与其他像素之间的连通关系检测出来，并将彼此连通但又不与其他像素连通的一组像素标记为一个连通域，然后对这些连通域进行几何分析和归类（孙亮等，2016）。孔隙连通域对分析岩石的微观孔隙结构具有非常重要的作用。一般情况下，可以采用 26 连通对提取出的孔隙网络进行连通性检测，如图 3-46 所示。

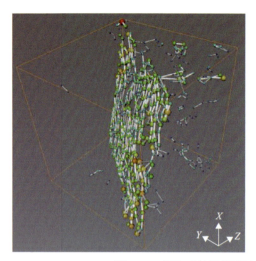 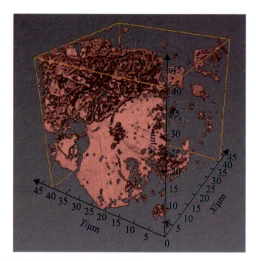

图 3-45　提取后的煤样孔隙网络模型图和孔裂隙三维结构图

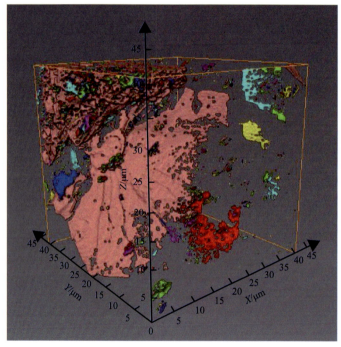

图 3-46　连通域检测结果

相同颜色部分为连通部分，不同颜色部分代表不连通

### 3.3.2.3　微纳米 CT 技术在孔隙研究中的应用

微纳米 CT 技术在孔隙表征方面具有优势。当前阶段，学者们发现利用微纳米 CT 技术可以获取孔隙的空间分布特征（图 3-47），包括孔隙和喉道的数量、体积、比表面积、形状因子、配位数、长度体积、形状因子以及孔喉比等诸多信息（Shi et al., 2018）。此外，考虑到低孔低渗储层往往具有较强的非均质性，原位孔隙变化特征和实验过程中孔隙动

态变化过程的测定就显得十分重要，微纳米 CT 快速、无损的优点使得孔隙变化的原位再现与在线实验成为可能(Wang et al., 2022)。

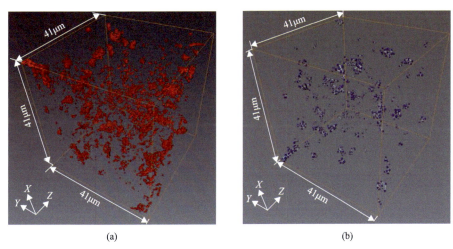

(a) (b)

图 3-47 不同煤级煤中纳米尺度孔隙的空间分布图

### 3.3.3 小角 X 射线散射实验

当 X 射线照射到试样上时，如果试样内部存在纳米尺度的电子密度不均匀区(散射体与周围介质的电子云密度间存在差异)，则在入射光束周围的小角度范围内(一般 $2\theta \leqslant 5°$)会出现 X 射线散射的现象，即 X 射线小角散射或小角 X 射线散射(small angle X-ray scattering, SAXS)。不同于大角 X 射线散射($2\theta$ 变化范围为 5°～165°)，小角 X 射线散射的散射角 $2\theta$ 的分布范围一般为 5°～7°。自 Guinier 确立小角 X 射线散射理论以来(Guinier, 1955)，小角 X 射线散射实验已成为研究亚微米级固态或液态结构的有力工具，并被广泛应用于特大晶胞物质的结构分析和粒度在几十纳米以下的超细粉末粒子(或固体物质中的超细空穴)的大小、形状及分布的测定，Mitropoulos 等(1998)则将其运用于煤孔隙结构的相关研究中。

#### 3.3.3.1 小角 X 射线散射实验原理

小角 X 射线散射实验主要是通过观测散射体与周围介质电子云间的密度差异从而实现对试样结构的观测，且随着试样密度不均匀程度的增大散射角度逐渐减小。在实验进行过程中，当 X 射线照射到样品上时，X 射线在试样电子的散射作用下产生次级波，通过傅里叶变换将散射产生的次级波进行转化可得到振幅，振幅的平方即为探测器记录的散射光强(图 3-48)。研究表明，单元体内电子散射波振幅与电子密度有关：

$$A(q) = A_e \int \rho(r) e^{-iqr} dq \tag{3-35}$$

式中，$A(q)$ 为单元体(d$V$)电子散射波振幅；$A_e$ 为单个电子产生的散射波振幅；$\rho(r)$ 为电子密度；$r$ 为相对原点位置；$q$ 为散射矢量，$q=(4\pi/\lambda)\cdot\sin\theta$，其中 $2\theta$ 为散射角，$\lambda$ 为波长。

根据单元体内电子散射波振幅,可由式(3-36)得出单元体散射强度:

$$I(q) = 4\pi \overline{(\Delta\rho)^2} V \int_0^\infty r^2 \rho(r) \frac{\sin(qr)}{qr} dr \quad (3-36)$$

式中,单元体的电子密度起伏($\Delta\rho$)决定其小角散射的强弱;相关函数$\rho(r)$决定着散射强度的分布。

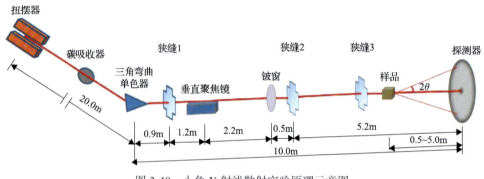

图 3-48 小角 X 射线散射实验原理示意图

### 3.3.3.2 小角 X 射线散射实验的制样要求

小角 X 射线散射实验具有不损伤实验样品的优良性质而被广泛应用于测定气体、液体和固体等材料的孔洞、粒子、缺陷以及材料中的晶粒、非晶粒子结构等。但是其对实验样品的要求较为严格,对于聚合物样品,无论是块状、薄膜,还是粉末或纤维试样,样品尺寸应为 20mm(长)×5mm(宽)×1mm(厚)左右。对于薄膜试样,如其厚度不够,可以用几片相同的试样叠加在一起测试。对于粉末试样,应将试样研磨至无明显颗粒感并将其包裹在铝箔载体中进行实验,另外也可以将粉末试样与火棉胶(火棉胶基本上无散射贡献)充分混合以制成合适厚度的片状试样进行实验。对于纤维状试样,应尽可能地将其剪碎,而后按照粉末试样的制备流程进行制样。需要注意的是,如果要观察纤维试样取向状态的结构变化,应把纤维梳理整齐,以伸直状态夹在试样架中,也可用火棉胶固定纤维的伸直状态进行观测。对于无法碾磨的颗粒状试样,其制样流程较为复杂,通常情况下采用两种方法制样:一种方法是将颗粒尽可能切割成相同厚度的薄片,然后整齐地平铺在胶带上;另一种方法是将颗粒熔融或溶解,制成片状试样,但前提是不能破坏试样原有的结构。液体试样必须在注入毛细管中测试,且在制备溶液时,应注意溶质与溶剂的电子密度差应尽可能大,须等溶质完全溶解在溶剂中(无沉淀现象)时方可进行下一步实验。

### 3.3.3.3 小角 X 射线散射实验步骤及理论分析

在进行小角 X 射线散射实验之前需首先测试空气(载体)的散射以扣除背景对实验结果的影响;然后测定试样的吸收系数,在此过程中为了消除试样厚度不同对散射强度造成的影响，需要对试样的散射强度加以修正，同时还需测试初束在水平方向和垂直方向的强度分布，以便进行狭缝修正（消模糊）；最后测试标准试样的散射强度，以此将研究试样的相对强度换算为绝对强度。

当散射角度趋于 0°时，散射体的散射强度服从 Guinier 定律。Guinier 近似式给出了小角散射强度与散射角的关系（孟昭富，1996）：

$$I(h) = I_e n^2 e^{-\frac{h^2 R_G^2}{3}} \tag{3-37}$$

式中，$I$ 为样品的散射强度；$I_e$ 为样品中 X 射线受到一个电子散射时的散射强度；$n$ 为散射体中的总电子数；$R_G$ 为体系的回转半径，是所有原子与其重心的方均根距离。$h=(4\pi\sin\theta)/\lambda$ 为散射矢量，$2\theta$ 是散射角，$\lambda$ 是入射 X 射线的波长。该公式对任何形状的粒子都适用，曲线 $\ln I(h) \sim h^2$ 叫作 Guinier 曲线，当 $h \to 0$ 时，它趋于直线。

Porod 定律指出（李志宏等，2000），对于两相边界分明的体系，在长狭缝准直的条件下，曲线 $\ln[h^3 I(h)] \sim h^2$ 在 $h$ 大于某一值时，趋于一直线，即

$$\ln[h^3 I(h)] = K \tag{3-38}$$

式中，$K$ 为 Porod 常数，是与结构有关的重要参数。$I(h)$ 是经狭缝准直修正的散射强度。当两相界面模糊弥散时，Porod 定律不成立，但是当 $h$ 大于某一值时，曲线 $\ln[h^3 I(h)] \sim h^2$ 仍趋于一直线，当两相界面不明晰，即界面模糊时，$\ln[h^3 I(h)] \sim h^2$ 曲线值下降，出现不符合 Porod 规律的负偏离，即

$$\ln[h^3 I(h)] = K - \sigma^2 h^2 \tag{3-39}$$

其中，$\sigma$ 为两相间过渡层厚度，当两界面间存在畸变及微电子密度起伏，即热电子密度起伏时，体系将产生附加散射，$\ln[h^3 I(h)] \sim h^2$ 曲线将出现对 Porod 定律的正偏离，这时拟合的直线是：

$$\ln[h^3 I(h)] = K + \sigma^2 h^2 \tag{3-40}$$

对于小角散射强度的 Porod 区，可以根据样品的 Porod 曲线选择合适的公式外推实验数据到 $h \to \infty$。

Porod 定理主要揭示了散射强度随散射角度变化的渐近行为。它可用于判断散射体系的理想与否，以及计算不变量 $Q$ 和比表面积 $S_p$ 等结构参数：

$$Q = \int_0^\infty q^2 I(q) dq \tag{3-41}$$

$$S_p = \pi \omega (1-\omega) \frac{K}{Q} \tag{3-42}$$

### 3.3.3.4 小角 X 射线散射的特点

小角 X 射线散射(small-angle X-ray scattering)是表征不同类型材料(气体、液体和固体)微结构(孔洞、粒子、缺陷、材料中的晶粒、非晶粒子结构等)发育特征的有效方法，具有统计性好、无损、快速等优点。在小角 X 射线散射理论发现早期，该技术很少被应用于测量超微粉末的颗粒粒度；随着近年来分形几何理论的发展，小角 X 射线散射法受到越来越多的重视(郁可等，1996)，并逐渐被成功地应用于材料微结构表征方面：如相间界面层厚度的确定(Koberstein et al., 1980)、散射体尺度及分布的计算(Li et al., 2001)以及散射体分形特征的分析(Zarzycki, 1990)等。此外，小角 X 射线散射技术在高分子材料、溶液中的微粒等的动态变化过程和测定电子显微镜不能确定的颗粒内部的密闭微孔方面具有不可取代的作用。

## 参 考 文 献

鲍园, 安超. 2022. 基于 FE-SEM 的微生物降解煤岩孔隙演化特征. 煤炭学报, 47(11): 1-8.

卜婧婷. 2019. 新疆矿区中低阶煤全孔径孔隙结构特征的实验研究. 西安: 西安科技大学.

蔡潇. 2015. 原子力显微镜在页岩微观孔隙结构研究中的应用. 电子显微学报, 34(4): 326-331.

陈莉, 徐军, 陈晶. 2015. 扫描电子显微镜显微分析技术在地球科学中的应用. 中国科学: 地球科学, 45(9): 1347-1358.

陈蒲礼, 王烁. 2013. 恒速压汞法与常规压汞法优越性比较. 新疆地质, 31(S1): 139-141.

甘玉雪, 杨锋, 吴杰, 等. 2019. 扫描电子显微镜在岩矿分析中的应用. 电子显微学报, 38(3): 284-293.

高凤琳, 王成锡, 宋岩, 等. 2021. 氩离子抛光—场发射扫描电镜分析方法在识别有机显微组分中的应用. 石油实验地质, 43(2): 360-367.

高扬. 2021. 原子力显微镜在二维材料力学性能测试中的应用综述. 力学学报, 53(4): 929-943.

郭威, 姚艳斌, 刘大锰, 等. 2016. 基于核磁冻融技术的煤的孔隙测试研究. 石油与天然气地质, 37(1): 141-148.

贾娟娟. 2012. 基于模糊聚类的彩色图像分割技术研究. 兰州: 兰州理工大学.

金嘉陵. 1978. 扫描电镜分析的基本原理. 上海钢研, (1): 29-45.

雷健, 潘保芝, 张丽华. 2018. 基于数字岩心和孔隙网络模型的微观渗流模拟研究进展. 地球物理学进展, 33(2): 653-660.

李斗星. 2004. 透射电子显微学的新进展 I 透射电子显微镜及相关部件的发展及应用. 电子显微学报, 23(3): 269-277.

李明, 姜波, 兰凤娟, 等. 2012. 黔西—滇东地区不同变形程度煤的孔隙结构及其构造控制效应. 高校地质学报, 18(3): 533-538.

李祥春, 高佳星, 张爽, 等. 2022. 基于扫描电镜、孔隙-裂隙分析系统和气体吸附的煤孔隙结构联合表征. 地球科学, 47(5): 1876-1889.

李阳, 张玉贵, 张浪, 等. 2019. 基于压汞、低温 $N_2$ 吸附和 $CO_2$ 吸附的构造煤孔隙结构表征. 煤炭学报, 44(4): 1188-1196.

李志宏, 孙继红, 吴东, 等. 2000. 小角 X 射线散射方法测定二氧化硅干凝胶的平均孔径. 物理学报, (7): 1312-1315.

蔺亚兵, 贾雪梅, 马东民. 2016. 基于液氮吸附法对煤的孔隙特征研究与应用. 煤炭科学技术, 44(3): 135-140.

凌妍, 钟娇丽, 唐晓山, 等. 2018. 扫描电子显微镜的工作原理及应用. 山东化工, 47(9): 78, 79, 83.

刘爱华, 傅雪海, 梁文庆, 等. 2013. 不同煤阶煤孔隙分布特征及其对煤层气开发的影响. 煤炭科学技术, 41(4): 104-108.

刘长江, 桑树勋. 2019. 压汞法研究煤孔隙的适用性与局限性探讨. 实验室研究与探索, 38(3): 11-15.

刘锡贝, 赵江勇, 马辉, 等. 2018. 扫描电镜在进境矿物鉴别中的应用. 电子显微学报, 37(2): 190-194.

刘小虹, 颜肖慈, 罗明道, 等. 2002. 原子力显微镜及其应用. 自然杂志, 24(1): 36-40.

刘一杉, 东晓虎, 闫林, 等. 2019. 吉木萨尔凹陷芦草沟组孔隙结构定量表征. 新疆石油地质, 40(3): 284-289.

卢方超, 张玉贵, 江林华. 2018. 单轴加载煤裂隙各向异性核磁共振特征. 煤田地质与勘探, 46(1): 66-72.

罗磊, 汤达祯, 陶树, 等. 2015. 准噶尔盆地东部低阶煤储层孔隙特征精细表征. 煤炭科学技术, 43(S1): 168-172.

罗垫潭, 王允诚, 向阳. 1987. 高压半渗透隔板仪的研究. 成都地质学院学报, (2): 100-113.

孟昆, 王胜建, 薛宗安, 等. 2021. 利用核磁共振资料定量评价页岩孔隙结构. 波谱学杂志, 38(2): 215-226.

孟昭富. 1996. 小角X射线散射理论及应用. 长春: 吉林科学技术出版社.

邵显华, 杨昌永. 2019. 基于压汞法的赵庄矿不同煤体结构煤的孔隙特征研究. 能源与环保, 41(7): 7-10.

孙亮, 王晓琦, 金旭, 等. 2016. 微纳米孔隙空间三维表征与连通性定量分析. 石油勘探与开发, 43(3): 490-498.

唐旭, 李金华. 2021. 透射电子显微镜技术新进展及其在地球和行星科学研究中的应用. 地球科学, 46(4): 1374-1415.

王晓东. 2019. 新景矿无烟煤纳米级孔隙结构特征的原子力显微镜研究. 煤矿安全, 50(8): 32-35.

王阳. 2017. 上扬子区龙马溪组页岩微孔缝结构演化与页岩气赋存. 徐州: 中国矿业大学.

王中平, 金明, 孙振平. 2015. 表面物理化学. 上海: 同济大学出版社.

肖立志. 1996. 岩石核磁共振研究进展及其应用. 测井技术, 20(1): 27-31.

谢晓永, 唐洪明, 王春华, 等. 2006. 氮气吸附法和压汞法在测试泥页岩孔径分布中的对比. 天然气工业, 26(12): 100-102.

徐浩. 2019. 南方海相页岩储层微观孔隙表征方法及含气特征分析. 成都: 成都理工大学.

闫国亮. 2013. 基于数字岩心储层渗透率模型研究. 青岛: 中国石油大学(华东).

颜志丰, 唐书恒, 方念乔, 等. 2009. 沁水盆地唐家庄区块煤储层的孔隙特征. 煤炭科学技术, 37(2): 103-107.

杨江浩, 李勇, 吴翔, 等. 2019. 基于原子力显微镜的煤岩微尺度力学性质研究. 煤炭科学技术, 47(9): 144-151.

姚骏恩. 1974. 电子显微镜的新发展. 物理, 3(3): 158-169.

姚素平, 焦堃. 2011. 煤纳米孔隙结构的原子力显微镜研究. 科学通报, 56(22): 1820-1827.

于丽芳, 杨志军, 周永章, 等. 2008. 扫描电镜和环境扫描电镜在地学领域的应用综述. 中山大学研究生学刊: 自然科学与医学版, 29(1): 54-61.

郁可, 郑中山, 任中京. 1996. 超细粉末团聚体分形结构的小角散射测量及分维表征. 材料科学与工程, 14(3): 55-58.

喻廷旭, 汤达祯, 许浩, 等. 2013. 柳林矿区不同煤岩类型煤的孔隙特征. 煤炭科学技术, 41(S2): 362-366.

袁镭. 2014. 中高煤级煤孔隙结构特征及其主控因素. 焦作: 河南理工大学.

张大同. 2009. 扫描电镜与能谱仪分析技术. 广州: 华南理工大学出版社.

张涛, 王小飞. 2016. 压汞法测定页岩孔隙特征的影响因素分析. 岩矿测试, 35(2): 178-185.

章晓中. 2006. 电子显微分析. 北京: 清华大学出版社.

周科平, 李杰林, 许玉娟, 等. 2012. 基于核磁共振技术的岩石孔隙结构特征测定. 中南大学学报(自然科学版), 43(12): 4796-4800.

朱海涛. 2014. 基于AFM的不同变质变形煤的超微观结构研究. 焦作: 河南理工大学.

邹才能, 杨智, 陶士振, 等. 2012. 纳米油气与源储共生型油气聚集. 石油勘探与开发, 39(1): 13-26.

Al-Kharusi A S, Blunt M J. 2007. Network extraction from sandstone and carbonate pore space images. Journal of Petroleum Science & Engineering, 56(4): 219-231.

Baldwin C A, Sederman A J, Mantle M D, et al. 1996. Determination and characterization of the structure of a pore space from 3D volume images. Journal of Colloid and Interface Science, 181(1): 79-92.

Blunt M J, Bijeljic B, Dong H, et al. 2013. Pore-scale imaging and modelling. Advances in Water Resources, 51: 197-216.

Bruening F A, Cohen A D. 2005. Measuring surface properties and oxidation of coal macerals using atomic force microscope. International Journal of Coal Geology, 63: 195-204.

Bultreys T, Boever W D, Cnudde V. 2016. Imaging and image-based fluid transport modeling at the pore scale in geological materials: A practical introduction to the current state-of-the-art. Earth Science Reviews, 155: 93-128.

Clarkson C R, Freeman M, He L, et al. 2012. Characterization of tight gas reservoir pore structure using USANS/SANS and gas adsorption analysis. Fuel, 95: 371-385.

Clarkson C R, Solano N, Bustin R M, et al. 2013. Pore structure characterization of North American shale gas reservoirs using USANS/SANS, gas adsorption, and mercury intrusion. Fuel, 103: 606-616.

Deng B, Yin G, Li M, et al. 2018. Feature of fractures induced by hydrofracturing treatment using water and L-$CO_2$ as fracturing fluids in laboratory experiments. Fuel, 226: 35-46.

Dong H, Blunt M J. 2009. Pore-network extraction from micro-computerized-tomography images. Physical Review E, Statistical, Nonlinear, and Soft Matter Physics, 80(2): 036307.

Dubinin M M, Radushkevich L V. 1947. The equation of the characteristic curve of the activated charcoal. Proceedings of the Academy of Sciences: Physical Chemistry Section, 55(1): 331-337.

Feser M, Gelb J, Chang H, et al. 2008. Sub-micron resolution CT for failure analysis and process development. Measurement Science & Technology, 19(9): 1-8.

Frisch B, Röper M. 1968. Theorie der Strömungsmethode bei der Messung spezifischer Oberflächen und Mikroporositäten. Kolloid-Zeitschrift und Zeitschrift für Polymere, 223(2): 150-160.

Gadelmalwe E, Kouram, Maksoud T, et al. 2002. Roughness parameters. Journal of Materials Processing Technology, 123(1): 133-145.

Gamson P, Beamish B, Johnson D. 1998. Effect of coal microstructure and secondary mineralization on methane recovery. Geological Special Publication, 199: 165-179.

Gelb J, Feser M, Tkachuk A, et al. 2009. Sub-micron X-ray computed tomography for non-destructive 3D visualization and analysis. Microscopy & Microanalysis, 15(S2): 618-619.

Guinier A F G. 1955. Small-Angles Scattering of X-rays. New York and London: John Wiley & Sons.

Hornak J P. 1999. The basic of NMR. Notre Dame: University of Notre Dame. http://www. cis. rit. edu/htbooks/nmr/bnmr. htm.

Koberstein J, Morra B, Stein R. 1980. The determination of diffuse-boundary thicknesses of polymers by small-angle X-ray scattering. Journal of Applied Crystallography, 13(1): 34-45.

Li Y B, Song D Y, Li G F, et al. 2021. Applicability analysis of determination models for nanopores in coal using low-pressure $CO_2$ and $N_2$ Adsorption Methods. Journal of Nanoscience and Nanotechnology, 21(1): 472-483.

Li Y, Yang J, Pan Z, et al. 2020. Nanoscale pore structure and mechanical property analysis of coal: An insight combining AFM and SEM Images. Fuel, 260: 116352.

Li Z H, Gong Y J, Zhang Y, et al. 2001. Study of mesoporous silica materials by small angle X-ray scattering. Chinese Physics, 10(5): 429.

Liang Z, Ioannidis M A, Chatzis I. 2000. Geometric and topological analysis of three-dimensional porous media: Pore space partitioning based on morphological skeletonization. Journal of Colloid and Interface Science, 221(1): 13-24.

Lindquist W B, Lee S M, Coker D A, et al. 1996. Medial axis analysis of void structure in three-dimensional tomographic images of porous media. Journal of Geophysical Research Solid Earth, 101(B4): 8297-8310.

Lindquist W B, Venkatarangan A. 1999. Investigating 3D geometry of porous media from high resolution images. Physics and Chemistry of the Earth, Part A: Solid Earth and Geodesy, 24(7): 593-599.

Liu S Q, Sang S X, Ma J S, et al. 2019. Effects of supercritical $CO_2$ on micropores in Bituminous and Anthracite Coal. Fuel, 242: 96-108.

Liu X, Song D, He X, et al. 2019a. Nanopore structure of deep-burial coals explored by AFM. Fuel, 246: 9-17.

Liu X, Nie B, Wang W, et al. 2019b. The use of AFM in quantitative analysis of pore characteristics in coal and coal-bearing shale. Marine and Petroleum Geology, 105: 331-337.

Liu Z, Liu D, Cai Y, et al. 2020. Application of nuclear magnetic resonance (NMR) in coalbed methane and shale reservoirs: A review. International Journal of Coal Geology, 218: 103261.

Lu Y, Wang L, Ge Z, et al. 2020. Fracture and pore structure dynamic evolution of coals during hydraulic fracturing. Fuel, 259: 116272.

Mares T E, Radliński A P, Moore T A, et al. 2009. Assessing the potential for $CO_2$ adsorption in a subbituminous coal, Huntly Coalfield, New Zealand, using small angle scattering techniques. International Journal of Coal Geology, 77(1): 54-68.

Mastalerz M, He L, Melnichenko Y B, et al. 2012. Porosity of coal and shale: Insights from gas adsorption and SANS/USANS techniques. Energy & Fuels, 26: 5109-5120.

Meng M, Ge H, Ji W, et al. 2015. Monitor the process of shale spontaneous imbibition in co-current and counter-current displacing gas by using low field nuclear magnetic resonance method. Journal of Natural Gas Science and Engineering, 27: 336-345.

Mitropoulos A C, Stefanopoulos K L, Kanellopoulos N K. 1998. Coal studies by small angle X-ray scattering. Microporous and Mesoporous Materials, 24(1-3): 29-39.

Muller D A, Kourkoutis L F, Murfitt M, et al. 2008. Atomic-scale chemical imaging of composition and bonding by aberration-corrected microscopy. Science, 319(5866): 1073-1076.

Okolo G N, Everson R C, Neomagus H W J P, et al. 2015. Comparing the porosity and surface areas of coal as measured by gas adsorption, mercury intrusion and SAXS techniques. Fuel, 141: 293-304.

Pan J N, Zhu H T, Bai H L, et al. 2013. Atomic force microscopy study on microstructure of various ranks of coals. Journal of Coal Science & Engineering (China), 19(3): 309-315.

Pan J N, Wang S, Ju Y W, et al. 2015a. Quantitative study of the macromolecular structures of tectonically deformed coal using high-resolution transmission electron microscopy. Journal of Natural Gas Science and Engineering, 27(3): 1852-1862.

Pan J N, Zhu H T, Hou Q L, et al. 2015b. Macromolecular and pore structures of Chinese tectonically deformed coal studied by atomic force microscopy. Fuel, 139: 94-101.

Pan J N, Ge T Y, Liu W Q, et al. 2021. Organic matter provenance and accumulation of transitional facies coal and mudstone in Yangquan, China: Insights from petrology and geochemistry. Journal of Natural Gas Science and Engineering, 94: 104076.

Pancewicz T, Mruk I. 1996. Holographic contouring for determination of three dimensional description of surface roughness. Wear, 199(1): 127-131.

Patel A, Kranz C. 2018. (Multi)functional atomic force microscopy imaging. Annual Review of Analytical Chemisty, 11(1): 329-350.

Ramandi H L, Mostaghimi P, Armstrong R T, et al. 2016. Porosity and permeability characterization of coal: A micro-computed tomography study. International Journal of Coal Geology, 154-155: 57-68.

Ross D J K, Bustin R M. 2009. The importance of shale composition and pore structure upon gas storage potential of shale gas reservoirs. Marine & Petroleum Geology, 26(6): 916-927.

Ross S, Olivier J P, Hinchen J J. 1961. On physical adsorption. Journal of Colloid Science, 10(4): 319-329.

Schlüter S, Sheppard A, Brown K, et al. 2014. Image processing of multi-phase images obtained via X-ray microtomography: A review. Water Resources Research, 50(4): 3615-3639.

Sharma A, Kyotani T, Tomita A. 1999. A new quantitative approach for microstructural analysis of coal char using HRTEM images. Fuel, 78(10): 1203-1212.

Sharma A, Kyotani T, Tomita A. 2000. Direct observation of layered structure of coals by a transmission electron microscope. Energy & Fuels, 14(2): 515-516.

Shi X H, Pan J N, Hou Q L, et al. 2018. Micrometer-scale fractures in coal related to coal rank based on micro-CT scanning and fractal theory. Fuel, 212: 162-172.

Silin D, Patzek T. 2006. Pore space morphology analysis using maximal inscribed spheres. Physica A: Statistical Mechanics and Its Applications, 371(2): 336-360.

Sun J G, Zhao X Z, Sang S X. 2016. Development characteristics, origins and significance of coal seam fractures under optical microscope: Taking coal seam 3# in southern Qinshui Basin as an example. Fault-Block Oil & Gas Field, 23(6): 738-744.

Sun X, Yao Y, Liu D, et al. 2018. Investigations of $CO_2$-water wettability of coal: NMR relaxation method. International Journal of Coal Geology, 188: 38-50.

Talabi O, Blunt M J. 2010. Pore-scale network simulation of NMR response in two-phase flow. Journal of Petroleum Science and Engineering, 72(1): 1-9.

Tian X, Song D, He X, et al. 2019. Surface microtopography and micromechanics of various rank coals. International Journal of Minerals, Metallurgy and Materials, 26(11): 1351-1363.

Vlassenbroeck J, Dierick M, Masschaele B, et al. 2007. Software tools for quantification of X-ray microtomography at the UGCT. Nuclear Instruments and Methods in Physics Research A, 580(1): 442-445.

Wang P F, Lv P, Jiang Z X, et al. 2018. Comparison of organic matter pores of marine and continental facies shale in China: Based on focused ion beam helium ion microscopy (FIB-HIM). Petroleum Geology & Experiment, 40(5): 739-748.

Wang W, Kravchenko A N, Smucker A J M, et al. 2011. Comparison of image segmentation methods in simulated 2D and 3D microtomographic images of soil aggregates. Geoderma, 162(3): 231-241.

Wang X L, Pan J N, Wang K, et al. 2020. Fracture variation in high-rank coal induced by hydraulic fracturing using X-ray computer tomography and digital volume correlation. International Journal of Coal Geology, (252): 103942.

Xiao L, Mao Z, Zou C, et al. 2016. A new methodology of constructing pseudo capillary pressure (Pc) curves from nuclear magnetic resonance (NMR) logs. Journal of Petroleum Science & Engineering, 147: 154-167.

Yang Z, Peng H, Zhang Z, et al. 2019. Atmospheric-variational pressure-saturated water characteristics of medium-high rank coal reservoir based on NMR technology. Fuel, 256: 115976.

Yao Y B, Liu D M, Che Y, et al. 2009. Non-destructive characterization of coal samples from China using microfocus X-ray computed tomography. International Journal of Coal Geology, 80(2): 113-123.

Yao Y B, Liu D M, Xie S B. 2014. Quantitative characterization of methane adsorption on coal using a low-field NMR Relaxation Method. International Journal of Coal Geology, 131: 32-40.

Yao Y B, Liu D M. 2012. Comparison of low-field NMR and mercury intrusion porosimetry in characterizing pore size distributions of coals. Fuel, 95: 152-158.

Yao Y, Liu D, Che Y, et al. 2010. Petrophysical characterization of coals by low-field nuclear magnetic resonance (NMR). Fuel, 89(7): 1371-1380.

Zarzycki J. 1990. Structural aspects of sol-gel synthesis. Journal of Non-Crystalline Solids, 121(1-3): 110-118.

Zhang B Y, Gomaa A M, Sun H, et al. 2014. A study of shale wettability using NMR measurements//International Symposium of the Society of Core Analysts, Avignon.

Zhang Z, Qin Y, Zhuang X, et al. 2018. Poroperm characteristics of highrank coals from Southern Qinshui Basin by mercury intrusion, SEM-EDS, nuclear magnetic resonance and relative permeability analysis. Journal of Natural Gas Science and Engineering, 51: 116-128.

Zhao S, Li Y, Wang Y, et al. 2019. Quantitative study on coal and shale pore structure and surface roughness based on atomic force microscopy and image processing. Fuel, 244: 78-90.

Zheng S, Yao Y, Liu D, et al. 2018. Characterizations of full-scale pore size distribution, porosity and permeability of coals: A novel methodology by nuclear magnetic resonance and fractal analysis theory. International Journal of Coal Geology, 196: 148-158.

Zou J, Jiao Y, Tang Z, et al. 2020. Computers and geotechnics effect of mechanical heterogeneity on hydraulic fracture propagation in unconventional gas reservoirs. Computers and Geotechnics, 125: 103652.

# 第 4 章
# 煤中多尺度孔隙结构特征

煤作为一种多孔介质，广泛发育不同尺度和类型的孔隙。研究表明，不同尺度的孔隙对煤中气体的储存和运移具有决定性作用，而合理的孔径划分方案是揭示不同尺度孔隙发育特征的重要前提。截至目前，学者们根据不同的研究理论、方法和目的得到了不同的孔径划分方案(2.2 节孔隙孔径分类)，其中国内外研究中使用较多的为 Hodot 和国际纯粹与应用化学联合会(IUPAC)的孔径划分方案：Hodot(1966)将煤中孔隙分为微孔(<10nm)、过渡孔(10~100nm)、中孔(100~1000nm)和大孔(>1000nm)；IUPAC(Sing，1985)则将煤中孔隙分为微孔(<2nm)、介孔(2~50nm)和大孔(>50nm)。

很多方法可以用于表征煤中孔隙，然而根据第 3 章，单一的孔隙测定方法均不能实现对全尺度孔隙的定量表征，多种孔隙测定方法的联合使用是实现全尺度孔隙结构表征的有效思路(Mou et al.，2021)。为了更好地表征煤中多尺度孔隙发育特征，笔者根据多年研究经验，再参考 Hodot 和 IUPAC 的分类方案将煤中孔隙分为微孔(<2nm)、过渡孔(2~100nm)、中孔(100~1000nm)和大孔(>1000nm)的基础上，提出了一套表征煤中多尺度孔隙发育特征的测试方法：其中微孔使用高分辨率透射电子显微镜和 $CO_2$ 吸附实验表征，过渡孔使用 $N_2$ 吸附实验和高压压汞实验联合表征，中孔和大孔使用高压压汞实验表征。除此以外，使用原子力显微镜对纳米孔隙形貌特征进行表征，而微米级孔隙则可使用扫描电镜观察。

## 4.1 煤中孔隙表面形态演化特征

### 4.1.1 煤中微米尺度孔隙

通过原子力显微镜可以实现对纳米尺度孔隙形貌特征的研究，而对于尺度更大的微米孔隙，通常借助扫描电子显微镜(SEM)观测。SEM 是利用细聚焦的电子束，在样品表面逐点激发出各种不同功能的电子信号，探测器接收所需电子信号并经放大和显示成像等过程进而获得样品表面形貌的信息。

#### 4.1.1.1 煤样基本信息

此研究的煤样基本信息见 4.2.1.1 小节和 4.2.2.1 小节。

#### 4.1.1.2 扫描电子显微镜基本参数

扫描电镜是观察煤样显微特征的有效手段,煤样的扫描电镜实验是在河南理工大学生物遗迹与成矿过程河南省重点实验室进行的,所用的设备为美国 FEI 公司生产的 Quanta 250FEG-SEM 场发射扫描电镜(图4-1)。该仪器电子束的电压范围为200V～30kV,最大分辨率为 1.0nm。在实验过程中,扫描电镜采用 20kV 电子枪,150mA 电子束流激发图像并最终以照相的方式储存样品的二次电子图像。

图 4-1 Quanta 250FEG-SEM 场发射扫描电镜

为了扫描结果的客观与准确,实验样品的处理应尽量克服人为因素的干扰,禁止物品触碰观察面,物品处理后进行真空干燥。煤样导电性较差,因此在实验之前需要对样品进行喷镀金膜操作以增加煤样导电性,最后将煤样放入扫描电镜样品室进行观察。

#### 4.1.1.3 煤中微米孔隙发育特征

通过 SEM 对煤中孔隙进行观察,发现煤中存在多种微米孔隙且孔径大小分布不一,详细的扫描电镜图片如图 4-2 所示。结合以往前人研究成果(张慧,2001;Gan et al.,1972;郝琦,1987)和"2.1 孔隙成因分类"的论述,依据孔隙成因类型可将煤中孔隙划分为 6 类:原生孔、气孔、矿物溶蚀孔、矿物铸模孔、粒间孔、微裂隙。

原生孔主要是成煤植物本身所具有的细胞结构孔,其孔径为1μm 左右[图 4-2(a)]。气孔主要是煤化作用阶段由生气和聚气作用而形成的,有时孤立出现[图 4-2(d)],有时成群出现[图 4-2(b)],气孔之间很少连通,其孔径大小主要在 0.1～3μm。矿物溶蚀孔是煤中可溶性矿物质(碳酸盐类、长石等)在气、水等的长期作用下受溶蚀而形成的孔[图 4-2(a)],其孔径为几微米至几十微米,有些溶蚀孔与微裂隙连通。矿物铸模孔是煤中原生矿物因硬度差异而在有机质中铸成的印坑，其孔径大小受矿物颗粒影响，相差悬殊[图 4-2(c)]。粒间孔主要是各种成煤物质颗粒之间在经历成岩作用后保存下来的孔隙，孔径大小不一、形态各异[图 4-2(d)]。煤中发育的微裂隙主要为内生裂隙，伴随成煤过程形成，在基质镜质体和镜煤中最为发育，裂隙有时与孔隙连通形成主要渗流通道[图 4-2(a)和(c)]。

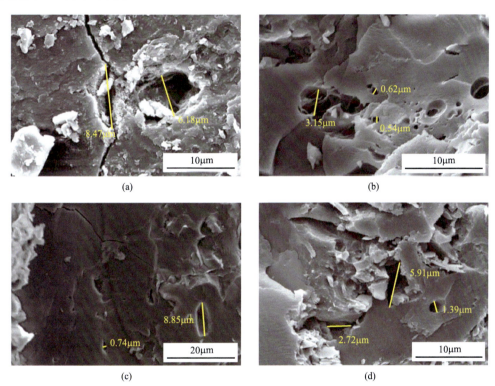

图 4-2　煤样中典型孔隙类型
(a)煤样 FKQ；(b)煤样 BD；(c)煤样 SJZ；(d)煤样 SH02

#### 4.1.1.4　不同变质变形煤中微米孔隙发育特征

在变质作用或构造应力作用下，煤储层物性会发生不同程度的变化，其中煤岩显微变形是重要表现形式。煤的显微结构主要是指扫描电子显微镜下能够观察到的各种显微组分的微观形貌、孔隙-裂隙空间分布和形态特征，以及原始植物组织结构保存的完好程度(孔隙、裂隙角砾、褶皱、碎粒、糜棱质、滑移面、摩擦面等)等。研究表明，变质作用和构造作用并不是独立地作用于煤层，而是彼此紧密联系，共同影响煤储层物性特征，因此，煤的显微变形特征能够反映变质和变形作用过程中煤储层结构的演化规律。

1. 变质作用对煤中微米尺度孔隙发育的影响

变质作用对煤中显微结构的影响主要是指煤中显微结构随着温度、压力的变化而产生的一系列改变。在扫描电镜下，低煤阶煤原生孔较发育，该孔隙形态不规则，孔径多在几微米至几十微米，孔隙之间连通性较差[图 4-3(a)和(b)]。随着煤阶的升高，原生孔的数量逐渐减少,在无烟煤阶段基本消失。此外,低煤阶煤中裂隙以内生裂隙(割理)为主,裂隙多呈孤立状分布,形态弯曲,延伸距离较远,其宽度大多为几微米至几十微米[图 4-3(c)和(d)];在高煤阶阶段,由于温压作用的影响,内生裂隙闭合甚至消失(王生维等,2003)。

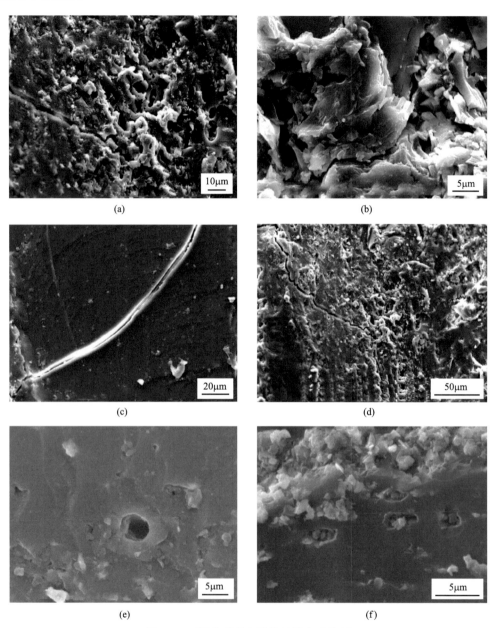

图 4-3 不同变质程度煤的显微变形特征

煤化作用进行至烟煤阶段后,煤中广泛发育变质成因的气孔(在变质作用过程中由于生气和聚气作用在煤表面遗留的孔隙)(张慧,2001)。在烟煤阶段早期,气孔多以孤立状分布,孔隙形态以圆形为主,孔隙直径在几微米左右[图 4-3(e)];至烟煤阶段中后期,气孔呈群体性分布，孔隙形态多样，以圆形、椭圆形、水滴形等最为常见[图 4-3(f)]。然而，关于该阶段气孔数量急剧增加的原因，不同学者有不同的观点：苏现波等(2005)认为该阶段气孔数量上升是由于生烃作用加剧造成的；Renato 和 Hywel(2019)将该阶段气孔数量剧增解释为亮褐煤至肥煤阶段(即 $R_{o,max}$=0.5%～1.3%)形成了大量的沥青质，在后期煤化作用过程中，由于温度升高，沥青质从煤孔隙中排出，使得煤的孔隙度大大增加。

2. 变形作用对煤中微米尺度孔隙的影响

在成煤过程中煤层往往会受到构造运动的影响，其中构造运动产生的构造应力一般可分为张应力、剪应力和压应力。相对于原生结构煤，不同变形作用类型和变形强度会使煤体结构产生差异性变化。

在弱脆性变形阶段，构造应力的破坏强度较弱，煤显微颗粒呈棱角状[图 4-4(a)和(b)]，在角砾质之间存在较多的角砾孔，这些角砾孔无固定形态，常常有喉道伴随生成，使得煤储层孔隙连通性得到改善。裂隙方面，弱脆性变形煤显微裂隙面一般粗糙不平，常呈波状、锯齿状[图 4-4(c)和(d)]，这种张开裂隙主要是在张应力作用下产生的，其宽度可达几微米至几十微米，在裂隙发育交会处往往有大小不同的碎屑物质分布。随着构造应力的增强，煤样破碎情况逐渐加重，初期形成的碎屑物质受到二次或多次破坏而形

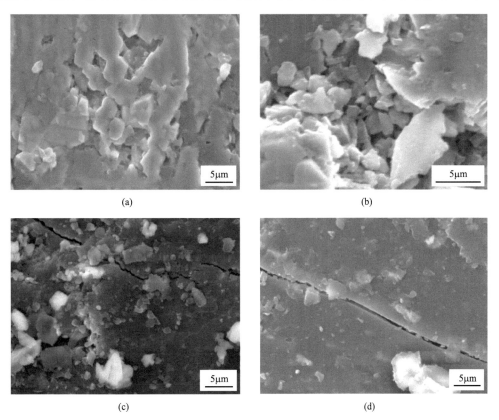

图 4-4　弱脆性变形煤的显微变形特征

成更小的颗粒，这些颗粒大小不一、磨圆度不同、分布不均，有时可见小碎粒物附着在大颗粒上或者充填于孔隙和裂隙中[图4-5(a)和(b)]。需要注意的是，这些碎粒之间存在大量的孔隙，但孔体积往往较小。裂隙方面，形成的张裂隙往往被碎粒物质充填[图4-5(b)]，剪裂隙呈闭合状，延伸距离较远，常常将煤切割成大小不等的块状。此外，在构造变形煤中可见张性与剪性裂隙组成的树枝状或分叉状共轭裂隙[图4-5(c)]，该裂隙受构造应力的影响表现出明显的方向性特征，即主裂隙方向与最大主应力方向一致。对于强脆性变形煤中常见的将煤切割成板状或柱状的压性裂隙[图4-5(d)]，通常是煤经受强烈挤压变形后的结果。

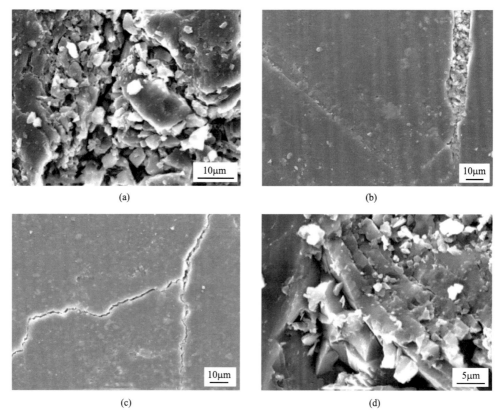

图4-5 构造煤样的显微形态特征

对于经受严重构造变形的韧性构造变形煤，其与强脆性变形煤的显微结构是截然不同的。韧性变形煤中常见透镜状结构、鳞片状结构和揉皱镜面(图4-6)，煤层内部摩擦和揉搓的程度较大，会形成颗粒直径大小相似且均匀分布的等粒结构，由于韧性煤样具有较强的变形能力，因此其中常见显微褶皱，这是典型的韧性变形作用的产物。

综上所述，随煤样变质程度的增加，煤体表面显微形态特征发生了很大的变化。低变质程度煤，煤体表面原生孔发育，煤体表面疏松；随变质程度的增加($R_{o,max}>1.0\%$)，煤样表面观察到的孔隙逐渐减少，煤质致密性显著增强。变形作用对煤显微特征的影响也非常显著，扫描电镜下变形煤表面可见角砾、碎粒，甚至糜棱质发育，个别煤样有摩擦面、脱落膜出现。总的来说，构造变形较弱的煤样裂隙发育少，局部可见角砾发育；随变形程度的增强，煤样各种显微组分的破碎程度显著增加，煤体角砾发育增多，局部可见碎粒发育，强烈的构造变形使角砾转化为碎粒甚至糜棱质，个别煤样发育有脱落膜。

图 4-6　韧性变形煤的显微形态特征

### 4.1.2　煤中纳米尺度孔隙

通过低温氮气吸附和高压压汞联合实验可以较好地获取煤样微纳米尺度孔隙信息，然而，其所获取的信息主要是定量的孔隙结构信息（孔体积、孔比表面积、孔径分布等），尽管通过计算孔隙分形维数可以在一定程度上分析孔隙复杂程度，但是借助该方法获取孔隙表面结构信息仍难以实现。研究表明，原子力显微镜是获取煤样表面微观结构信息的有效手段（Yao et al., 2011；Pan et al., 2013），因此，为取得对不同变质程度、不同变形强度煤样纳米尺度孔隙表面特征的直观认识，选取淮北矿区的许疃煤矿（XTM）、河北峰峰申家庄煤矿（SJZM）、鹤壁四矿（HBM）、沁水盆地高平矿区赵家庄煤矿（ZZM）、寺河煤矿（SH）和凤凰山煤矿（FH03）、河南平顶山八矿（PMBK）、永城神火新庄煤矿（XZM）、新密郑煤集团超化煤矿（CHM）的煤样进行原子力显微镜试验研究。

#### 4.1.2.1　煤样基本信息

1. 煤样的显微组分鉴定

煤的显微组分主要是指在光学显微镜下能够识别出来的组成煤的基本成分，通常可将煤中显微组分分为镜质组、惰质组、壳质组和矿物质。本研究中的煤显微组分鉴定及最大镜质组反射率的测定是借助中国地质大学材料物理实验室 OPTON-II 类 MPV-3 型显微镜实现的，详细的试验结果见表 4-1。根据表 4-1 可以发现，所有煤样的镜质组含量均在 80% 以上；惰质组和壳质组含量较少，矿物成分含量极少，这对消除煤中显微组分差异对实验数据的影响十分有利。煤样最大镜质组反射率分布范围为 0.92%～3.77%，表明煤样变质程度介于低煤级烟煤到无烟煤之间，基本满足了煤样变质程度不同的要求。

表 4-1 煤中显微组分与镜质组反射率测定结果

| 样品名称 | $R_{o,max}$/% | 镜质组/% | 惰质组/% | 壳质组/% | 矿物质/% |
|---|---|---|---|---|---|
| XTM09 | 0.92 | 83.72 | 8.91 | 3.10 | 4.27 |
| SJZM02 | 1.18 | 86.51 | 5.16 | 0.79 | 7.54 |
| PMBK01 | 1.25 | 83.80 | 10.67 | — | 5.53 |
| PMBK07 | 1.28 | 85.33 | 9.66 | — | 5.01 |
| CHM05 | 1.56 | 91.77 | 1.96 | — | 6.27 |
| HBM05 | 1.60 | 91.64 | 2.79 | — | 5.57 |
| HBM06 | 1.86 | 91.69 | 4.89 | — | 3.42 |
| ZZM01 | 2.16 | 94.57 | 0.37 | — | 5.06 |
| XZM02 | 2.34 | 92.55 | 1.71 | — | 5.74 |
| XZM01 | 2.57 | 93.62 | 4.87 | — | 1.51 |
| SH02 | 2.78 | 95.30 | 4.69 | — | — |
| FH03 | 3.77 | 91.70 | 1.67 | — | 6.64 |

注：因四舍五入，各组分之和不一定是100%。

**2. 不同变质变形煤的煤岩学特征**

一般来说，原生结构煤的煤岩类型界限清晰可见，原生条带结构明显，煤体呈较大的块体且块体之间无明显位移，可见棱角状或阶梯状断口，而且硬度随着变质程度的加深逐渐增大，但在煤化作用过程中含煤岩系往往经历多期次构造运动的影响，从而表现出不同性质和强度的构造变形特征(侯泉林等，1995，2012；孙传显等，1989；袁崇孚，1985；侯泉林和张子敏，1990；曹代勇等，2002；姜波和琚宜文，2004；王恩营等，2009；琚宜文等，2005)。本节选取的煤样包括脆性变形煤和韧性变形煤两种构造变形煤，其中脆性变形煤又分为弱脆性变形煤和强脆性变形煤，其详情特征见表4-2。

表 4-2 构造煤的类型及其特征

| 样品名称 | $R_{o,max}$/% | 镜质组含量/% | 构造类型 | 宏观煤岩特征 |
|---|---|---|---|---|
| XTM09 | 0.92 | 83.72 | 弱脆性变形煤 | 原生结构基本完好，层理构造完好，裂隙发育，无明显位移 |
| SJZM02 | 1.18 | 86.51 | | |
| PMBK07 | 1.28 | 85.33 | | |
| HBM05 | 1.60 | 91.64 | | |
| ZZM01 | 2.16 | 94.57 | | |
| XZM02 | 2.34 | 92.55 | | |
| SH02 | 2.80 | 95.30 | | |
| FH03 | 3.77 | 91.70 | | |
| PMBK01 | 1.25 | 83.80 | 强脆性变形煤 | 色泽半暗，原生结构消失，层理无序，可捏成小于1cm小碎块 |
| HBM06 | 1.86 | 91.69 | | |
| XZM01 | 2.57 | 93.62 | | |
| CHM05 | 1.49 | 91.77 | 强韧性变形煤 | 色泽暗淡，原生结构消失，煤体较软，易捻成粉末 |

对于脆性变形煤，在挤压或拉张应力作用下煤中常发育两个以上的多组裂隙，这些裂隙以张裂隙为主；随着脆性变形作用的增强，煤中块体错动越发明显，煤中颗粒细粒化程度逐渐提高。因此，在弱脆性变形阶段，煤样的煤岩类型界限及其原生条带结构清晰可见[图4-7(a)、(b)]；随着脆性变形作用的增强，煤岩光泽趋于暗淡，原生结构破坏程度较高，但仍可见原生结构，煤中节理、裂隙和构造镜面发育，煤整体破碎为大小不等的碎块或颗粒，甚至粉末，煤样硬度较小，易捻搓成毫米级碎粒或煤粉[图4-7(c)、(d)]。

图4-7 不同变形类型煤样照片

(a)弱脆性变形阶段，原生条带结构清晰；(b)弱脆性变形阶段，可见原生条带，镜面构造发育；(c)强脆性变形阶段，煤整体破碎，呈毫米级碎粒或粉末；(d)脆性变形作用增强，原生结构破坏程度较高，仍可见原生结构；(e)韧性变形煤，节理密集，光泽暗淡，原生结构遭到破坏；(f)韧性变形煤，块状或棱角状煤块少见，揉皱镜面发育，硬度较小，极易捻搓成粉末

对于在挤压或剪切作用下发生韧性变形的韧性变形煤,其节理通常较为密集且单条节理已经无法分辨,煤中糜棱结构或透镜状结构发育,煤岩光泽暗淡,原生结构遭到完全破坏,块状或棱角状煤块少见,常呈透镜状或团块状构造,揉皱镜面发育,硬度较小,极易捻成粉末[图4-7(e)、(f)]。

4.1.2.2 AFM仪器基本参数及样品处理

1. AFM基本参数

本次研究采用的AFM实验仪器是美国Digital公司Nanoscope Ⅱa型原子力显微镜(图4-8),其最大分辨率为:横向0.2nm,垂直0.03nm;工作模式选择接触式。仪器的具体技术参数见表4-3。

图4-8 美国Digital公司的Nanoscope Ⅱa型原子力显微镜

表4-3 Nanoscope Ⅱa型原子力显微镜技术参数

| 指标 | 参数 |
|---|---|
| 主要技术指标 | $X$-$Y$方向扫描范围:90μm×90μm(典型值),最小为85μm |
| | $Z$方向扫描范围:10μm(典型值),在成像及力曲线模式下最小9.5μm;垂直方向噪声基底:<30pm RMS(1pm=$1\times10^{-12}$m),在合适的环境及典型的成像带宽(达到625Hz) |
| | $X$-$Y$定位噪声(闭环):≤0.15nm RMS,典型成像带宽(达到625Hz) |
| | $Z$传感器噪声水平(闭环):35pm RMS,典型成像带宽(达到625Hz) |
| | 整体线性误差($X$-$Y$-$Z$):0.5%(典型值) |
| | 样品尺寸/夹具:210mm真空吸盘样品台,直径≤210mm,厚度≤15mm |
| | 电动定位样品台($X$-$Y$轴):180mm×180mm可视区域;单向2μm重复性;双向3μm重复性 |
| | 显微镜光学系统:五百万像素数字照相机,180μm至1465μm可视范围数字缩放及自动对焦功能 |
| | 控制器:NanoScope V型控制器;工作台:整合所有控制器、结合人体工学设计,提供直接的物理或可视接口;震动隔绝:整体式气动减震台;声音隔绝:可隔绝环境中85%的持续噪声 |

2. 样品的选择与处理

为了研究不同变质程度、不同变形程度和不同变形性质煤样表面纳米级超微结构特征，本节共选择 12 种不同类型的构造煤(变质程度：$R_{o,max}$=0.92%～3.77%；变形程度：由弱至强；变形性质：脆性和韧性)。同时，为了避免煤岩组分对实验结果的影响，特挑选原煤样中的光亮成分(镜煤和亮煤)进行测试分析，实验样品基本参数见表 4-4。实验前校平煤样底面，使其能水平放置于载物台上，而后用无水酒精擦拭煤样表面，去除煤样表面杂质。

表 4-4 实验样品基本参数一览表

| 样品名称 | $R_{o,max}$/% | 镜质组含量/% | 构造煤类型 |
| --- | --- | --- | --- |
| XTM09 | 0.92 | 83.72 | 弱脆性变形煤 |
| SJZM02 | 1.18 | 86.51 | 弱脆性变形煤 |
| HBM05 | 1.60 | 91.64 | 弱脆性变形煤 |
| ZZM01 | 2.16 | 94.57 | 弱脆性变形煤 |
| SH02 | 2.80 | 95.30 | 弱脆性变形煤 |
| FH03 | 3.77 | 91.70 | 弱脆性变形煤 |
| PMBK01 | 1.25 | 83.80 | 强脆性变形煤 |
| PMBK07 | 1.28 | 85.33 | 弱脆性变形煤 |
| HBM06 | 1.86 | 91.69 | 强脆性变形煤 |
| CHM05 | 1.49 | 91.77 | 强韧性变形煤 |
| XZM01 | 2.57 | 93.62 | 强脆性变形煤 |
| XZM02 | 2.34 | 92.55 | 弱脆性变形煤 |

4.1.2.3 不同变质变形煤的微观形貌特征

1. 煤样微观形貌的 AFM 观察

烟煤 XTM09 的 AFM 图像如图 4-9(a)和(b)所示，可以发现其发育有直线状平行裂隙，裂隙延伸距离较远且方向一致，孤立分布的裂隙将煤表面分割为凹凸起伏且宽度不等的条带状结构，对于这种宽度约为 500nm 的裂隙，此处将其定义为微裂隙(王生维等，1996)。由形态与产状推断此裂隙是在内张力的作用下形成的。在煤化作用过程(包括成岩作用和变质作用)中，煤中凝胶化物质受温度和压力的影响，其内部结构发生一系列的物理、化学变化造成煤体积收缩(张慧等，2002)。对于低变质烟煤，显然其表面微裂隙的宽度较大且其内部多吸附微粒[图 4-9(c)]，同时，在局部区域可见主裂隙附近出现派生微裂隙的现象[图 4-9(c)和(d)]。至于中变质程度烟煤 HBM05，其表面可见微裂隙与孔隙共生的现象[图 4-9(e)和(f)]，且微裂隙数量明显少于孔隙。

根据上述现象可以发现，在低变质烟煤阶段，煤表面孔隙往往集中于某些区域，发育程度不佳；随着煤级的升高(尤其在中变质烟煤阶段)，孔隙数量迅速增加，该阶段孔隙孔壁光滑且轮廓清晰，形态以圆形和椭圆形为主，孔隙分布杂乱无规则，孔隙连通性

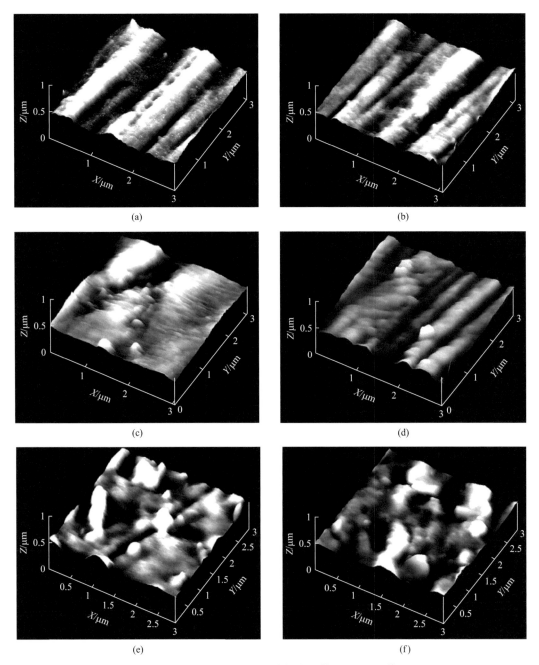

图 4-9 低-中变质程度弱脆性变形煤的 AFM 图像

(a)烟煤 XTM09，发育直线状平行裂隙，宽度可达 500μm；(b)烟煤 XTM09，发育直线状平行裂隙，宽度可达 300μm；(c)低变质烟煤 SJZM02，微裂隙宽度较大，内部多吸附微粒；(d)低变质烟煤 SJZM02，主裂隙附近发育派生微裂隙；(e)中变质程度烟煤 HBM05，微裂隙与孔隙共生；(f)中变质程度烟煤 HBM05，微裂隙数量明显少于孔隙。图像扫描范围为 3μm×3μm

较差。根据孔隙的产状推断，该类孔隙是高温条件下煤体产生的气体排逸之后在煤表面遗留下来的变质成因气孔，据此认为在低变质阶段孔隙以微米级原生孔隙为主，纳米级孔隙发育程度较低；随着变质作用的加深，变质成因的气孔数量增多。在煤化作用早期，凝胶化物质中的水分与挥发分在上覆岩层压实作用的影响下排出煤体；随着煤级升高和煤层埋深加大，煤中的水分和挥发分排出更加困难，只能以流动状态(流体)存在于煤中(敖卫华等,2012)；进入烟煤煤化阶段，在温度为主导的变质作用下，外部围岩环境中温压作用逐渐增大，游离于孔隙中的气体逐渐增多，造成孔隙压力增大。综上所述，在烟煤初期阶段裂隙-孔隙系统发育程度较差，限制了流体的排放；随着产生气体的聚积，孔隙压力不断增大，在构造应力作用下煤中发生局部的定向破裂，形成微裂隙或孔隙。

对于高变质贫煤 ZZM01(图 4-10)，其微裂隙发育程度较低-中变质烟煤更低，且宽度更小，甚至存在裂隙局部闭合的眼球状裂隙[图 4-10(a)]；煤样表面突起颗粒的数量也较少；孔隙类型以孔径在 200nm 左右的中孔及过渡孔为主[图 4-10(b)]，但是气孔的数量较焦煤阶段明显减少。对于无烟煤 SH02，煤样表面具纤维状结构[图 4-10(c)]，可见孔裂隙的数量大大减少，表面结构明显趋于致密。对于无烟煤 FH03，其表面结构愈加致密[图 4-10(d)]，表面形貌平坦，除极少数的大孔外，无明显的裂隙和孔隙发育。考虑到在烟煤阶段后期至无烟煤阶段，煤岩生烃能力减弱且内部排出通道增多，气孔生成的数

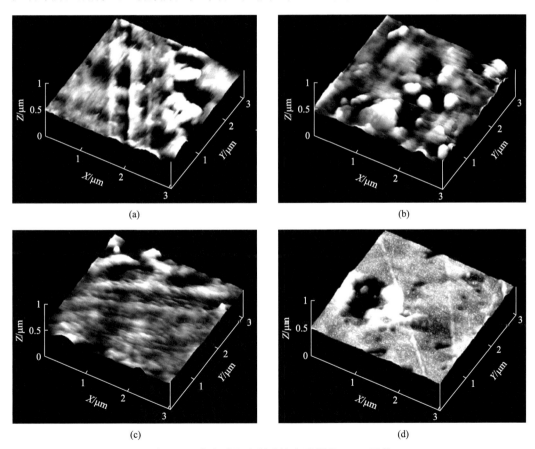

图 4-10 高变质程度弱脆性变形煤的 AFM 图像

(a)高变质贫煤 ZZM01，微裂隙发育程度较低，宽度小，存在局部闭合的眼球状裂隙；(b)高变质贫煤 ZZM01，孔隙类型以孔径在 200nm 左右的中孔及过渡孔为主，气孔的数量较焦煤阶段明显减少；(c)无烟煤 SH02，煤样表面呈纤维状结构；(d)无烟煤 FH03，表面结构致密，无明显裂隙和孔隙发育。试验扫描范围为 3μm×3μm

量明显减少;同时,由于该阶段热力作用持续增大,使得具有塑性的镜质体中裂隙-孔隙趋于闭合。综上所述,在变质作用过程中,煤中内部裂隙-孔隙系统表现出曲折变化的特点。在烟煤阶段早期,内生裂隙笔直平行发育,且其延伸距离较远,气孔数量较少,表面起伏程度较大;随着煤级增高,热力作用产生的气体使得气孔数量大大增加,同时原有裂隙宽度有所增大,甚至在温压作用下孔隙膨胀形成微裂隙;在烟煤阶段后期至无烟煤阶段,由于生烃作用减弱和温压作用增强,煤内部的微裂隙与孔隙逐渐闭合,煤样表面形貌也表现出致密的纤维状特征。

对于低变质烟煤 PMBK[图 4-11(a) 和(b)],随着脆性变形作用的增强,煤样表面微粒数量明显增多且微粒之间的排列趋于紧密。弱脆性变形煤表面上颗粒数量较少但粒径较大,以圆形和椭圆形为主;而强脆性变形煤表面颗粒粒径较小且均一,粒间孔之间分布有大量起连通作用的喉道。平行状直线发育的微裂隙多见于弱脆性变形煤,而强脆性变形煤则易出现锯齿状的"V"形裂隙,但其整体宽度较弱脆性变形煤小,这主要是由于其是在成煤后的构造应力作用下煤层发生破坏形成的裂隙,该裂隙通常平直发育且延伸较远,方向性明显,一般成组出现,有时相互交叉(张慧等,2002)。对于中变质烟煤(HBM),通过其 AFM 图像[图 4-11(c) 和(d)]可以发现该煤样发育有宽度较大的 X 形共轭微裂隙,煤样表面可见的颗粒数量明显增多,且越接近于裂隙交叉处其颗粒数量越少。根据高变质烟煤(XZM)的 AFM 图像[图 4-11(e) 和(f)]可以发现,弱脆性变形煤表面结构具有明显的纤维状特征,煤样表面颗粒零星分布,图像中心部位发育一组直线状裂隙,孔隙数量较少;而强脆性变形煤表面颗粒细化程度更加明显,颗粒之间微裂隙和孔隙密集分布且喉道发育。显然,在中-高变质阶段,剪切变形作用的增强使得煤中开放性张裂隙数量增多;煤样细粒化趋势也使得粒间孔之间的喉道更加发育,这类现象的存在有利于气体渗流能力的提升。由于随着构造变形过程中剪切作用的增强,煤表面粒状分布特征愈加明显。在剪切变形作用下,颗粒聚集体形成多个小粒径的颗粒单体,进而导致大量的细颈状喉道生成。此外,裂隙也由弱剪切变形阶段的规则形态内生裂隙(如直线形)向强剪切变形作用下的 X 形交叉不规则外生裂隙演化。需要注意的是,对于中-高变质程度的烟煤,其微裂隙宽度较大,更有利于提升煤体自身的气体渗流能力。

此外,中变质程度强韧性变形煤(CHM05)的表面结构完全不同于脆性变形系列煤,该类煤样表现出明显的脉状结构特征,有些样品表面甚至出现蠕动状细节特征(图 4-12)。

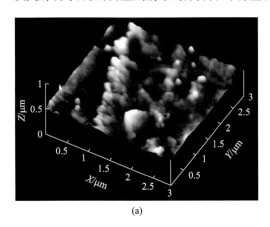

(a)

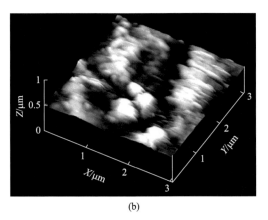

(b)

# 第 4 章 煤中多尺度孔隙结构特征

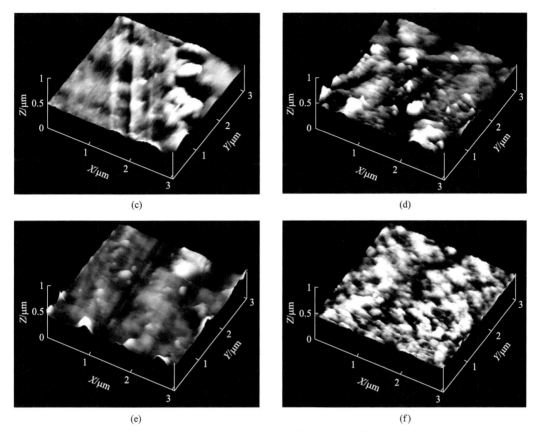

图 4-11 不同变质变形煤的 AFM 图像

(a)低变质煤 PMBK07，表面微粒数量增多且排列紧密；(b)低变质煤 PMBK01，表面微粒数量较多；(c)中变质烟煤 HBM05，颗粒数量明显增多；(d)中变质烟煤 HBM06，发育宽度较大的 X 形共轭微裂隙；(e)高变质烟煤 XZM01，中心部位发育一组直线状裂隙，孔隙数量较少；(f)高变质烟煤 XZM07，颗粒细化程度明显，微裂隙和孔隙密集分布。试验扫描范围为 3μm×3μm

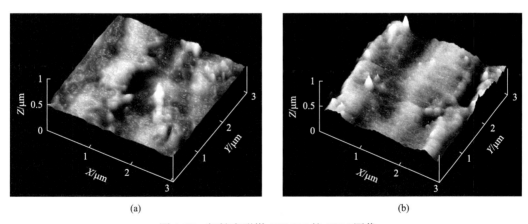

图 4-12 韧性变形煤 CHM05 的 AFM 图像

(a)发育脉状结构和蠕虫状结构特征；(b)脉状结构。试验扫描范围为 3μm×3μm

另外，该类煤样表面局部区域存在较大的孔隙与裂隙，尽管其数量极少。考虑到强韧性变形煤是强烈韧性变形的产物，是强烈剪切作用和较高温压条件长时间作用的结果，因此，在高温高压条件下，煤发生了韧性流动，造成煤体微观颗粒细粉化，原有的微裂隙和孔隙被覆盖堵塞，使得煤体自身的渗流能力急剧降低。此外，通过对比不同煤级、不同构造变形煤的 AFM 图像，可以发现煤样表面形貌和孔隙的形态轮廓表现出不规则起伏和弯曲的现象，且在韧性变形阶段该现象更为明显，显然，煤是一种具有塑性特征的有机沉积岩。在成煤演化阶段，煤受地壳温度的影响而不断软化、熔融与固结，与此同时，构造作用使得煤体产生塑性变形，高温高压作用及由构造作用造成的塑性变形贯穿于气孔生成的整个过程，造成煤样表面微观形貌和孔隙-裂隙形态的不规则发育。

综上所述，在强烈的构造应力作用下，煤体不仅会产生区域性的断裂与褶皱，其微观结构也会产生较大的变化。在剪切变形作用下，强烈的挤压作用使得煤中构造裂隙广泛发育，煤样表面颗粒细粒化程度也随之提高，颗粒之间存在的微小裂纹使得宏观煤岩性质发生了显著变化(硬度降低、脆性增大)。在韧性变形过程中，煤微裂隙和孔隙不发育，其表面微观形貌具有脉状结构及蠕动状的细节特征，造成宏观煤样表现出粉末化的特点。

2. 煤样微观形貌的三维粗糙度分析

通过对煤样立体区域进行统计可以获得煤样表面三维粗糙度参数，该参数能够准确地反映节理面整体形貌结构，因此，利用 AFM 的三维粗糙度分析可以对不同变质变形煤表面形貌的微观结构进行定量化分析。三维粗糙度的详细计算流程在"3.1.2.2 原子力显微镜在孔隙研究中的应用"部分已经详细介绍，此处不再赘述。

据图 4-13 可以发现，随着变质程度的提高，平面粗糙度($S_a$)及其均方根值($S_q$)逐渐减小，表明煤样表面高度起伏偏离基准面的距离逐渐减小。据图 4-14 可知，随着变质程度的提高，煤样表面峭度($S_{ku}$)逐渐增大，而其偏斜度($S_{sk}$)前期大于 0，至后期阶段逐渐小于 0，表明煤样表面高度值趋于集中，表面形貌由前期的高低起伏逐渐过渡为无高凸起"尖峰"的平坦光滑表面。不同变质程度煤的粗糙度参数变化说明，随着变质程度的增大，煤微观表面的起伏体或凸起微粒承受的压力逐渐增大，并在高温作用下产生塑性变形，造成煤表面结构密度增加，整体高度下降。显然，随着变质程度的增加，煤表面的整体形貌由粗糙起伏的颗粒面逐渐向光滑平整的曲面演化。

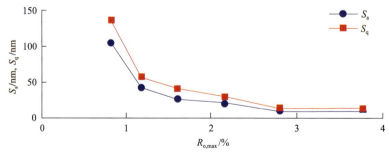

图 4-13 $S_a$ 与 $S_q$ 的平均值随镜质组反射率($R_{o,max}$)的变化趋势

实验累计扫描面积为 10μm×3μm

不同变质变形煤的表面粗糙度参数见表 4-5。根据表 4-5 可知，在脆性变形阶段，随

着剪切变形作用的增强，$S_a$ 和 $S_q$ 呈减小趋势，而峭度 $S_{ku}$ 却逐渐增大，表明在剪切变形过程中，煤表面凸起经历了较强的挤压磨蚀作用，造成煤表面轮廓的起伏程度减小，表面高度值也趋于集中；另外，样品的偏斜度 $S_{sk}$ 逐渐增大，且其值大于0，说明脆性变形作用使得煤样表面的尖峰与孔隙深度同时增大。对于韧性变形煤样，其 $S_a$ 和 $S_q$ 值与同煤级的脆性变形煤相比更小，且其峭度 $S_{ku}$ 增大，说明韧性变形煤表面起伏程度更小；另外，韧性变形煤样表面的峰点密度值一定程度减小，表明韧性变形作用使得该煤样表面突起点的高度值差一定程度降低。

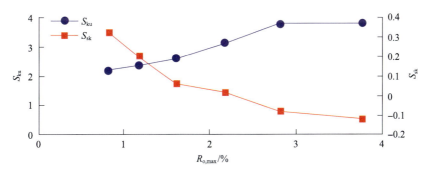

图 4-14 $S_{ku}$ 与 $S_{sk}$ 的平均值随镜质组反射率（$R_{o,max}$）的变化趋势
实验累计扫描面积为 10μm×3μm

表 4-5 不同变质变形煤的表面粗糙度参数

| 样品名称 | $S_a$/nm | $S_q$/nm | 峭度 $S_{ku}$ | 偏斜度 $S_{sk}$ |
| --- | --- | --- | --- | --- |
| PMBK07 | 38.2 | 45.6 | 2.12 | 0.23 |
| PMBK01 | 24.3 | 37.7 | 2.85 | 0.31 |
| HBM05 | 26.6 | 41.7 | 2.60 | 0.06 |
| HBM06 | 13.0 | 32.3 | 2.78 | 0.11 |
| CHM05 | 6.1 | 14.2 | 2.87 | −0.06 |
| ZZM02 | 18.5 | 37.3 | 3.10 | 0.03 |
| ZZM01 | 14.2 | 27.8 | 3.30 | 0.08 |

根据上述种种现象，认为不同变形类型对煤表面粗糙度的改造机制存在差异。不同强度的脆性变形煤的粗糙度参数变化表明，在剪切过程中水平构造应力使得煤表面较尖锐的凸起被逐渐挤压磨平，造成凸起体高度点之间的排列距离减小，高度值趋于一致。此外，由于剪切作用加重了煤体的破碎程度，导致煤表面高度点分散程度进一步提高，挤压作用也使得其中颗粒排列程度趋于紧密。韧性变形作用下的煤表面粗糙度变化特征与脆性变形作用下的存在显著差异，其粗糙度参数变化幅度更大，说明韧性变形对煤表面形貌的影响更大。另外，由于韧性作用多发生在高温高压条件下，煤中镜质体更容易发生塑性流动，造成煤表面原有的微小波动褶皱逐渐演化为平缓曲线。

综上所述，通过分析煤表面三维粗糙度参数发现，随着变质程度的增加，煤表面结构逐渐致密化，微观形貌更趋于平整光滑。这主要是由于在煤化作用初期，在上覆压力和围岩压力的综合作用下，煤体发生变形；到煤化作用后期，煤中分子排列渐趋规则，结构更加紧密，表面归于平整。不同变质强度脆性变形煤的粗糙度参数变化表明，在剪切作用过程中水平构造作用使得煤表面较尖锐的凸起被挤压磨平，其高度点之间的排列距离也逐渐减小，高度值趋于一致；而韧性变形过程中，其粗糙度参数变化幅度更大，说明韧性变形对煤表面形貌影响更大。

#### 4.1.2.4　不同变质变形煤的纳米级孔隙发育特征

1. 纳米级孔隙的 AFM 观察

图 4-15 为不同变质程度的弱脆性变形煤局部 AFM 扫描图像，气肥煤 XTM09 的图像中煤样表面孔隙分布均匀，以圆形、椭圆形的过渡孔、微孔为主，局部孔隙被贯通形成长条状和不规则形状孔隙[图 4-15(a)]。从孔隙形态和产状分析，这些孔隙大部分为变质成因气孔。相对于气肥煤样品，低变质程度的肥煤(SJZM02)孔隙数量增多，局部孔隙贯通形成串珠状孔隙[图 4-15(b)]，这可能是随着地壳温度的逐渐增加，生烃作用逐渐增强，生气量也随之增大，造成孔隙之间相互连通。根据[图 4-15(d)]可以发现，变质焦煤(HBM05)表面孔隙分布无规律，孔径和孔隙的形态均相差较大[图 4-15(c)]，说明该阶段气体生成量剧增，使得煤表面生成大量的气孔，同时局部原有的小孔径孔隙在气体作用下也会发生扩展或聚合作用。综上，在煤化作用的早中期，在地壳深部的热力作用下，煤中的生烃作用一直在进行。在低变质烟煤阶段，煤生气能力较弱，气孔孔隙间的连通性也较差，孔隙形态较为规则；随着变质程度的增强，煤生气能力逐渐增大，孔隙之间连通性也逐渐增强，孤立状微孔被扩展形成孔径较大的过渡孔，甚至形成串珠状孔隙和微裂隙，这种现象在烟煤阶段的早中期(气煤至焦煤阶段)尤为明显。

煤化作用进行至贫煤阶段，煤表面广泛发育圆形微孔且孔隙数量相较于低煤化程度阶段明显增多，但孔隙的孔径却明显减小[图 4-15(d)]，这主要是由于在贫煤阶段煤生烃作用开始减弱，气孔生成量也减少；至无烟煤阶段，煤 AFM 图像中可见的孔隙数量明显减少，而孤立状孔隙逐渐增多，甚至在局部区域出现"高亮"的突起[图 4-15(e)]；随着变质作用进一步加深，无烟煤表面孔隙类型更为单一，表现为微孔密集、孤立地分布于煤表面[图 4-15(f)]，此时煤的生烃作用已基本结束，孔隙孔径缩小甚至闭合。因此，在煤化作用的烟煤阶段中后期，煤生烃强度逐渐下降，新生成孔隙数量明显减少，而且在地壳深部高温高压的地质环境中，孔隙孔径逐渐减小甚至闭合；至无烟煤阶段，煤生烃作用基本结束，同时，在高温高压作用下煤体发生大规模的缩聚作用，导致过渡孔以上孔径的孔隙数量大大减少。

此外，在一系列不同变质程度的弱脆性变形煤的 AFM 图像中，纳米级孔隙结构特征表现出复杂的非线性变化特征。在煤化作用烟煤阶段初期，纳米级孔隙通常形态规则、大小均一；随着煤级的升高，孔隙孔径逐渐增大，煤中主要发育形态不规则且孔径悬殊的孔隙；在烟煤化作用中后期阶段，煤中孔隙数量和孔径均逐渐减小；至无烟煤演化阶段，煤中广泛发育单一的微孔。

对于强脆性变形煤，其孔隙发育特征显然不同于弱脆性变形煤。根据图 4-16，强脆

# 第4章 煤中多尺度孔隙结构特征

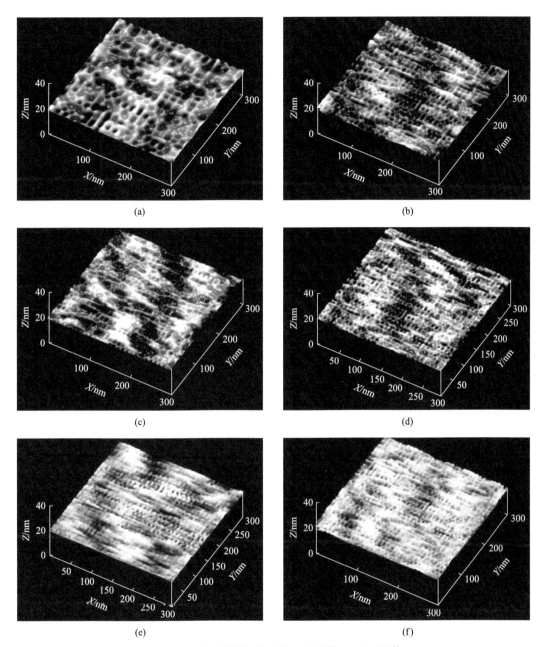

图 4-15 不同变质程度弱脆性变形煤的 AFM 图像

(a)气肥煤 XTM09,孔隙分布均匀,以圆形、椭圆形的过渡孔、微孔为主;(b)低变质程度的肥煤 SJZM02,孔隙数量增多,局部孔隙呈串珠状;(c)变质焦煤 HBM05,表面孔隙分布无规律;(d)贫煤 ZZM01,煤表面广泛发育圆形微孔且孔隙数量较多,但孔径却明显减小;(e)无烟煤 SH02,孔隙数量减少,而孤立状孔隙逐渐增多;(f)无烟煤 FH03,无烟煤表面孔隙类型更为单一。实验扫描范围为 300nm×300nm

性变形煤中出现了明显的扭曲或凹凸起伏的形貌特征,表明在构造应力作用下,煤中发生的剪切变形显著改变了煤体原本的纳米级孔隙结构。在低变质烟煤阶段[图 4-16(a)和(b)],弱脆性变形煤的纤维状-网状结构在脆性变形作用下转化为扭曲状-网状结构,

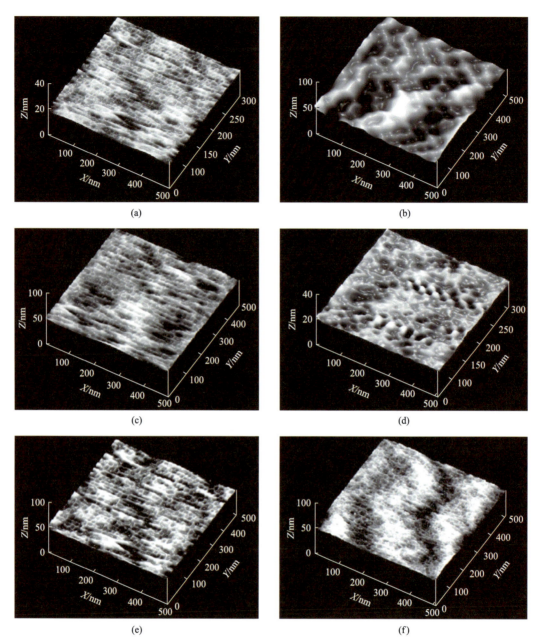

图 4-16 不同变质变形煤的 AFM 图像

(a)低变质烟煤 PMBK07；(b)低变质烟煤 PMBK01，在脆性变形作用下转化为扭曲状-网状结构；(c)中变质烟煤 HBM05；(d)中变质烟煤 HBM06，网状结构消失，出现熔融聚合特征；(e)高变质烟煤 XZM01；(f)高变质烟煤 XZM07，表面形貌在构造应力的影响下呈定向起伏。实验扫描围为 500nm×500nm

且煤表面微孔呈线状密集分布；在中变质烟煤阶段[图 4-16(c)和(d)]，强脆性变形烟煤（HBM06）表面的网状结构消失，局部区域甚至出现熔融聚合特征，孔隙呈区域性分布，孔隙数量明显减少；在高变质烟煤阶段[图 4-16(e)和(f)]，随着剪切变形作用的增强，煤表面形貌在构造应力的影响下呈定向起伏的特点，煤中孔隙也具有明显定向排列或延伸的特征。

考虑到韧性变形煤是强韧性变形作用下的产物，是在低应变速率或较高温压条件下煤岩发生固态塑性流变的结果(侯泉林等，2012)，因此，韧性变形煤的纳米级孔隙结构特征明显不同于脆性变形煤。在强韧性变形烟煤(CHM05)的AFM图像中(图4-17)，煤表面形貌具有蠕动状结构特征，孔隙形态不规则且连通性较差，过渡孔与微孔密集分布。

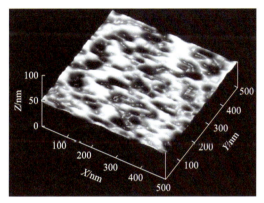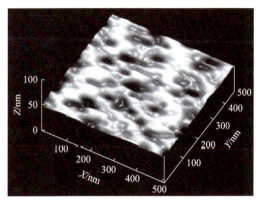

图4-17 韧性变形煤纳米级孔隙结构AFM图

2. 纳米级孔隙孔径分布及其面孔率特征

甲烷气体在煤表面的吸附方式主要是物理吸附，其本质是煤孔隙表面大分子与甲烷气体分子间的相互吸引(降文萍等，2007)。微孔是气体吸附的主要空间，微孔所占的比例越高，往往代表着孔隙比表面积越大，可供吸附的吸附点位也就越多，煤样对气体的吸附能力也就越强。小孔及以上的孔隙往往是气体分子解吸和运移的空间。

为了对不同煤级、不同变形结构的构造变形煤的孔隙结构进行定量分析，利用NanoScope软件(版本：5.12)对实验煤样的AFM图像进行剖面分析、相分析以及颗粒分析。其中剖面分析可以用于确定孔隙的基准面(图4-18)；相分析可以测量在一个选择高度之上或之下表面的面积及其所占的百分比；颗粒分析能在给定的高度表面上，利用图像像素差异定义颗粒的边界，进而分离出颗粒并进行分析统计(陈善庆，1989)。

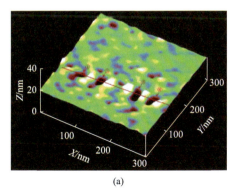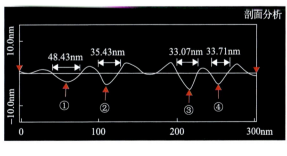

(a) (b)

图4-18 AFM图像及剖面分析图(HBM06，$R_{o,max}$=1.86%)

AFM 扫描图只能对图像中的孔隙进行定性描述，无法获取孔隙的绝对大小和整体形态，利用剖面分析功能能够提供剖面方向上的垂直起伏距离，可以对特定孔隙进行垂向上的分析测量。图 4-19(a) 为煤样的 AFM 二维图像；图 4-19(b) 为其相应的相分析图像，红色斑点是相分析后的孔隙分布区域。根据图 4-19(b)，利用颗粒分析统计功能可以生成煤孔隙分析报告。

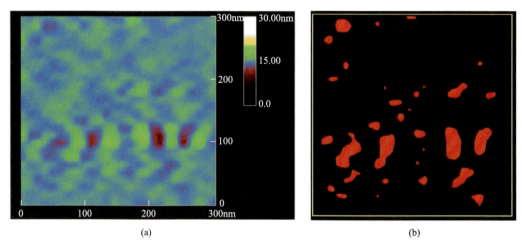

图 4-19　AFM 图像及相分析图（HBM06，$R_{o,max}$=1.86%）

煤中孔隙的分析结果如图 4-20 和表 4-6 所示。从图 4-20 可以看出，在低-中煤级烟煤阶段，微孔和过渡孔的比例较为均衡；在高煤阶烟煤与无烟煤阶段，孔隙数量剧增，10nm 以下微孔所占比例大幅增加，该现象在无烟煤 FH03 中更为显著。根据图 4-20，无烟煤 FH03 的孔隙类型主要以微孔为主，10nm 以上过渡孔比例很小。

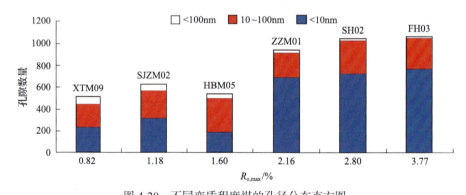

图 4-20　不同变质程度煤的孔径分布直方图

表 4-6　不同变质程度煤的孔隙定量分析结果（扫描面积为 $5\mu m^2$）

| 样品编号 | 总孔隙单位面积个数/$\mu m^2$ | 最大孔隙面积/$nm^2$ | 最小孔隙面积/$nm^2$ | 平均孔隙面积/$nm^2$ | 面孔率/% |
|---|---|---|---|---|---|
| XTM09 | 391 | 2065.88 | 213.20 | 409.51 | 3.2 |
| SJZM02 | 315 | 3105.78 | 65.29 | 604.06 | 3.8 |
| HBM05 | 233 | 5594.49 | 45.58 | 922.32 | 4.3 |

续表

| 样品编号 | 总孔隙单位面积个数/μm² | 最大孔隙面积/nm² | 最小孔隙面积/nm² | 平均孔隙面积/nm² | 面孔率/% |
|---|---|---|---|---|---|
| ZZM01 | 394 | 1384.74 | 26.41 | 495.35 | 3.9 |
| SH02 | 606 | 1661.06 | 13.85 | 297.27 | 3.6 |
| FH03 | 1111 | 478.15 | 9.62 | 171.02 | 3.8 |

从面孔率分析报告中(表4-6)可以发现，孔隙数量在无烟煤阶段达到最大，约为焦煤阶段孔隙数量的5倍，但面孔率却在焦煤阶段达到最大，这显然与焦煤阶段煤的生烃能力最强，气孔发育程度最高有关。焦煤阶段煤具有较强的生气能力，使得原有孔径较小的孔隙发生膨胀或合并而形成孔径较大的孔隙。无烟煤FH03样品的平均孔隙面积最小，表明无烟煤FH03的孔隙类型主要为微孔，小孔及以上孔径孔隙所占比例较小，而微孔是甲烷吸附的主要场所，因此，无烟煤对气体的吸附能力往往最强；过渡孔等其他孔隙的比例较少造成煤中气体扩散能力较弱，其较弱的气体扩散运移能力是无烟煤解吸渗流能力差的主要原因。

此外，对不同变形程度的煤样进行分析(图4-21和表4-7)，发现随着构造变形作用的增强，微孔所占比例与面孔率均有一定程度的增大，这说明在脆性变形机制下，构造应力使得煤体微孔发育，煤体的吸附能力得到提高；在韧性变形机制下，孔隙数量及面孔率均减小，微孔所占比例较强脆性变形煤大，虽然韧性作用在一定程度上促使过渡孔发育，但考虑到该类型煤样的孔隙连通性不佳，因此韧性变形煤整体表现为气体吸附量巨大，但是扩散运移能力严重不足。在实际生产工作中，韧性变形煤往往是煤与瓦斯突出灾害的高发区域，显然，这与其特有的孔隙结构密切相关。通过对不同变形煤的孔隙结构进行对比分析可以发现，强脆性变形煤中过渡孔所占比例最大，使得脆性变形煤的扩散运移能力更强，有利于煤层气的开发。因此，尽管通常情况下构造应力会使气体的扩散通道变得曲折，但当构造应力适当时，构造应力会促进煤中孔、大孔和裂隙的进一步发育，从而更有利于气体的扩散运移。

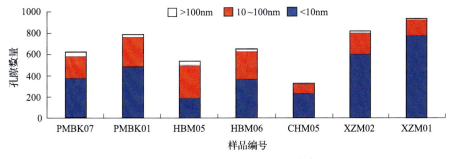

图4-21 不同构造变形煤的孔径分布直方图

表4-7 不同构造变形煤的孔隙定量分析结果(扫描面积为5μm²)

| 编号 | 总孔隙单位面积个数/μm² | 最大孔隙面积/nm² | 最小孔隙面积/nm² | 平均孔隙面积/nm² | 总面孔率/% |
|---|---|---|---|---|---|
| PMBK07 | 257 | 1282.51 | 145.62 | 799.20 | 4.1 |
| PMBK01 | 438 | 3257.70 | 37.37 | 558.78 | 4.9 |

续表

| 编号 | 总孔隙单位面积个数/μm² | 最大孔隙面积/nm² | 最小孔隙面积/nm² | 平均孔隙面积/nm² | 总面孔率/% |
|---|---|---|---|---|---|
| HBM05 | 233 | 2865.70 | 45.58 | 922.32 | 4.3 |
| HBM06 | 369 | 4373.34 | 43.92 | 610.22 | 4.5 |
| CHM05 | 222 | 509.65 | 18.54 | 472.95 | 2.1 |
| XZM01 | 227 | 1133.54 | 11.34 | 881.65 | 4.0 |
| XZM02 | 333 | 706.50 | 17.19 | 706.50 | 4.7 |

#### 4.1.2.5 煤中纳米级孔隙发育的影响因素

如果只是通过分析不同变质程度和变形程度煤样的表面形貌图像来探究变质作用与构造应力对煤中微观结构的影响，那么该分析结果并不能全面地反映煤微观结构在变质变形作用下的演化特征，因此需要对煤样表面微观形貌特征进行定量化分析。本节引入表面功率谱密度(PSD)与盒维法分形两种方法，定量分析不同变质作用、不同变形性质及强度的构造应力对煤表面形貌和孔径分布的影响。

1. 功率谱分形

1) 功率谱分形原理

由于样品表面轮廓结构往往具有随机性、间断性、复合性等特征，仅仅利用 AFM 图像分析样品表面结构复杂程度是不全面和不准确的。由于样品表面形貌的高度为一随机变量，因此，表面形貌可认为是一随机过程，其表面高度的自相关函数反映了高度沿表面的分布情况，即表面的空间结构，显然，样品表面的自相关函数可以充分地反映其表面结构的统计特征。根据傅里叶变换可知，自相关函数和功率谱密度函数互为傅里叶变换，两者所反映的表面形态信息是等价(杨位钦和顾岚，1986)。功率谱密度函数是一种具有综合分析意义的概率统计函数，功率谱密度是从频域上考虑问题，即研究随机振动的各频率成分在频域上进行分离和统计分析，利用功率谱密度对表面形貌进行评价。该函数不仅提供了轮廓波形是由哪些频率成分组成的，还可以反映不同空间频率(空间波长)的成分在整个信号中所占的比重，从而相对地揭示不同空间频率成分(空间波长)对表面粗糙度的影响(张蓉竹等，2000)。从微观角度来看，物体表面形貌均表现为三维空间中的高度起伏，其中低频成分代表着规模较大的趋势性起伏；中频成分代表规模较小的波动程度；高频成分代表了随机不规则的凹凸结构，三者叠加构成了样品的表面相貌特征(图4-22)，即低-中频成分代表样品表面形貌的形状和高低起伏特征，高频成分表示样品形貌本身的细节特征。一般来说，低频成分具有较大的波长，频谱能量较高；高频成分具有较小的波长，频谱能量较低。

功率谱密度分析可以帮助人们分析图像中的周期性信号，如分析图像的晶格大小、纹理间距等信息。以图4-23为例，对该图像进行功率谱密度分析可以发现，图像中的亮点(高点)有明显的周期性，相邻亮点之间在 $X$ 方向上的距离为 0.25nm，在 $X$ 方向上获得最大功率的波长也为 0.25nm，与亮点之间在 $X$ 方向上的距离吻合；相邻亮点在 $Y$ 方向上的距离为 0.28nm，在 $Y$ 方向上获得最大功率的波长也为 0.28nm，显然，其与亮点之间在

$Y$方向上的距离吻合。可以发现，例子中的亮点排列正好与$X$轴和$Y$轴平行，实际上，多数情况下，图像的纹理走向都不会如此理想，因此，在多数情况下，对图像进行"二维"功率谱密度分析更加实用。

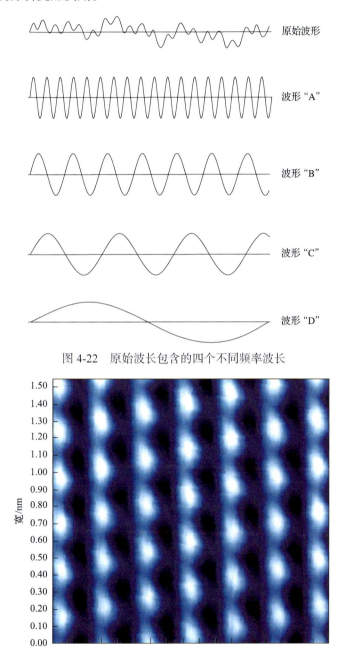

图4-22 原始波长包含的四个不同频率波长

图4-23 具有周期性的AFM扫描图像

由于不同变质变形煤的表面结构具有极端复杂性和不规则性，造成实际测试中很难准确地获取煤样表面形貌微观结构参数信息，通过计算功率谱分形维数来描述表面形貌微观结构的复杂程度已经得到了广泛应用。本节利用功率谱密度进行分形维数的计算以获取不同变质变形煤的微观结构信息，并基于此分析煤微观结构在变质作用和构造变形作用下的演化特征。

2)功率谱密度分形的原理及其计算方法

对于非周期函数 $\varphi(x)$，可以将其认为是周期 $l \rightarrow \infty$ 的周期函数，因此函数可以用傅里叶级数表示：

$$\varphi(x) = \lim_{l \to \infty} \varphi_1(x) = \lim_{l \to \infty} \sum_{n=-\infty}^{\infty} \frac{1}{2l} \left( \int_{-l}^{l} \varphi_l(t) e^{-in\pi t/l} dt \right) e^{-in\pi x/l} \tag{4-1}$$

$$\Delta \omega = 2\pi \Delta f = \frac{\pi}{l} \tag{4-2}$$

式中，$f$ 为频率；$\omega$ 为角度频率。

将式(4-2)代入式(4-1)后得到式(4-3)：

$$\begin{aligned} \varphi(x) &= \frac{1}{2\pi} \lim_{\Delta\omega \to 0} \sum_{n=-\infty}^{\infty} \left[ \left( \int_{-\pi/\Delta\omega}^{\pi/\Delta\omega} \varphi_l(t) e^{-in\Delta\omega t} dt \right) e^{in\Delta\omega tx} \right] \Delta\omega \\ &= \frac{1}{2\pi} \int_{-\infty}^{\infty} \left( \int_{-\infty}^{\infty} \varphi(t) e^{-i\omega t} dt \right) e^{i\omega tx} d\omega \end{aligned} \tag{4-3}$$

因此：

$$\varphi(x) = \frac{1}{2\pi} \int_{-\infty}^{\infty} F(\omega) e^{i\omega x} d\omega \tag{4-4}$$

$$F(\omega) = \int_{-\infty}^{\infty} \varphi(t) e^{-i\omega t} dt \tag{4-5}$$

式中，$F(\omega)$ 为 $\varphi(x)$ 的傅里叶变换，被称为频谱密度。

自变量 $x$ 可以是时间也可以是空间坐标。通过等式(4-5)，以空间坐标作为变量的 $\varphi(x)$ 转化为以角度频率为变量的函数 $F(\omega)$。如果 $\varphi(x)$ 仅仅存在于 $[0, \tau]$，则等式(4-5)可以表示为

$$F(\omega, \tau) = \int_{0}^{\tau} \varphi(t) e^{-i\omega t} dt \tag{4-6}$$

然后将 $[0, \tau]$ 内空间频率的平均值定义为功率谱密度：

$$S(\omega) = \frac{1}{\tau} [F(\omega, \tau)]^2 \tag{4-7}$$

如果 $\varphi(t)$ 是一条分形曲线，那么功率谱密度 $S(\omega)$ 遵循幂定律：

$$S(\omega) \propto \omega^{-\beta} \tag{4-8}$$

式中，$\beta$ 为功率指数，它与分形尺度相关。对等式(4-8)两侧取对数可以发现 $S(\omega)$ 与 $\omega$ 呈线性关系：

$$\ln[S(\omega)] = -\beta \ln \omega + \ln m \tag{4-9}$$

式中，$m$ 为一常数。如果 $S(\omega)$ 和 $\omega$ 在双对数坐标系中具有线性关系，则表明表面形貌具有分形特征，其分形维数可表示为

$$D_s = \frac{7-\beta}{2} \tag{4-10}$$

将得到的功率谱密度图中的频率 $\omega$ 和相对的功率谱 $S(\omega)$ 取对数，在双对数方程中求出回归直线的斜率 $-\beta$，然后利用式(4-10)求出分形维数 $D_s$ 值。为了进一步使谱密度函数平滑化，在每个波数点上对多个不同区域的表面轮廓功率谱密度函数取平均值，然后在 $\ln S(\omega) - \ln \omega$ 的双对数图中利用最小二乘法求出曲线的斜率。PSD 分形维数越大，表示样品本身微观细节越复杂、越不规则且其充满空间的程度越强；PSD 分形维数越小，表示表面形貌越"平坦"、波动程度较小且细节特征较少。

3) 不同变质变形煤的功率谱分形特征

二维功率谱分形图中(图 4-24)，分形曲线均具有逆幂分布的特点，且其相关系数均大于 0.9，说明分形模型适用于不同变质程度煤的表面形貌分形结构特征研究。图中不同频率段存在不同的斜率值，说明形貌图中不同频率区域中分形维数存在差异，而分形维数的估算依赖于频率区域内选择数据点的多寡，最终斜率值的计算与频率范围的选取有很大的关系。然而，尽管不同频率段的斜率值不同，但其变化趋势是一致的，说明分维的变化趋势对频段的选择并不敏感。

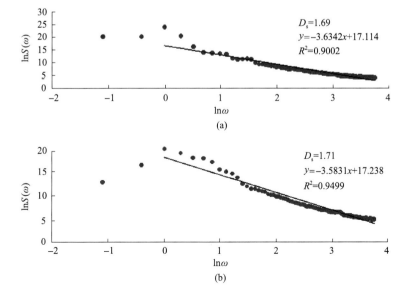

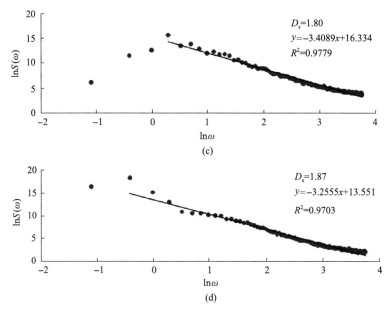

图 4-24　不同变质程度烟煤的 $\ln\omega$ - $\ln S(\omega)$ 图

(a) XTM09，$R_{o,max}$=1.86%；(b) SJZM02，$R_{o,max}$=1.18%；(c) HMM05，$R_{o,max}$=1.60%；(d) ZZM01，$R_{o,max}$=2.16%

在烟煤阶段，随着变质程度的增大，分形维数由 1.69 增大至 1.87，说明随着变质程度的加深，表面轮廓中低频信号的功率谱值减小，即形状上的起伏程度降低，表面形貌的复杂程度增加，不规则细微结构增多且其填充空间的能力越来越强。低变质至高变质烟煤阶段，PSD 分形维数呈现增大的趋势，表明煤样表面的高频成分增多，细微粗糙体结构较多，其充填表面空间的能力增强。考虑到低变质烟煤阶段煤样表面轮廓低频成分的功率谱值较大，大颗粒聚集体和大孔及中孔是表面轮廓信号的主体成分，即表面形貌起伏特征主要由颗粒聚集体和较大孔隙造成的，颗粒结构排列松散且面积较小，因此分形维数较小。中变质烟煤阶段煤样表面形貌轮廓中低频成分的功率谱值有所减小，说明煤样表面的颗粒聚集体和大孔、中孔的起伏程度降低，表面细微结构增多（小颗粒成分及小孔径孔隙）。鉴于中变质烟煤阶段煤的生烃作用加大，大分子结构中的侧链成分脱落较多，气孔密集发育甚至发生气孔融合形成较大孔径的气孔的现象，因此其高频成分增多，表面粗糙减小，分形维数增大。高煤级烟煤阶段煤样的功率谱密度图中主导波长功率谱值更小，说明煤样表面较为平坦且以细微起伏为主，高频区域功率谱值增大说明表面微孔数量增多且所占比例增大。考虑到在高变质烟煤阶段煤的生烃作用基本完成，而且由于温压的作用，缩聚作用占据主导地位，因此，煤的大分子结构趋于紧密，微孔比例剧增，表现为煤样表面轮廓的波峰和波谷的周期减小，高频成分剧增，表面粗糙度大幅减小，分形维数增大。

无烟煤阶段（镜质组反射率 $R_{o,max}$ 在 2.78% 至 3.77% 范围内）煤样分形维数变化较小，功率谱分形维数有所减小且分形曲线呈锥形分布特征（图 4-25），说明无烟煤阶段煤样表面细微结构减少，但表面形貌特征表现出光滑平整且各向同性的特点。这是因为无烟煤阶段煤样上覆岩层压力和围岩压力较大，煤体构造致密性较高，颗粒排列紧密，孔隙孔径减小甚至闭合，使得细微结构的凹凸程度减小，表面各向同性特征明显。

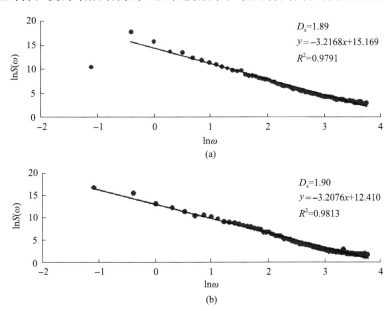

图 4-25　不同变质程度无烟煤的 $\ln\omega$ - $\ln S(\omega)$ 图
(a) SH02，$R_{o,max}$=2.78%； (b) FH03，$R_{o,max}$=3.77%

综上所述，随着变质程度的加深，PSD 分形维数呈逐渐增大的趋势。低煤级烟煤至高煤级阶段，随着变质程度的增加，PSD 分形维数逐渐增大，这说明细微结构相对增多，且填充空间的能力逐渐增强；直到无烟煤阶段，PSD 分形维数变化较小，表明在变质作用下，煤表面形貌逐渐趋于光滑平整且各向同性，其细节复杂程度降低，孔隙数量和孔隙孔径逐渐减小。

低-中变质烟煤阶段，强脆性变形煤的 PSD 分形维数[图 4-26(a)、(c)]较弱脆性变形煤[图 4-26(b)、(d)]大，表明在变形作用下煤样表面形貌细微结构急剧增多，表面粗糙度减小，比表面积剧增，细节成分复杂，细微结构充填空间的能力最大。弱变脆性变形阶段煤样中频成分功率谱值普遍较大，即中频区段在表面轮廓中起主导作用，但是在强脆性阶段煤样中频成分功率谱值减小，说明表面中频起伏影响减弱，细微结构均一化程度较高。鉴于弱脆性变形作用阶段煤岩颗粒较大，分布不均匀，粗糙度较高，即表面形貌中低阶起伏体较大，长周期的波长成分占据表面轮廓的主要部分，因此其分形维数较小；随着脆性变形作用的增强，煤体产生形变，煤中颗粒高度粉碎，而后在构造压实作用下煤内部裂隙由扩张向闭合发展，且其内部软层面形成许多小"皱纹"。此外，由于脆性变形作用类似于机械研磨作用，作用过程中产生的高温使得大分子结构官能团和侧链大量脱落，形成烃类气体，生成较多的微孔，使得煤的比表面积大大增加，因此其 PSD 分形维数增大。

在高变质阶段，强脆性变形煤[图 4-27(a)]PSD 分形维数与弱脆性变形煤[图 4-27(b)]整体较为相似，但是中频区段主导波长变化明显，表明在高变质煤阶段内变形作用会使中频起伏程度加大，裂隙等结构增多。这是由于高级煤结构致密，硬度较大，变形作用对其超微结构的影响不如低-中变质煤。

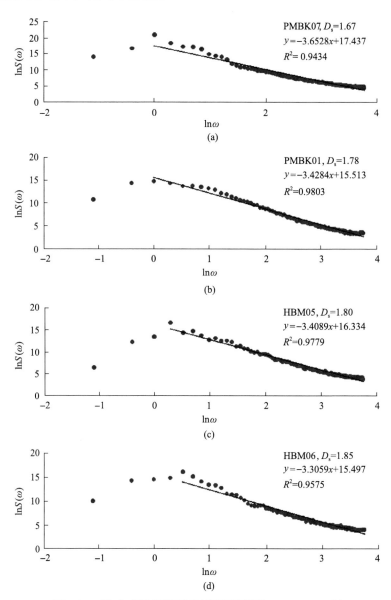

图 4-26　低-中变质烟煤不同变形强度煤的 $\ln\omega$ - $\ln S(\omega)$ 图

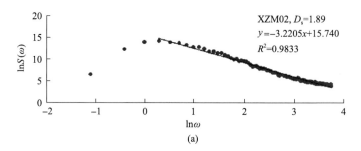

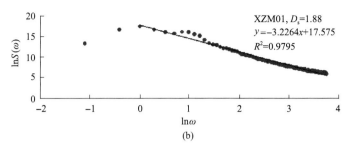

图 4-27　不同变形强度高变质烟煤的 $\ln\omega$ - $\ln S(\omega)$ 图

此外，韧性变形煤 CHM05（图 4-28）的 PSD 分形维数较大，且高频区段分形维数明显更高，表明韧性变形煤微观细节特征更为丰富。韧性变形煤的表面轮廓中高频成分较多，并且空间填充能力更强，即煤表面颗粒糜棱化，整体均一化程度较高，比表面积剧增，分形维数大大增加。显然，在强烈韧性剪切作用下，韧性变形煤颗粒粒径较小且颗粒之间排列致密，煤样表面形貌平滑，多呈流动状、蠕虫状等构造特点。

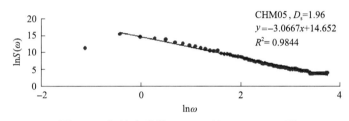

图 4-28　韧性变形煤 CHM05 的 $\ln\omega$ - $\ln S(\omega)$ 图

综上所述，随着变形作用的增强，煤样 PSD 分形维数逐渐增大，细微结构填充空间的能力也逐渐增强。在弱脆性变形阶段至强脆性变形阶段，主导波长由低频区段移至中频区段，表明脆性变形作用的加深对煤表面形貌和微孔影响较大。强韧性变形煤的 PSD 分形维数比同变质程度的脆性变形煤大，说明韧性变形作用对煤表面形貌的影响大于脆性变形作用的影响。

2. 盒维法分形

1) 盒维法分形原理

AFM 图像能够用于煤表面孔隙形貌的定性分析，但由于煤表面结构的复杂性与非均匀性，难以对其表面的孔隙网络结构进行直接描述，因此，本小节引入了盒维分形法对煤中纳米级孔隙结构发育特征进行统计分析。

盒维法又被称为计盒维数法，是一种计算过程不受图像物理含义的局限，适用于大多数类型数字图像（曲线或曲面）的统计数字图像分形维数的方法（彭瑞东等，2004）。数字图像盒维数体现了由离散像素点构成的数字图像中心区域在整个图像范围内的分布特点。数字图像盒维数越大，表明目标点填充图像的能力越强，即在整个图像范围内分布更广；数字图像盒维数越小，表明目标点随机分布于图像中，即主要沿离散状的一些小区域分布。具体来说，当盒维分形维数接近 3 时，目标点越趋于填充于图形范围内；当盒维分形维数接近于 2 时，目标点在图形中趋于沿线条分布；当盒维分形维数接近于 1

时，目标点则趋于零星分布在图形中。

2) 盒维法分形计算方法

盒维分形又称计盒维数，是测量距离空间的一种计算方法，它与传统的豪斯多夫维数有密切关系。描述空间集合中的一点所需独立参数的个数称为空间的豪斯多夫维数，由该分形几何理论认为，任何一个由点组成的空间集合都可以被定义为豪斯多夫维维数，例如在某个平面内的某个点需要用 $X$ 和 $Y$ 两个坐标来描述，则该平面的豪斯多夫维数等于 2。

在具有自相似性的三维空间(豪斯多夫空间)中，空间集合内的有限点被一个具有均匀网格(边长 $r$)的面网所覆盖，通过将覆盖三维空间集合内的全部点的网格数 $N$ 进行统计，不断缩小网格边长($r$)，则覆盖三维空间有限点的网格数 $N$ 与网格边长 $r$ 就构成了函数关系，记为 $N(r)$，如果 $N(r)$ 与 $R^d$ 成反比关系，即 $N(r) \sim 1/R^d$。当 $R^d \to 0$ 时，$N(\Delta s) \approx c\left(\dfrac{1}{\Delta s}\right)^D$ 就是这个集合的豪斯多夫维。需要注意的是，直接计算豪斯多夫维较为困难，因此往往采用近似的分形维数，通常情况下盒维数等价于豪斯多夫维数，盒维分形法计算基本原理如下：设分形图形为子集 $X$，利用尺寸为 $\Delta s$ 的均匀网格覆盖子集 $X$，网格与子集 $X$ 相交的网格个数为 $N(\Delta s)$，如果 $N(\Delta s)$ 满足幂律分布：

$$N(\Delta s) \approx c\left(\frac{1}{\Delta s}\right)^D \tag{4-11}$$

即

$$\lim_{\Delta s \to 0} N(\Delta s) \cdot (\Delta s)^D = c \tag{4-12}$$

那么盒维数 $D$ 可由式(4-13)求出：

$$D = \lim_{\Delta s \to 0}\left[\frac{-\ln N(\Delta s)}{\ln \Delta s}\right] \tag{4-13}$$

数字图像是以像素(pixel)为基本单元的二维图像，是由模拟图像数字化得到的。对连续的空间进行离散化处理后，得到整数行(高)和列(宽)的位置坐标，这些信息体现在各个像素的灰度值差异，因此，数字图像本质是由具有离散特征的数组或矩阵表示其光照位置和强度数字信息的集合。显然，物体的表面形貌细节特征能够全部包含于二维图像中。

AFM 图像不同于像素组成的数字图像[可以看作是由长为 $i$、宽为 $j$ 的矩阵组成的矩阵元素($i \times j$)]，其每个像素点对应于一个矩阵元素，通过二值化处理，像素点可简化至非黑即白的程度，进而可将非黑即白的像素点定义为 1 或 0。进一步地，对二值化的 AFM 图像逐次进行 $k$ 等分，当网格与目标区域重合或相交时，对应的矩阵元素即可记为 1，图像可以被不断地分割为由尺寸为 $\Delta k$ 的网格组成的方格图，当 $\Delta k \to 1$(1 个像素)时，对应的矩阵元素为 1 的网格数为 $N(\Delta k)$，根据一系列的 $\Delta k$ 和 $N(\Delta k)$ 值绘制 $\ln N(\Delta k)$ - $\ln \Delta k$

图像即可得到 $N(\Delta k)$-$(1/\Delta k)^D$ 曲线,其中 $D$ 为分形维数。

从数学角度解释,盒维数代表着由离散分布像素构成的目标区域的分布特点,即当图像盒维数趋近于 2 时,目标区域趋向密集分布于整个图像范围;当盒维数趋近于 1 时,目标区域趋向于直线或曲线分布;当盒维数趋近于 0 时,说明目标区域趋向局域性离散分布。从物理意义上看,盒维数反映了在不同变质变形作用下煤孔隙空间分布规律,是煤样表面孔隙结构分布状况及其发育程度的定量描述。一般认为,影响孔隙结构分维数值的因素有孔隙个数、孔隙孔径和面孔率等。

3) 不同变质变形煤的盒维数法分形特征

本节对 AFM 图像的盒维数法分形分析是借助于 Photoshop 与 Matlab 软件进行的。首先将 AFM 图像调入 Photoshop 内,将其转化为灰度值在 0~250 范围内的灰白图像;然后将灰白图像调入 Matlab 中进行分析计算,图 4-29 为 Matlab 算法框图。

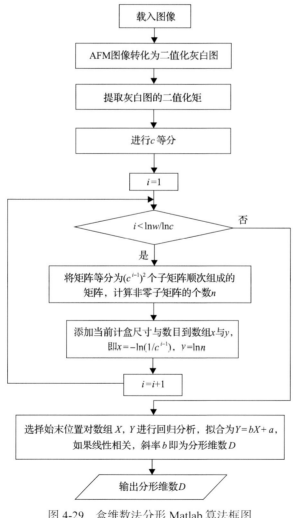

图 4-29 盒维数法分形 Matlab 算法框图

图 4-30 为煤样盒维数分形维数随镜质组反射率的变化趋势。根据图 4-30 可知,低

变质烟煤至中变质烟煤阶段，分形维数增大且逐渐接近于 2，这是由于随变质程度逐渐增加，温压条件逐渐增高，煤样生烃作用也增强，气体释放在煤表面遗留较多的孔隙，因此煤样的分形维数增大；中变质烟煤至高变质烟煤阶段，分形维数增大幅度减缓，由于该阶段煤的生烃作用基本完成，孔隙新生成的速度也逐渐放缓；至无烟煤阶段，其分形维数较高，变质烟煤差异较小，因为该阶段煤的生烃作用已经完成，在高温高压条件下，煤的塑性较强，孔隙容易发生闭合，煤样表面结构也趋于致密化，因此其分形维数有所减少。

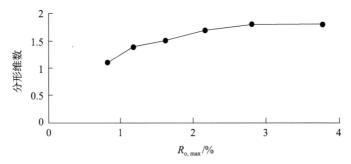

图 4-30　盒维数法分形维数随镜质组反射率（$R_{o,max}$）的变化趋势

此外，对于不同变形程度的煤样，随变质程度的增大其盒维数分形维数变化也存在差异。根据图 4-31 可知，在不同的变质环境中，随着脆性变形作用的增强，盒维数分形维数逐渐趋近 2，说明构造作用促使煤表面孔隙密集分布，其填充空间的能力也逐渐增强。

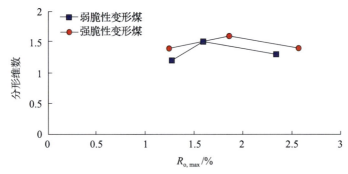

图 4-31　不同变质变形煤的盒维数法分形维数随镜质组反射率（$R_{o,max}$）的变化趋势

3. 不同变质变形煤的大分子结构对纳米孔隙发育的影响

通常认为，煤是由带有官能团（如—OH、=C=O、—COOH、—OCH₃）和侧链（胺、大分子烃）的缩合芳香核为骨架的结构单元在网状桥键的连接作用下组成的三维网状空间结构的大分子化合物。许多煤的大分子理论模型中都认为，芳香核是煤三维化学网络结构的核心，其平均尺寸不超过 1nm；芳香核通过各种化学键连接而成芳香环簇，其直径大约为 2nm；如果加上侧链及侧链上的官能团，则其尺寸更大（Oberlin，1979；张代钧，1989）。杨起等（1994）借助 AFM 实验对无烟煤进行研究后指出，平行状或帚状分布的条带状层线与芳香层和芳香叠片相关，其是大分子紧密堆积的结果；Golubev 等（2008）对

不同的变质程度的天然沥青质进行了 AFM 观察并测定了天然沥青质的超分子结构,指出大小为 20~250nm 的基本结构单元为有机超分子结构。基于上述分析,本节在对不同变质程度弱脆性变形煤进行 AFM 观察之后(图 4-32),发现煤表面均呈栅格结构特征,白色凸起构成了栅格骨架,黑色网孔密集分布于试样表面,而这些网状栅格结构(图 4-32)可能是由煤的大分子紧密堆积而成的分子团的微观特征,即各种桥键连接起来的复杂大分子团所在的位置;且网状栅格结构的间隔距离均在 20~10nm 范围内,这可能是煤大

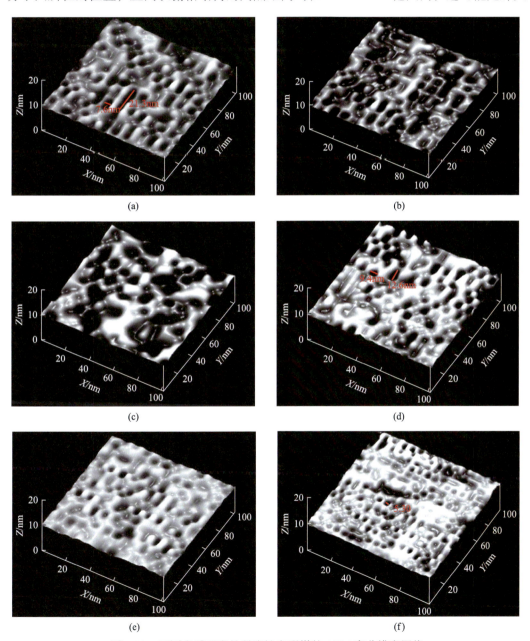

图 4-32 不同变质程度的弱脆性变形煤的 AFM 高分辨率图像
(a) XTM09;(b) SJZM02;(c) HBM05;(d) ZZM01;(e) SH02;(f) FH03。扫描范围为 100nm×100nm

分子结构骨架中的链间孔位置。显然，煤中大分子结构特征与孔隙发育特征密切相关。

不同变质程度煤的栅格结构具有不同的特征。图 4-32(a) 和 (b) 中的栅格结构较为规则，骨架宽度和网孔大小均一。考虑到低变质烟煤阶段煤样的大分子结构芳香化程度较低，由芳香环层的涡状叠片构成的基本结构单元(BUS)无序散布，连接叠片的侧链和官能团发育，缩聚芳香稠环直径较大且大分子结构的链间孔发育。图 4-32(c) 中，单位面积内微孔数量明显增多，且栅格骨架较低变质烟煤 XTM09 宽度减小，不同区域骨架宽度相差也较大。这是由于栅格骨架是煤大分子聚集体，在温压作用下主链上的官能团和侧链脱落，生成大量烃类及其他气体，局部栅格骨架由于受变质缩聚作用的影响而发生聚合。综上所述，该煤化作用阶段煤生烃作用较为强烈，变质裂解作用占主导地位，侧链和官能团脱落较多，局部区域由于聚合作用影响，其大分子结构排列逐渐趋于紧密。

在图 4-32(d) 中，栅格结构骨架宽度大大减小，其结构也更加紧密；网孔孔径增大，局部网状结构发生贯通从而形成更大孔径的孔隙，栅格结构间距在 10nm 左右；栅格之间孔隙形态以圆形及椭圆形为主，个别孔隙发生闭合现象。该阶段煤生烃作用达到最大，变质裂解作用仍占据主导地位，但裂解作用产生的影响减小，变质缩聚作用影响逐渐显现，即单元结构芳香化程度提高，大分子结构排列紧密，链间孔被压缩成分子间孔。

无烟煤阶段[图 4-32(e)、(f)]煤样栅格结构骨架宽度增大，网孔数量减少且孔径缩小，栅格之间孔隙以独立分布的圆形微孔为主，栅格结构排列更趋紧密，其间隔在 5nm 左右。图中白色曲线说明局部区域栅格结构由于变质作用的影响而产生聚合现象，甚至局部区域高度聚合形成白色高突起。该阶段煤样芳香化程度进一步提高，孔隙高度闭合，大分子结构排列致密。

通过对以上 AFM 图像进行整体观察与综合分析，发现随着变质程度的加深，网状栅格结构的孔隙发育规律如下：低煤级煤结构单元的芳构化程度较低，芳香环结构中的官能团与侧链发育，芳香层排列疏松，芳香环结构单元尺寸较大，导致微孔、过渡孔甚至中孔显著发育；高煤级煤的结构单元芳构化程度高，芳香环结构中的侧链和官能团大量脱落，芳香环结构单元尺寸变小，孔隙类型以微孔为主。在煤从低变质阶段进入中等变质阶段期间，煤大分子结构中的芳香簇环和侧链上的各种含氧官能团逐渐脱落并重组形成小分子化合物。其中，大部分小分子化合物生成气体($H_2O$、$CO_2$ 和 $CH_4$ 等)并从煤体中逸出，使得孔隙扩容、增多，孔隙的连通性也得到加强；另一小部分小分子化合物镶嵌到大分子网络中或吸附于微孔表面。此外，这些小分子化合物在温度和压力的作用下可进一步参与到煤大分子结构的重组中，从而改变煤体表面结构，进而改变煤的表面性质，从而使煤体吸附气体的能力发生改变。随着煤化作用的进行，温度和压力进一步增大，煤大分子栅格结构越来越紧密，栅格结构之间的链间孔呈压扁形态，孔隙孤立分布。

综上所述，对于以上不同煤级的弱脆性变形煤而言，AFM 下超微结构均呈大分子栅格网状结构，但随着变质程度的增加，大分子栅格结构和孔隙形态均表现出不同的特征。在低煤级阶段，大分子栅格结构松散排列，分子间孔隙大多呈圆形或椭圆形，孔隙连通性较好。随着变质程度的增加，链间孔隙孔径减小且数量较多，大分子聚合作用加强，栅格结构更加紧密，链间孔隙被压扁，甚至出现闭合，孔隙形态以扁平状为主，大分子层间距大大缩小。

对于弱脆性变形煤 PMBK07[图 4-33(a)],其表面呈网状-纤维状结构,且微裂隙与孔隙发育,其中微裂隙平行状发育,串珠状链间孔定向排列,孔隙类型以过渡孔为主;强脆性变形煤 PMBK01[图 4-33(b)]的表面结构明显受构造应力的影响而呈麻花状扭曲,显然,这是沿着延伸方向受到强烈剪切作用的结果。此外,在横向上,煤大分子栅格结构的骨架宽度较宽,说明大分子结构发生了应力聚合现象;在纵向上,栅格骨架宽度较窄,甚至发生断裂消失,孔隙之间贯通形成裂隙,说明大分子结构存在明显的降解过程。

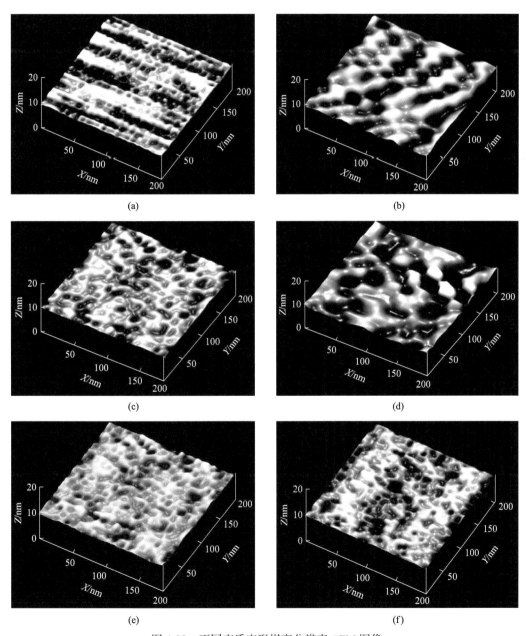

图 4-33　不同变质变形煤高分辨率 AFM 图像
(a)PMBK07;(b)PMBK01;(c)HBM05;(d)HBM06;(e)XZM01;(f)XZM02。扫描范围为 200nm×200nm

从弱脆性变形煤 HBM05 的 AFM 图像[图 4-33(c)]中可以看出,该煤样表面孔隙以圆形、椭圆形以及单向发育的长条形孔隙为主,孔隙类型以微孔和过渡孔为主,孔隙之间发育大量喉道,使得孔隙的连通性显著提高。图 4-33(d)为中强脆性变形煤 HBM06 的 AFM 形貌图像,该煤样表面形貌呈大孔径的网状特征但孔隙数量明显减少,"团聚"现象明显。根据高变质脆性变形煤的 AFM 图像[图 4-33(e)、(f)]可以发现:在弱脆性变形阶段,煤样表面形貌平坦,孤立状孔隙密集发育,孔隙形态以圆形和椭圆形为主;强脆性变形阶段的煤样表面形貌出现波状起伏,在波谷处孔隙大量发育,且孔隙之间连通性较好。

综上所述,弱脆性变形煤和强脆性变形煤同属脆性变形煤系列,弱脆性变形煤受构造应力作用程度较轻,煤体宏观结构已开始受到一定程度的破坏,其对孔隙孔径大小和孔隙连通性具有一定影响。强脆性变形煤因受构造应力作用较强,不仅煤体宏观结构发生强烈破坏,其微观结构也发生明显改变。在脆性应力变形机制下,剪切力所做的功主要转化为摩擦热能,而热能使得分子活动能力增强,从而造成大分子结构侧链上的含氧官能团相继脱落,大分子稠环芳核聚合结构逐渐加强。同时,构造应力作用加大了煤表面的起伏程度,煤样孔隙表面积相应地增大,煤吸附甲烷的能力也得到提高。此外,在此过程中会有大量烃类气体逸出,这也在其他实验中得到了证实(Laxminarayana and Crosdale,1999;许江等,2012;降文萍等,2007),且与构造变形煤的气体含气量往往大于原生结构煤的现象相一致。

韧性变形煤 CHM05 的 AFM 图像(图 4-34)完全不同于前述的脆性变形样品,其表面蠕动状结构非常明显,孔隙形态不规则且连通性较差,且在这些蠕虫状及旋涡状结构(图 4-34)深处存在着大量形态多样的微孔和过渡孔。

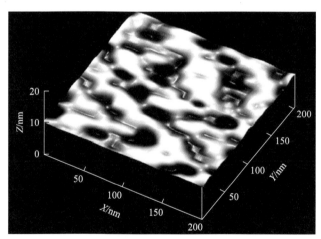

图 4-34 韧性变形煤高分辨率 AFM 图像
扫描范围为 200nm×200nm

不同的变形机制和变形强度会造成构造煤的芳香结构、脂族结构及含氧官能团等出现不同的演化特征,且不同变形机制下的煤样动力变质能量转化机理存在差异。与脆性变形煤(主要是通过破裂带机械摩擦转化为热能而引起煤化学结构的变化)不同,韧性变形作用主要是通过应变能的积累而引起煤化学结构的破坏,因此韧性变形对煤的作用主要是通过积累应变能促使煤大分子结构单元发生变形和破坏,从而引起芳香环内部的位错和蠕变。

综上所述,不同变形机制下的煤的超微观结构差异很大。在脆性变形机制下,脆性变形程度的增加促进了孔隙的发育,并且孔隙之间的连通性得到增强,有利于气体的扩散运移。韧性变形机制下,表面蠕虫状结构较为发育,整体上煤中孔隙间的连通性较差。

## 4.2 煤中纳米尺度孔隙结构特征

煤中孔隙类型多样且孔隙大小分布不一,除了前节所述的微孔之外,其他尺度的微纳米尺度孔隙对煤层气开发和二氧化碳封存同样具有重要影响。鉴于微纳米尺度孔隙分布范围较广,单一的实验方法很难确定煤样微纳米尺度孔隙分布特征,因此,在实际研究过程中,多采用多种实验测试数据联合分析的方法以取得对微纳米尺度孔隙的全面认识。本节我们主要选用低温氮气吸附法和高压压汞法对煤中孔径大于2nm的孔隙进行定量表征,同时选用原子力显微镜对煤中孔径小于1000nm的孔隙(纳米孔)形貌进行分析,选用扫描电子显微镜对煤中孔径大于1000nm的孔隙形貌特征进行分析,以取得对煤中微纳米尺度孔隙发育特征的全面认识。

### 4.2.1 高压压汞孔隙结构研究

煤中孔隙类型诸多且孔隙大小分布不一,通过单一的实验方法很难确定煤样的多尺度孔隙分布。低温氮气吸附法、高压压汞法是煤孔隙结构特征研究中较为常用的两种方法,且研究认为高压压汞法在孔体积的测定及微米级孔隙分析中较为准确可信;低温氮吸附法主要用于孔比表面积的测定及纳米级孔隙分析(Yao and Liu, 2012; Pan et al., 2012; Barrett et al., 1951; Washburn, 1921; 戚灵灵等, 2012),因此,联合低温氮气吸附法与高压压汞法是全面、定量表征煤孔隙结构特征的有效方法。但上述两种方法联合分析过程中采用何种孔隙模型,如何有效拼接实验数据是联合分析不同变质程度煤孔隙结构特征需要解决的主要问题。本节借鉴国内外学者在对页岩储层孔隙特征研究中的实验(Labani et al., 2013; 张士万等, 2014),以孔径50nm为分界点整合两种实验数据得到煤样微纳米尺度孔隙的孔体积、孔比表面积和孔径分布情况,即选取低温氮气吸附实验(孔径 2~50nm)和高压压汞实验(孔径大于 50nm)最佳测试孔径段进行联合分析。

#### 4.2.1.1 煤样基本信息

1. 样品的采集与制备

研究煤样采自我国不同地区的 8 个矿井,最终共取得 10 种不同变质程度的煤样。煤样采集地区包括新疆阜康气煤一井(FKQ)、河北申家庄矿(SJZ)、河南鹤壁四矿(HB01、HB02)、山西保德矿(BD)、寺河矿(SH01、SH02)、赵庄矿(ZZ)、凤凰山矿(FH)和四川大村矿(DC)。此外,为了消除变形作用对煤样孔隙结构特征的影响,所选样品均为原生结构煤。不同变质程度的煤样如图4-35所示。

图 4-35 不同变质程度的煤样

(a) FKQ; (b) BD; (c) SJZ; (d) HB01; (e) HB02; (f) DC; (g) ZZ; (h) SH01; (i) SH02; (j) FH

为满足下一步实验的需要,将煤样破碎为不同粒度的样品,其中面积 0.5cm² 左右、厚度不超过 0.1cm 的具有较平整新鲜断面的煤样用于扫描电镜;粒径为 60~80 目(约 10g)的煤样用于低温氮气吸附实验;粒径为 3~6mm(约 10g)的煤样用于高压压汞实验。需要注意的是,低温氮气吸附实验样品和高压压汞实验样品均需在 105℃下烘干至恒重。

2. 煤样显微组分与镜质组最大反射率测定

研究表明,在煤的整个演变过程中各显微组分随煤化作用的增强呈现出一定的规律性变化,其中最大镜质组反射率($R_{o,max}$)是煤田地质领域中最常用的煤级指标,常被作为煤级划分的一个标准。因此,为定量分析不同煤样的煤岩组分及变质程度,选用中国地质大学(北京)材料物理实验室的 OPTON-Ⅱ类 MPV-3 型(德国 Leitz 公司生产)显微镜对煤样进行观察和分析,实验过程参照《煤岩分析样品制备方法》(GB/T 16773—2008)制备粉煤光片,经抛光、干燥后再依据《煤的显微组分组和矿物测定方法》(GB/T 8899—2013)和《煤的镜质体反射率显微镜测定方法》(GB/T 6948—2008)的要求测得煤样最大镜质组反射率及煤岩显微组分百分比,详细的测定结果见表 4-8。

表 4-8 实验煤样最大镜质组反射率和显微组分特征

| 煤样编号 | 采样位置 | $R_{o,max}$/% | 镜质组含量/% | 壳质组含量/% | 惰质组含量/% | 矿物质含量/% |
|---|---|---|---|---|---|---|
| FKQ | 阜康气煤一井 | 0.57 | 83.37 | 1.55 | 10.15 | 4.93 |
| BD | 保德矿 | 0.75 | 60.9 | 15.1 | 23.5 | 0.5 |
| SJZ | 申家庄矿 | 1.15 | 86.8 | 0 | 10.4 | 2.8 |
| HB01 | 鹤壁四矿 | 1.55 | 86.48 | 0 | 6.97 | 6.55 |
| HB02 | 鹤壁四矿 | 1.86 | 90.88 | 0 | 7.15 | 1.97 |
| DC | 大村矿 | 1.92 | 95.44 | 0 | 0.33 | 4.23 |
| ZZ | 赵庄矿 | 2.16 | 94.55 | 0 | 0.37 | 5.08 |
| SH01 | 寺河矿 | 2.53 | 84.67 | 0 | 0.36 | 14.97 |
| SH02 | 寺河矿 | 2.8 | 95.31 | 0 | 1.87 | 2.82 |
| FH | 凤凰山矿 | 3.77 | 93.2 | 0 | 2.7 | 4.1 |

根据表 4-8 可知,10 个煤样的 $R_{o,max}$ 分布范围为 0.57%~3.77%。参考前人研究成果(Palmer et al.,1996;Yao and Liu,2012;Pan et al.,2012),依据最大镜质组反射率可将试验煤样划分为 5 个不同煤级:低煤级烟煤($R_{o,max}$=0.57%~0.75%)、中煤级烟煤($R_{o,max}$=1.15%)、中高煤级烟煤($R_{o,max}$=1.55%)、高煤级烟煤($R_{o,max}$=1.86%~2.16%)、无烟煤($R_{o,max}$=2.53%~3.77%)。所有试验煤样的镜质组含量分布范围为 60.9%~95.44%,整体随变质程度的增强而增加;惰质组含量整体随变质程度增强呈下降趋势,分布范围为 0.33%~23.5%;壳质组只在低煤级烟煤 FKQ($R_{o,max}$=0.57%)、BD($R_{o,max}$=0.75%)中出现,其他煤样中几乎不存在;矿物质含量分布范围为 0.5%~14.97%,不同煤样之间变化较大。

4.2.1.2 不同变质程度煤中微纳米尺度孔隙发育特征

为更好地表征煤中微纳米尺度孔隙发育特征,采用低温氮气吸附试验和高压压汞试验对煤中孔隙进行测定。低温氮气吸附试验借助 ASAP 2020M 型全自动比表面积及物理吸附分析仪［图 4-36(a)］测定，并结合 BJH 算法计算煤样孔体积、孔比表面积和孔径分布特征。BJH 法是基于圆筒孔模型和开尔文方程应用的一种经典的孔隙表征方法(Barrett et al.，1951)。该实验所测孔径范围为 0.35~500nm，实验参照 GB/T 21650.2—2008/ISO 15901-2：2006 进行。高压压汞实验借助 AUTOPORE 9505 压汞仪［图 4-36(b)］进行，该仪器有 2 个高压站和 4 个低压站，其加压范围为 0~228.00MPa，测试孔径范围 5.5nm~360μm。实验参照 GB/T 21650.1—2008/ISO 15901-1：2005 进行。

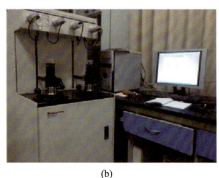

图 4-36　实验仪器

(a) ASAP 2020M-ASAP 2020Micropore System 型全自动快速比表面积及物理吸附分析仪，美国 Micromeritics；
(b) AUTOPORE 9505 压汞仪，美国 Micromeritics

1. 孔体积分布特征

由表 4-9 可知，10 个煤样不同孔径段孔体积之间存在一定的差异，过渡孔孔体积变化范围为 $1.303\times10^{-3}$~$11.851\times10^{-3}$cm$^3$/g，平均值为 $3.715\times10^{-3}$cm$^3$/g；中孔孔体积变化范围为 $0.964\times10^{-3}$~$5.634\times10^{-3}$cm$^3$/g，平均值为 $2.405\times10^{-3}$cm$^3$/g；大孔孔体积变化范围为 $11.149\times10^{-3}$~$37.800\times10^{-3}$cm$^3$/g，平均值为 $25.227\times10^{-3}$cm$^3$/g；总孔体积变化范围为 $24.231\times10^{-3}$~$41.394\times10^{-3}$cm$^3$/g，平均值为 $31.346\times10^{-3}$cm$^3$/g。过渡孔孔体积占总孔体积比值的变化范围为 3.79%~32.46%，平均值为 12.28%；中孔孔体积占总孔体积比值的变化范围为 2.93%~23.02%，平均值为 8.29%；大孔孔体积占总孔体积比值的变化范围为 45.54%~91.32%，平均值为 79.43%。由此可见，煤中孔隙体积主要由大孔提供，其次是过渡孔，中孔占比最小，大孔构成了煤的主要渗流空间。

表 4-9　联合实验不同孔径孔体积分布特征

| 样品编号 | 总孔体积/($10^{-3}$cm$^3$/g) | 不同孔径孔体积分布 | | | | | |
|---|---|---|---|---|---|---|---|
| | | 2~100nm | | 100~1000nm | | >1000nm | |
| | | $V$/($10^{-3}$cm$^3$/g) | $\alpha$/% | $V$/($10^{-3}$cm$^3$/g) | $\alpha$/% | $V$/($10^{-3}$cm$^3$/g) | $\alpha$/% |
| FKQ | 28.164 | 2.456 | 8.72 | 3.485 | 12.37 | 22.223 | 78.91 |
| BD | 24.479 | 7.696 | 31.44 | 5.634 | 23.02 | 11.149 | 45.54 |
| SJZ | 30.629 | 1.303 | 4.26 | 2.077 | 6.78 | 27.249 | 88.96 |
| HB01 | 24.231 | 3.485 | 14.38 | 1.895 | 7.82 | 18.851 | 77.80 |

续表

| 样品编号 | 总孔体积 /($10^{-3}$cm³/g) | 不同孔径孔体积分布 | | | | | |
|---|---|---|---|---|---|---|---|
| | | 2~100nm | | 100~1000nm | | >1000nm | |
| | | V/($10^{-3}$cm³/g) | α/% | V/($10^{-3}$cm³/g) | α/% | V/($10^{-3}$cm³/g) | α/% |
| HB02 | 29.402 | 2.094 | 7.12 | 3.234 | 11.00 | 24.074 | 81.88 |
| DC | 36.304 | 1.477 | 4.07 | 1.853 | 5.10 | 32.974 | 90.83 |
| ZZ | 29.491 | 2.028 | 6.88 | 1.639 | 5.56 | 25.824 | 87.56 |
| SH01 | 41.394 | 1.568 | 3.79 | 2.026 | 4.90 | 37.800 | 91.32 |
| SH02 | 32.851 | 3.187 | 9.70 | 0.964 | 2.93 | 28.700 | 87.36 |
| FH | 36.514 | 11.851 | 32.46 | 1.239 | 3.39 | 23.424 | 64.15 |

注：$V$为孔体积；$α$为孔体积占比因数据四舍五入，不同孔径体积占比不一定是100%。

### 2. 孔比表面积分布特征

与孔体积分布特征相似，10个煤样不同孔径段孔比表面积之间亦存在一定的差异。由表4-10可知，过渡孔孔比表面积变化范围为0.145~10.131m²/g，平均值为1.518m²/g；中孔孔比表面积变化范围为0.021~0.122m²/g，平均值为0.045m²/g；大孔孔比表面积变化范围为0.002~0.006m²/g，平均值为0.003m²/g；总孔比表面积变化范围为0.182~10.154m²/g，平均值为1.566m²/g。过渡孔孔比表面积占总孔比表面积比值的变化范围为72.07%~99.78%，平均值为88.29%；中孔孔比表面积占总孔比表面积比值的变化范围为0.20%~25.19%，平均值为10.74%；大孔孔比表面积占总孔比表面积比值的变化范围为0.02%~2.74%，平均值为0.97%。与煤中孔隙体积分布有所不同，煤中孔比表面积主要由过渡孔提供，而大孔占比最小，过渡孔构成了煤中的主要吸附空间。

表4-10 联合实验不同孔径孔比表面积分布特征

| 样品编号 | 总孔比表面积 /(m²/g) | 不同孔径孔比表面积分布 | | | | | |
|---|---|---|---|---|---|---|---|
| | | 2~100nm | | 100~1000nm | | >1000nm | |
| | | S/(m²/g) | β/% | S/(m²/g) | β/% | S/(m²/g) | β/% |
| FKQ | 0.237 | 0.171 | 72.07 | 0.060 | 25.19 | 0.006 | 2.74 |
| BD | 2.190 | 2.065 | 94.27 | 0.122 | 5.58 | 0.003 | 0.15 |
| SJZ | 0.246 | 0.207 | 84.01 | 0.035 | 14.27 | 0.004 | 1.72 |
| HB01 | 0.800 | 0.764 | 95.50 | 0.033 | 4.12 | 0.003 | 0.37 |
| HB02 | 0.353 | 0.298 | 84.26 | 0.051 | 14.47 | 0.004 | 1.27 |
| DC | 0.182 | 0.145 | 79.44 | 0.035 | 19.32 | 0.002 | 1.23 |
| ZZ | 0.299 | 0.266 | 88.86 | 0.030 | 10.14 | 0.003 | 1.00 |
| SH01 | 0.317 | 0.277 | 87.51 | 0.037 | 11.54 | 0.003 | 0.95 |
| SH02 | 0.880 | 0.856 | 97.23 | 0.022 | 2.54 | 0.002 | 0.23 |
| FH | 10.154 | 10.131 | 99.78 | 0.021 | 0.20 | 0.002 | 0.02 |

注：$S$为孔比表面积；$β$为孔比表面积占比因数据四舍五入，不同孔径表面积占比之和不一定是100%。

3. 孔径分布特征

采用微分孔体积对孔径的形式，绘制如图 4-37 所示的煤样联合实验孔径分布图。由图 4-37 可知，所选煤样在过渡孔(2～100nm)阶段的孔径分布起伏变化较大，且均出现一个半边左峰和一个右峰，半边左峰主要分布在孔径 2nm 附近，右峰主要分布在孔径 50nm 附近，这分别对应于两个实验的孔径分析下限。右峰值分布范围为 $0.0165×10^{-3}$～$0.0902×10^{-3} cm^3/(nm·g)$，其中低煤级烟煤 FKQ 的 $R_{o,max}$ 值最小，无烟煤 FH 的 $R_{o,max}$ 值最大。此外，与过渡孔(2～100nm)相比，中孔(100～1000nm)和大孔(>1000nm)的孔体积起伏变化较为平缓，其值趋近于 0。结合表 4-9 可以看出，中孔(100～1000nm)和大孔(>1000nm)占据了煤样孔隙主要空间，但这两个孔径段煤样孔体积分布却较为均匀。

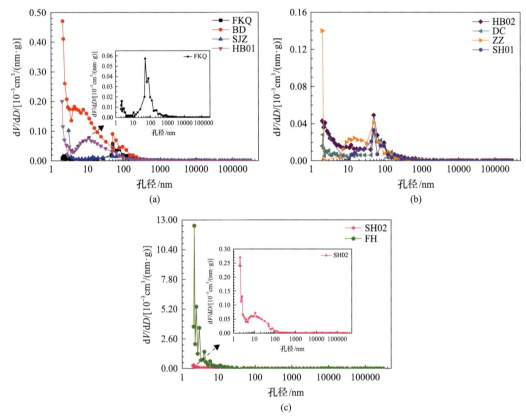

图 4-37 煤样联合实验孔径分布图

(a)煤样 FKQ、BD、SJZ、HB01 的孔径分布，另外对煤样 FKQ 放大观察；(b)煤样 HB02、DC、ZZ、SH01 的孔径分布；
(c)煤样 SH02、FH 的孔径分布，另外对煤样 SH02 放大观察

4. 煤孔隙分形特征

分形理论是由 Mandelbrot 为表征复杂图形和复杂过程于 1975 年提出的(Mandelbrot and Wheeler, 1983)，至今已被广泛应用于煤孔隙结构的相关研究中(Cai et al., 2014; Wang et al., 2014)。根据以往研究，采用不同的孔隙测定方法和不同的分形模型往往可以得出不同的孔隙分形特征，尽管这些分形维数均可以在一定程度上反映煤孔隙结构的

复杂程度。本节主要结合低温液氮吸附实验和高压压汞实验测试数据，采用其各自的分形模型进行孔隙分形维数计算。

1）基于低温氮气吸附实验的孔隙分形维数特征

基于低温氮气吸附实验数据，采用经典的 Frenkel-Halsey-Hill（FHH）模型进行孔隙分形计算（Pfeifer et al., 1989；Liang et al., 2015；Hu et al., 2016）。FHH 模型的计算公式如下：

$$\ln \frac{V}{V_m} = A \ln \left( \ln \frac{P}{P_0} \right) + C \tag{4-14}$$

式中，$P$ 为平衡压力，MPa；$P_0$ 为气体吸附的饱和蒸汽压力；$V$ 为平衡压力 $P$ 下的吸附气体体积，$cm^3/g$；$V_m$ 为单分子层吸附气体的体积，$cm^3/g$；$C$ 为常量；$A$ 为与孔隙分形维数（$D$）相关的参数。分形维数（$D$）可通过 $\ln V$ 和 $\ln[\ln(P/P_0)]$ 曲线的斜率求得，且有两种不同的表达式[式（4-15）和式（4-16）]：

$$D_1 = 3A + 3 \tag{4-15}$$

$$D_2 = A + 3 \tag{4-16}$$

式中，$D_1$ 为低温液氮吸附实验早期的孔隙分形维数，此时固气相控制着吸附过程，范德瓦耳斯力是主要作用力；$D_2$ 为在低温氮气吸附实验后期，毛细管中发生凝聚现象时孔隙的分形维数，此时气液表面张力起主导作用。然而，范德瓦耳斯力和气液表面张力分别是两种极限情况下的作用力，一般情况下，煤对气体的吸附是两种吸附力综合作用的结果，至于在气体吸附过程中哪种作用力起主导作用，可根据式（4-17）中的 $\alpha$ 值判定：

$$\alpha = 3(1+A) - 2 \tag{4-17}$$

当 $\alpha \leq 0$ 时，毛细凝聚作用对气体吸附的影响较大；当 $\alpha > 0$ 时，范德瓦耳斯力起主导作用，毛细凝聚作用对气体吸附的影响则可忽略（Ismail and Pfeifer, 1994；Sun et al., 2015；Peng et al., 2017）。

采用低温氮气吸附实验对 2～50nm 的孔隙进行研究，通过对相对压力（$P/P_0$）为 0.5～1 的数据进行 FHH 分形理论分析，绘制如图 4-38 所示的 $\ln[\ln(P/P_0)]$ 与 $\ln V$ 的分布散点图。通过对散点图进行线性拟合可求出煤样孔隙的分形维数 $D_2$，煤样孔隙的分形维数如表 4-11 所示。

由图 4-38 可以看出，$\ln[\ln(P/P_0)]$ 与 $\ln V$ 之间具有较好的线性关系，相关系数 $R^2$ 的值可达 0.894～1，平均值为 0.967，其中低煤级烟煤 FKQ（$R_{o,max}$=0.57%）的相关系数最小，无烟煤 FH（$R_{o,max}$=3.77%）的相关系数最大。根据表 4-11 可知，煤样的 $\alpha$ 值普遍小于 0[无烟煤 FH（$R_{o,max}$=3.77%）除外]，表明在相对压力（$P/P_0$）为 0.5～1 的范围内，毛细管内确实发生了毛细凝聚现象且此时毛细凝聚作用对气体吸附的影响较大。无烟煤 FH 的 $\alpha$ 值为 0.421，表明该煤样在 $P/P_0$ 为 0.5～1 范围内包含两个吸附过程，且以固气相吸附过程（范德瓦耳斯力）为主。煤样 $D_2$ 的分布范围为 2.329～2.807，平均值为 2.482，分形拟合效果良好，显然分形维数 $D_2$ 与煤的孔隙结构特征有着极为密切的关系。

表 4-11 煤样的分形分维值

| 样品编号 | 低温液氮吸附实验($P/P_0$=0.5~1) | | | | 高压压汞实验 | | |
|---|---|---|---|---|---|---|---|
| | $A$ | $\alpha$ | $D_2$ | $R_1^2$ | $A$ | $D_3$ | $R_2^2$ |
| FKQ | −0.638 | −0.914 | 2.362 | 0.894 | −1.170 | 2.830 | 0.951 |
| BD | −0.458 | −0.375 | 2.542 | 0.999 | −1.008 | 2.992 | 0.918 |
| SJZ | −0.671 | −1.013 | 2.329 | 0.963 | −1.327 | 2.673 | 0.95 |
| HB01 | −0.463 | −0.388 | 2.537 | 0.992 | −1.260 | 2.74 | 0.943 |
| HB02 | −0.616 | −0.847 | 2.384 | 0.983 | −1.235 | 2.765 | 0.943 |
| DC | −0.621 | −0.862 | 2.379 | 0.966 | −1.324 | 2.676 | 0.933 |
| ZZ | −0.492 | −0.476 | 2.508 | 0.965 | −1.343 | 2.657 | 0.936 |
| SH01 | −0.606 | −0.817 | 2.394 | 0.924 | −1.365 | 2.635 | 0.931 |
| SH02 | −0.426 | −0.278 | 2.574 | 0.984 | −1.381 | 2.619 | 0.938 |
| FH | −0.193 | 0.421 | 2.807 | 1.000 | −1.344 | 2.656 | 0.942 |

注：$R_1^2$ 为低温氮气吸附实验分形相关系数；$R_2^2$ 为高压压汞实验分形相关系数。

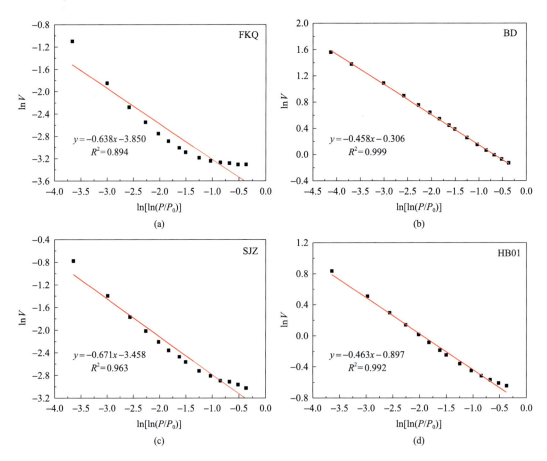

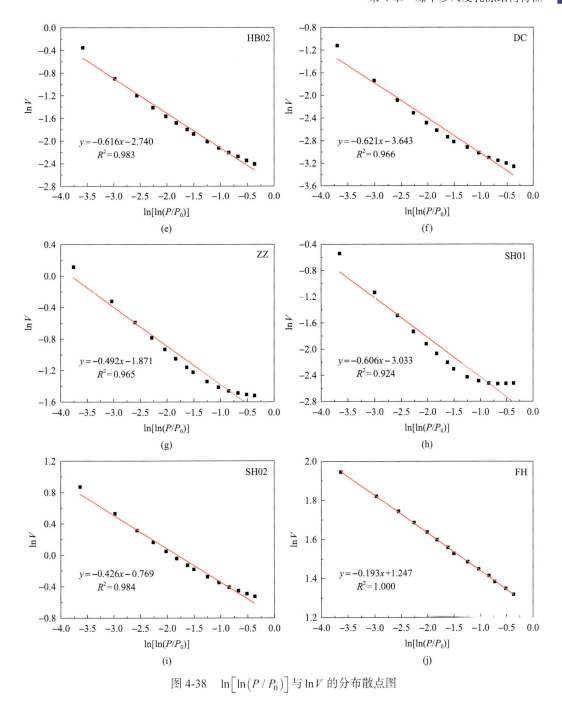

图 4-38 $\ln[\ln(P/P_0)]$ 与 $\ln V$ 的分布散点图

2) 基于高压压汞实验的孔隙分形特征

基于高压压汞实验,本节采用 Friesen 等引入的 Menger 海绵模型(Friesen and Mikula,1987)对高压压汞实验数据进行分形计算。该模型假设孔隙均为圆锥孔,则每个孔隙的体积为

$$V_0 = \frac{4}{3}\pi r_0^3 \qquad (4\text{-}18)$$

根据分形理论,用半径为 $r$ 的小球填充煤的孔隙体积 $V$,则所需的小球个数 $N$ 与小球半径间存在以下关系:

$$N = k_0 r^{-D} \qquad (4\text{-}19)$$

由式(4-18)和式(4-19)得到的煤样孔隙体积为

$$V = k_1 r^{3-D} \qquad (4\text{-}20)$$

对式(4-20)两边同时取导数可得

$$\frac{dV}{dr} = k_1 r^{2-D} \qquad (4\text{-}21)$$

结合表述压力与孔径关系的 Washburn 方程[式(3-6)],经过处理可得

$$\frac{dV}{dP} = k_2 P^{D-4} \qquad (4\text{-}22)$$

同时对式(4-22)两边取对数得

$$\lg \frac{dV}{dP} = \lg k_2 + (D-4)\lg P \qquad (4\text{-}23)$$

令 $y=\lg(dV/dP)$、$x=\lg P$,则式(4-23)可转化为式(4-24):

$$y = (D-4)x + A \qquad (4\text{-}24)$$

从而可得

$$D = k + 4 \qquad (4\text{-}25)$$

式中,$D$ 为分形维数;$k$ 为拟合直线的斜率。

根据上述公式对 10 个煤样的高压压汞实验数据(孔径大于 50nm)进行分析并绘制 $\lg P$ 与 $\lg(dV/dP)$ 的散点分布图(图 4-39);通过对散点图进行线性拟合可求出煤样孔隙的分形维数 $D_3$,煤样的分形维数分布如表 4-11 所示。

从图 4-39 可以看出,$\lg P$ 与 $\lg(dV/dP)$ 间具有较好的线性关系,其相关系数 $R^2$ 的分布范围为 0.918~0.951,平均值为 0.939。其中低煤级烟煤 BD($R_{o,max}$=0.75%)的 $R^2$ 最小;低煤级烟煤 FKQ($R_{o,max}$=0.57%)的 $R^2$ 值最大。根据表 4-11 可知,$D_3$ 的分布范围为 2.619~2.992,平均值为 2.724,其中低煤级烟煤 BD($R_{o,max}$=0.75%)的 $D_3$ 值最大,无烟煤 SH02($R_{o,max}$=2.8%)的 $D_3$ 值最小。显然,不同煤级的孔隙分形维数均具有良好的拟合关系,在低煤级烟煤($R_{o,max}$=0.57%)到无烟煤($R_{o,max}$=3.77%)阶段,分维数 $D_3$ 可以较好地反

映孔径大于 50nm 孔隙的复杂程度。

#### 4.2.1.3 煤中微纳米尺度孔隙结构特征与变质程度的关系

1. 煤孔体积与变质程度的关系

基于低温氮气吸附与高压压汞联合实验所测的煤样不同孔径段孔隙体积，建立其与煤样 $R_{o,max}$ 之间的关系，绘制如图 4-40 所示的关系图。由图可以看出过渡孔[图 4-40(a)]、

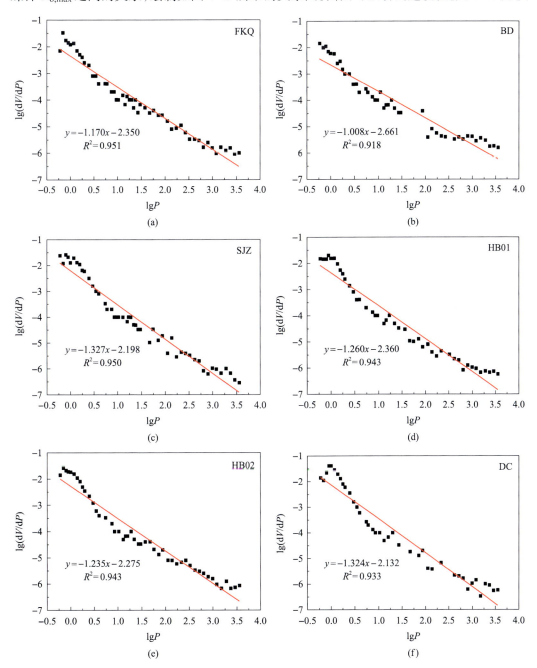

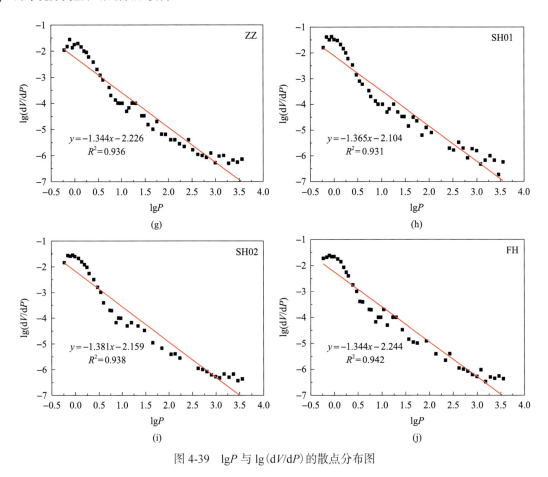

图 4-39 $\lg P$ 与 $\lg(dV/dP)$ 的散点分布图

中孔[图 4-40(b)]孔体积变化与 $R_{o,max}$ 具有较好的二项式拟合关系，相关系数 $R^2$ 分别为 0.66 和 0.48；大孔[图 4-40(c)]、总孔[图 4-40(d)]孔体积变化与 $R_{o,max}$ 的二项式拟合关系相对较差，相关系数 $R^2$ 分别为 0.26 和 0.30。结合二项式拟合的相关系数 $R^2$ 来看，变质作用对过渡孔和中孔的孔体积影响较大，而对大孔和总孔的孔体积影响较小。随变质程度的增强，过渡孔孔体积呈先减小后增大的趋势，且在 $R_{o,max}=1.8\%$ 左右达到最小值；中孔孔体积整体呈减小的趋势；大孔孔体积变化趋势则与过渡孔相反，在 $R_{o,max}=2.5\%$ 左右达到最大值；总孔体积变化趋势与中孔相反，随变质程度的增强整体呈增大趋势。

2. 煤孔比表面积与变质程度的关系

同样地，基于低温氮气吸附与高压压汞联合实验建立煤样不同孔径段孔比表面积与煤样 $R_{o,max}$ 的关系，绘制图 4-41。由图可以看出过渡孔[图 4-41(a)]、总孔[图 4-41(d)]孔比表面积变化与 $R_{o,max}$ 具有较好的二项式拟合关系，相关系数 $R^2$ 均为 0.85；中孔[图 4-41(b)]、大孔[图 4-41(c)]孔比表面积与 $R_{o,max}$ 的二项式拟合关系相对较差，相关系数 $R^2$ 分别为 0.38 和 0.42。结合二项式拟合的相关系数 $R^2$ 来看，变质作用对过渡孔和总孔的孔比表面积变化影响较大，而对中孔和大孔的孔比表面积变化影响较小。随

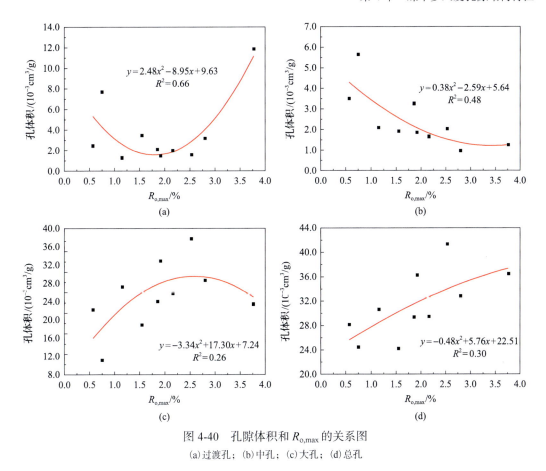

图 4-40 孔隙体积和 $R_{o,max}$ 的关系图
(a)过渡孔；(b)中孔；(c)大孔；(d)总孔

着变质程度的增强，过渡孔和总孔的孔比表面积均呈先减小后增大的趋势，且在 $R_{o,max}=1.8\%$ 左右达到最小值；中孔和大孔孔比表面积随变质程度增强整体均呈减小趋势。过渡孔及总孔比表面积的变化趋势高度一致，这也进一步说明煤中总孔比表面积主要由过渡孔提供。

综合所述，煤中孔隙结构的变化与煤中大分子结构的变化和成煤作用密切相关。煤的基本结构单元(BSU)是以芳香环、氢化芳香环、脂环和杂环为核心，周围衔接侧链、桥键和官能团等的芳香体系。一般认为，BSU 在二维平面上表现为芳香层，在三维空间中则构成芳香网络结构，在大分子和侧链之间往往存在大量的原生孔，孔径以过渡孔(2～100nm)为主。在低煤级烟煤阶段，由于煤的埋深比较浅，温度低，上覆岩层压力小，导致煤整体结构较疏松，煤中同时存在大量大孔和中孔。随着煤层埋深的增加，温度逐渐升高，上覆岩层压力也增大，高温高压作用使得从低煤级烟煤到高煤级烟煤阶段过渡孔和中孔体积逐渐变小，同时，煤孔比表面积也相应发生变化。随着煤化作用的进一步增强(无烟煤阶段)，异常的高温作用使大分子的脂环和侧链快速热解和断裂，大量的气孔形成，同时芳香体系的芳构化和缩合程度不断提高，煤中原有的大孔和中孔在压力作用下受挤压而变小，因此无烟煤阶段过渡孔孔体积及孔比表面积都比较高。煤的基质孔隙决定煤的吸附能力，煤孔体积和孔比表面积随变质程度的这种变化趋势在一定程度上也

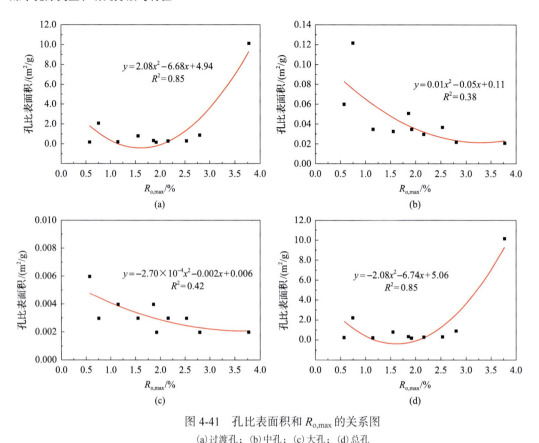

图 4-41 孔比表面积和 $R_{o,max}$ 的关系图
(a)过渡孔；(b)中孔；(c)大孔；(d)总孔

反映了煤吸附甲烷能力随变质程度的变化。

3. 煤孔隙分形维数与变质程度的关系

基于低温氮气吸附实验数据对孔径 2~50nm 的孔隙进行分形研究，发现分形维数 $D_2$ 与煤的孔隙结构特征之间存在极为密切的关系。建立分形维数 $D_2$(表 4-11)与煤样的 $R_{o,max}$ 的关系并绘制图 4-42(a)。由图 4-42(a)可以看出，$D_2$ 与 $R_{o,max}$ 具有较好的二项式拟合关系，相关系数 $R^2$ 为 0.58。随着变质程度的增强，分形维数 $D_2$ 呈先减小后增大的变化趋势，且在 $R_{o,max}$=1.8%时值最小，显然，这与该孔径段孔体积及孔比表面积随煤级的变化趋势一致。此外，分形维数在一定程度上反映了煤样孔隙结构的复杂程度，无烟煤 FH($R_{o,max}$=3.77%)的 $D_2$ 值为 2.807，表明该煤样孔隙结构最为复杂。

同样地，基于高压压汞实验数据对孔径大于 50nm 的孔隙进行分形研究，发现孔隙分形维数 $D_3$ 与煤的孔隙结构特征同样存在极为密切的关系。绘制分形维数 $D_3$(表 4-11)与煤样 $R_{o,max}$ 之间的关系图[图 4-42(b)]。由图 4-42(b)可以发现，$D_3$ 与 $R_{o,max}$ 具有较好的二项式拟合关系，相关系数 $R^2$ 为 0.55。$D_3$ 随煤样变质程度的增强整体呈减小趋势，且低煤级烟煤 BD($R_{o,max}$=0.75%)的 $D_3$ 值最大。此外，考虑到分形维数值的大小反映了孔隙结构的复杂程度，显然，从低煤级烟煤到无烟煤阶段，煤样该孔径段孔隙复杂程度逐渐变小，孔隙表面逐渐变得光滑。

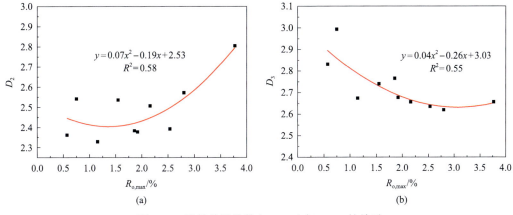

图 4-42 孔隙分形维数($D_2$、$D_3$)与 $R_{o,max}$ 的关系

### 4.2.2 恒速压汞孔隙结构特征

如图 4-43 所示,恒速压汞曲线由三部分组成:总毛细管压力曲线、喉道压力曲线和孔隙压力曲线。压汞曲线形态一定程度上反映了煤样孔喉结构特征。对比 5 个不同变质程度煤样压汞曲线可将样品划分为两类。煤样 FKQ 单独属于一类,总进汞量在进汞早期主要受孔隙控制,随压力增加逐渐受喉道控制[图 4-43(a)]。煤样 FKQ 的驱替压力为 12.31psi(表 4-12),随着压力增加喉道进汞量始终增加,而孔隙进汞量仅对应较窄的压力范围。这说明恒速压汞反映的孔隙体主要受数量很少的大喉道控制。煤样 SJZ、HB02、DC、SH01 属于另一类,煤样的驱替压力均大于 12.31psi(表 4-12),随着压力增加,总进汞曲线和喉道进汞曲线始终保持一致[图 4-43(b)~(e)],孔隙进汞量相对较小且对应较窄的压力范围,说明该类样品中含有较少的孔隙体。

由表 4-12 可知,煤样总进汞饱和度分布范围为 17.93%~53.86%,平均值为 34.18%;喉道进汞饱和度分布范围为 16.99%~47.92%,平均值为 28.72%;孔隙进汞饱和度分布范围为 0.21%~19.98%,平均值为 5.46%。结合图 4-43 可以清晰看出,煤样总进汞饱和度相对较低,主要是受实验仪器最大进汞压力 6.2MPa(900psi)限制。另外,喉道进汞饱和度占据总进汞饱和度的百分比较大,这说明煤样中喉道较为发育。

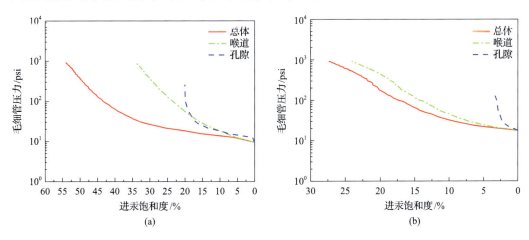

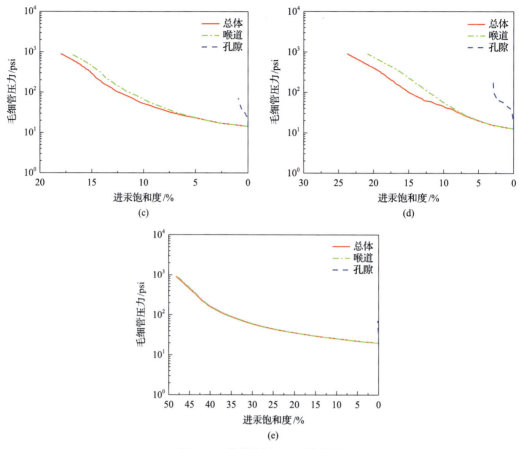

图 4-43 煤样的恒速压汞曲线图
(a) FKQ；(b) SJZ；(c) HB02；(d) DC；(e) SH01

表 4-12 煤样的恒速压汞曲线参数

| 煤样编号 | 总进汞饱和度/% | 喉道进汞饱和度/% | 孔隙进汞饱和度/% | 驱替压力/psia | 最大连通喉道半径/μm | 喉道平均半径/μm | 孔隙半径均值/μm | 孔喉比平均值 |
|---|---|---|---|---|---|---|---|---|
| FKQ | 53.86 | 33.88 | 19.98 | 12.31 | 8.66 | 4.69 | 159.48 | 34.00 |
| SJZ | 27.28 | 24.01 | 3.27 | 20.68 | 5.17 | 2.95 | 161.93 | 54.89 |
| HB02 | 17.93 | 16.99 | 0.94 | 17.30 | 6.16 | 3.15 | 199.33 | 63.28 |
| DC | 23.71 | 20.81 | 2.90 | 15.68 | 6.80 | 3.97 | 171.80 | 43.27 |
| SH01 | 48.13 | 47.92 | 0.21 | 22.72 | 4.69 | 3.29 | 210.00 | 63.83 |

注：孔喉比为孔隙和喉道半径之比。

#### 4.2.2.1 孔喉分布与孔喉比

根据恒速压汞实验数据绘制煤样的孔隙半径、喉道半径、孔喉比分布图（图 4-44）。由图 4-44(a) 可知，煤样孔隙半径整体呈正态分布，其主要分布范围为 100～300μm，不同煤样之间孔隙半径峰值分布存在一定差异，且随着变质程度增强最大分布频率对应的孔隙半径值最大。这也说明随着变质程度的增强,受喉道控制的孔隙分布在逐渐变少,孔隙复杂程度逐渐减弱,这与"5.3.4 煤样孔隙分形特征"结果一致。孔隙半径均值分布范围为 159.48～210μm(表 4-12)。由图 4-44(b)和表 4-12 可以看出,喉道半径分布范围主要为 0.72～8.66μm,喉道半径均值范围 2.95～4.69μm;喉道半径亦整体呈现正态分布,且不同煤样之间喉道半径分布差别较大。低煤级烟煤 FKQ($R_{o,max}$=0.57%)的喉道半径分布范围较其他煤样最宽,最大连通喉道半径及喉道半径均值均最大;无烟煤 SH01($R_{o,max}$=2.53%)的喉道半径分布范围最窄,且最大连通喉道半径最小。孔隙和喉道半径之间的差异变化导致煤样具有不同的孔喉比分布。由图 4-44(c)和表 4-12 可知孔喉比分布范围主要为 10～300,均值范围 47.57～93.75。不同煤样之间孔喉比分布差别很大,低煤级烟煤 FKQ($R_{o,max}$=0.57%)和中煤级烟煤 SJZ($R_{o,max}$=1.15%)存在单一主峰,主峰对应孔喉比分别为 30 和 45。其余三个煤样孔喉比分布起伏变化较大,且主峰对应的孔喉比值也较大,且随着变质程度增强最大分布频率对应的孔喉比的值最大。

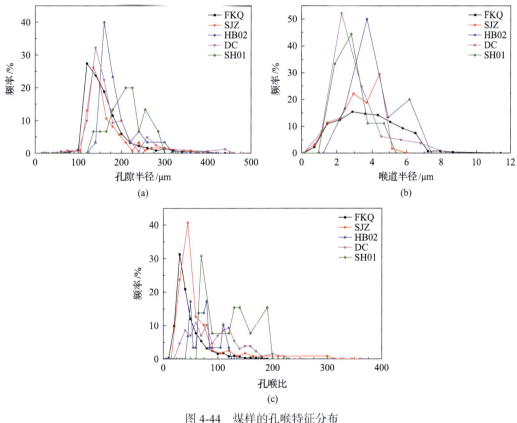

图 4-44 煤样的孔喉特征分布
(a)孔隙半径;(b)喉道半径;(c)孔喉比

#### 4.2.2.2 喉道分形特征

由恒速压汞实验原理可知,喉道半径的计算符合 Washburn 方程。本小节参照高压压汞实验分形方法，采用 Friesen 等引入的 Menger 海绵模型建立 $\lg P$ 与 $\lg(\mathrm{d}V/\mathrm{d}P)$ 的分形关系(图 4-45)，通过拟合直线斜率计算不同煤样喉道半径分形维数(表 4-13)。

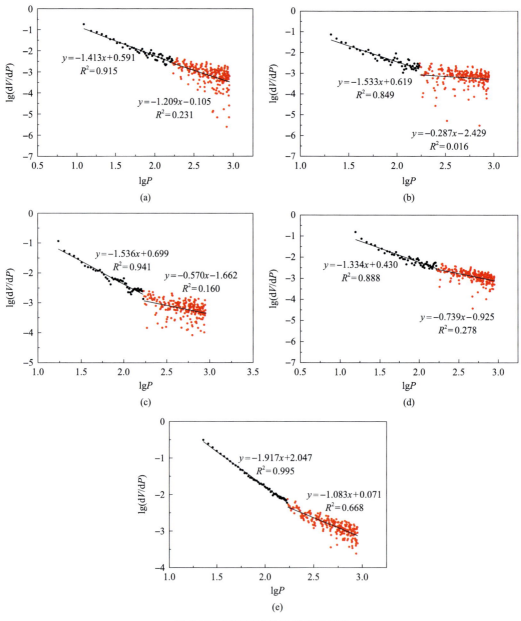

图 4-45　恒速压汞的喉道分形特征
(a) FKQ；(b) SJZ；(c) HB02；(d) DC；(e) SH01

由图 4-45 可以看出，煤样的喉道分形呈两段式，分别对应两个不同的分维值($D_4$、$D_5$)。$D_4$ 对应的 $\lg P$ 与 $\lg(\mathrm{d}V/\mathrm{d}P)$ 具有较好的线性相关关系，相关系数 $R^2$ 值分布范围为 0.849~0.995，平均值为 0.918，其中中煤级烟煤 SJZ($R_{\mathrm{o,max}}$=1.15%)的相关系数最小，无烟煤 SH01($R_{\mathrm{o,max}}$=2.53%)的相关系数最大。$D_5$ 对应的 $\lg P$ 与 $\lg(\mathrm{d}V/\mathrm{d}P)$ 的相关性较差，相

关系数 $R^2$ 的值分布范围为 0.016～0.668，平均值为 0.271，其中中煤级烟煤 SJZ($R_{o,max}$=1.15%)的相关系数最小，无烟煤 SH01($R_{o,max}$=2.53%)的相关系数最大。结合表 4-13 可知，$D_4$ 和 $D_5$ 分界点对应压力为 167psi，对应的喉道半径大于 0.64μm，反映了两个不同喉道半径段的分布情况。$D_4$ 反映的喉道半径大于 0.64μm；$D_5$ 反映的喉道半径为 0.12～0.64μm。

表 4-13 恒速压汞实验不同煤样喉道分形分维值

| 煤样编号 | 斜率 $A_1$ | 与 $A_1$ 对应的分维值和相关系数 | | 分界压力 P/psi | 对应喉道半径 r/μm | 斜率 $A_2$ | 与 $A_2$ 对应的分维值和相关系数 | |
|---|---|---|---|---|---|---|---|---|
| | | $D_4$ | $R^2$ | | | | $D_5$ | $R^2$ |
| FKQ | −1.413 | 2.587 | 0.915 | 167 | 0.64 | −1.209 | 2.791 | 0.231 |
| SJZ | −1.533 | 2.468 | 0.849 | | | −0.287 | 3.713 | 0.016 |
| HB02 | −1.536 | 2.464 | 0.941 | | | −0.570 | 3.430 | 0.160 |
| DC | −1.334 | 2.666 | 0.888 | | | −0.739 | 3.261 | 0.278 |
| SH01 | −1.917 | 2.083 | 0.995 | | | 1.083 | 2.917 | 0.668 |

由表 4-13 可知，$D_4$ 变化范围为 2.083～2.666，平均值为 2.453；$D_5$ 变化范围为 2.791～3.713，平均值为 3.222；$D_4$ 普遍小于 $D_5$。这说明随着喉道半径的增大，煤样喉道结构逐渐变得简单，喉道表面逐渐变得光滑，类型趋向一致，大喉道的普遍发育将有效提高煤岩渗透率。

### 4.2.3 纳米孔隙结构特征

#### 4.2.3.1 煤样的煤岩学特征

1. 煤样采集与实验选择

本节研究对象为不同变质变形煤，同一矿区很难将煤样采集全，所以研究煤样采集于多个矿井。煤样采集过程中尽量做到三个标准：①尽量将所有变质程度煤样采集完全，所采集煤样从褐煤到无烟煤，镜质组反射率为 0.3%～3.8%；②采样尽量在同一煤层进行，所采煤样大都是二₁煤(低变质程度煤除外)；③采集同变质不同变形程度煤样时尽量在同一构造带上布置采样点，且由于采集强构造变形导致煤体破碎严重，采集过程中注意尽量避免混入矸石。煤样采集点分别位于内蒙古神华神东集团人柳塔矿(DLT)、保德矿(BD)、内蒙古白音华露天矿(BYH)、霍林河南露天矿(HLN)，内蒙古同煤鄂尔多斯矿业集团色连矿(SLM)、内蒙古万源露天矿(WY)、乌海包钢万腾矿(WT)、河北峰峰集团申家庄矿(SJZM)、河南平煤八矿(PMBK)、鹤壁四矿(HBM)、郑煤超化矿(CHM)、神火新庄矿(XZM)、山西晋煤凤凰山矿(FH)、寺河矿(SHE 和 SHW)、赵庄矿(ZZM)、山西潞安矿区五阳矿(WYM)、屯留矿(TLM)。

首先测定样品的镜质组反射率和煤岩显微组成，用于确定样品的煤岩学特征，结合煤样的宏观特征观察和扫描电镜实验对煤样进行了变质变形划分；然后进行煤的低温液氮吸附实验，用于测定煤的孔隙结构特征；最后开展甲烷高压等温吸附实验，用于研究煤的吸附特征。

2. 煤的煤岩学特征

煤岩学特征通常是指在肉眼、显微镜和电子显微镜下观察到的煤岩特征及测定的基础参数。用肉眼观察煤是由各种宏观煤岩成分所组成的，这些宏观煤岩成分组合成不同的宏观煤岩类型。通过显微镜观察时，煤由各种显微煤岩组分组成，这些显微煤岩组分组合成不同的显微煤岩类型。不同的宏观煤岩成分和宏观煤岩类型是由不同的显微煤岩类型所组成的。

1) 煤的宏观变形特征与类型划分

在煤样处理过程中，煤样宏观煤岩特征观察是煤样变形特征划分的基本方法。由于不同的构造作用对煤体造成的变形性质以及破坏程度不同，且不同地方不同煤层的结构特征与物理性质也千差万别，所以构造煤的划分很难找到严格的方法。因此，在进行煤岩宏观特征观察时，要认真分析构造变形因素对煤储层的影响，主要包含煤样破碎程度、颗粒大小、颜色光泽等结构与构造特征，以便进行煤岩变形特征的划分。

构造煤一般光泽可从光亮-半亮至暗淡，煤岩成分多被构造作用破碎成碎块状，随变形程度增加，可见碎粒状乃至片状颗粒，甚至粉末状。轻微变形煤样，煤样呈较大碎块状，块体上单组裂隙发育。变形增强，可见裂隙发育增多，多组裂隙相交，煤样碎块变小，甚至有规则状块体。较强变形煤样，煤样块体更小且少见，多种粒度颗粒混合，颗粒形状不规则，呈棱角状。强构造变形煤样，有的煤样颗粒片状发育，片状颗粒呈层叠状，煤体表面滑面发育；有的煤样整体暗淡，煤样原生结构已不可见，团块状块体少见，手捏呈粉末状，糜棱结构发育。根据前人的分类成果(琚宜文等，2004)，结合所采煤样宏观变形特征，宏观上可见如下6种变形煤岩类型。

(1) 原生结构煤。

原生结构煤整体呈较大块体，并呈棱角状、阶梯状断口；光泽较为暗淡，不易破碎；可见原生构造，煤中存在镜煤条带，个别煤样镜煤条带中存在被白色矿物质充填的裂隙。

(2) 碎裂煤。

煤样光泽均较鲜亮，少数颜色暗淡[图4-7(a)]；煤中常见裂隙、节理等构造，较易沿裂隙、节理面破碎，裂隙块体少有相对位移，个别煤样裂隙面可见擦痕和滑面；断口较平整，大都呈棱角状，少数呈阶梯状。可以见到煤的原生结构(通常为条带状和纹理状结构)，煤样可见层状以及块状构造，多为光亮煤或半光亮煤，也可以为暗煤。有些裂隙面上矿物充填。煤质坚硬，用手难以掰开。

(3) 碎斑煤。

煤样光泽鲜亮；煤样表面可见发育两组或多组相交裂隙，表面上易见滑面以及构造擦痕；可见煤的原生结构，煤岩成分多为光亮煤和半亮煤。煤体被破坏呈棱角状，个别煤样易被碎裂为规则小块状，断面较平整[图4-7(b)]。

(4) 碎粒煤。

煤的原生结构已被破坏，煤中块体等进一步破碎，呈现为大小不一的小碎块乃至颗粒，甚至出现大量的粉末，碎块及颗粒多为棱角状，不同粒度的煤颗粒混杂堆积，原生结构不易分清。颗粒表面有构造擦痕和光亮滑面。手拭煤强度较低，碎块易被破碎为更小碎粒或少数可被手捏成粉末[图 4-7(c)、(d)]。

(5)薄片煤。

煤的结构、构造受到很大破坏,光泽较亮。煤样成片状,发育有片状小颗粒,颗粒间发生错动和位移,煤体表面也可见擦痕和滑面。薄片厚度不等,最小可小于 0.1cm,薄片呈叠层状。手拭后煤易被捏成碎粒状。

(6)糜棱煤。

原生结构受到严重破坏,煤样整体光泽比较暗淡,块状煤样较少,通常呈透镜状或团块状,煤样粒径小于大都 1mm,揉皱发育,糜棱结构,团块构造,揉皱镜面发育,煤岩成分难区分。极易搓捏成粉末或粉尘状[图 4-7(e)、(f)]。

本节根据煤样宏观变形特征可分为以上 6 种变形煤,但是 6 种变形类型煤样界限并不是十分严格,如碎裂煤、碎斑煤中亦有较小碎粒存在,碎粒煤中也有碎粉状煤样存在。为了研究方便,将以上 6 不同类型变形煤样划分为 3 种变形程度,分别为原生结构煤、弱变形程度煤(碎裂煤、碎斑煤)、强变形程度煤(薄片煤、碎粒煤、糜棱煤)。

2)扫描电镜下变形煤的微观特征

扫描电镜是观察煤岩显微特征的有效手段,煤样的扫描电镜实验是在河南理工大学生物遗迹与成矿过程省级重点实验室进行的。该扫描电镜是由日本电子株式会社 2006 年推出的,为 JSM-6390LV 钨灯丝数字化扫描电镜。该设备拥有全数字化控制系统、高精度变焦聚光系统、高分辨率、全对中样品台和高灵敏半导体背散射探头。

为了扫描结果的客观与准确,实验样品的处理应尽量克服人为干扰的影响,禁止物品触碰观察面。物品处理后进行真空干燥以及抽气处理;然后对样品进行喷镀金膜操作,增加导电作用,克服煤样导电性不好的问题;最后放入扫描电镜样品室内观察。扫描电镜采用 20kV 电子枪,电子束流 150mA,最终以照相的方式储存下样品的二次电子图像。

对各个煤岩样品进行电镜扫描观察发现,随煤样变质程度的增加,煤体表面显微形态特征发生了很大的变化。低变质程度煤,煤体表面原生孔发育,煤体表面疏松;随变质程度的增加($R_{o,max}>1.0\%$),煤样表面观察到的孔隙逐渐减少,煤质致密性显著增加。变形作用对煤岩显微特征的影响也非常显著,扫描电镜下变形煤表面可见角砾、碎粒,甚至糜棱质发育,个别煤样有摩擦面、脱落膜出现,裂隙发育。总的来说,构造煤变形弱的煤裂隙发育少,局部可见角砾发育;随变形程度的增强,煤样的各种显微组分的破碎显著增加,煤体角砾发育增多,局部可见碎粒发育,强烈的构造变形使角砾转化为碎粒甚至糜棱质,个别煤样发育有脱落膜。扫描电镜观察煤样的显微变质变形特征如下。

(1)原生结构煤。

煤体表面原生结构清晰可见,煤质疏松,原生孔隙发育,可见平行状断口。

(2)碎裂煤。

扫描电镜下观察,碎裂煤局部可见裂隙;如图 4-4(d)中发育有张性裂隙;该类煤体受构造应力作用较轻,裂隙切割煤体并未完全贯通。

(3)碎斑煤。

煤受构造应力作用较强烈,个别煤样原生结构构造已被破坏,发生破碎;裂隙成组出现,局部角砾发育。

(4) 碎粒煤。

扫描电镜下观察，碎粒煤裂隙明显增多，煤中张剪裂隙可见各种组合形态，多呈树枝状、网状且相互连通，煤样破碎间隔较大。煤体表面可见到碎粒发育[图 4-4(c)]，个别煤样中有强摩擦力作用于煤体表面形成的薄膜，该薄膜与煤体部分呈分离状。

(5) 薄片煤。

在扫描电镜下，煤体表面片状颗粒呈定向排列，角砾、碎粒颗粒共生，大颗粒棱角分明，小颗粒磨圆度较好[图 4-5(a)]。

(6) 糜棱煤。

扫描电镜观察，煤体表面外生裂隙发育[图 4-5(c)]，局部摩擦可见摩擦形成的鳞片状结构和不规则糜棱质发育。

3. 煤样变质变形类型划分

本次实验研究煤样变形程度从原生结构煤到碎裂煤、碎斑煤，再到碎粒煤、薄片煤，变形作用明显，为了方便研究，将根据变形程度分为原生结构煤、弱变形煤和强变形煤。弱变形煤包括碎裂煤、碎斑煤。强变形煤包含碎粒煤、薄片煤与糜棱煤。而变质程度从褐煤到无烟煤，镜质组反射率为 0.31%~3.8%，变质作用也很明显，根据变质程度将煤样分为低变质煤 ($R_{o,max}$ 为 0.3%~0.7%)、中变质程度煤 ($R_{o,max}$ 为 1%~2%)、高变质程度煤 ($R_{o,max}$=2%~3.8%)。综合煤变质变形作用，为了更方便研究煤孔隙结构与吸附性能，将根据煤样变质变形煤样分为五类：第一类为低变质原生结构煤，第二类为中变质弱变形煤，第三类中变质程度强变形煤，第四类为高变质弱变形煤，第五类高变质强变形煤。实验煤样变质变形详细划分见表 4-15。

#### 4.2.3.2 煤的纳米级孔隙特征

通过扫描电镜可以直观了解煤体微米级裂隙及孔隙表面形态特征，而扫描电镜只能定性观察煤体表面孔隙形态，而不能有效地表征煤体孔隙对甲烷的吸附与储存能力。目前，常用的定量测定孔隙结构特征的实验方法主要有压汞实验和低温液氮吸附实验。压汞实验的特点是测量速度快，对样品的形状要求不高。但是受到实验仪器的限制，压汞实验实际能测试的孔径范围仅为几十纳米到几微米；低温氮气吸附法测试的煤最小孔径为 1.5nm，最大孔径为 100~150nm，由于纳米级孔隙（<100nm）是煤储层吸附甲烷的主要空间，所以本小节实验选择低温液氮吸附法。

煤储层孔隙是甲烷吸附的主要场所和重要的扩散运移通道，其与煤体吸附性能有着密切的关系。影响煤孔隙特征的因素有很多，主要包括变质程度、构造变形、显微组分、矿物质和煤相等(郝琦，1987；曹代勇等，2002；王生维等，2003；降文萍等，2007)。国内外许多学者采用不同的方法对不同的地区、不同的煤级的原生结构煤与构造煤的孔隙结构特征、吸附性能以及孔隙特征与吸附性能的关系等方面进行了大量的研究。唐书恒等通过对大量煤岩样品的压汞实验和低温氮吸附实验测试结果的分析发现，煤样的压汞孔隙度和低温氮测试的煤比表面积随煤级的升高呈现出高—低—高的变化趋势。周龙刚和吴财芳(2012)对黔西比德-三塘盆地主采煤层煤样的压汞实验结果表明，以 $R_{o,max}$=

2.0%为分界点，孔隙率和孔容随煤变质程度呈现"U"形变化。许多研究表明，构造变形对煤的孔隙特征有重要的改造作用，Ju 等(2005)通过对华北南部构造煤纳米级孔隙结构的低温液氮吸附实验研究发现，不同类型构造煤孔隙结构参数有很大差异。降文萍等(2007)通过淮南煤田 3 个不同矿区不同煤体结构煤样的低温液氮吸附实验发现，随煤体破坏强度增大，比表面积和孔体积的分形维数均增大。构造煤的孔隙特征发生了很大的变化，其吸附性能有着非常大的差异。关于显微组分对孔隙特征影响的研究有很多。也有学者认为镜质组含量高与微孔、小孔的含量具有正相关关系，有学者认为关系不明显(郝琦，1987)。矿物质的充填是影响煤储层大孔、中孔含量的重要因素。

1. 实验原理

当气体分子与固体表面接触时，部分气体分子被吸附在固体表面上，当气体分子足以克服吸附剂表面自由场的位能时即发生脱附，吸附与脱附速度相等时即达到吸附平衡。当温度恒定时，吸附量是相对压力 $P/P_0$ 的函数，吸附量可根据玻意耳-马略特定律计算。测得不同相对力下的吸附量可得到吸附等温线。由吸附等温线可求得比表面积和孔径分布规律。

用 BET 理论模型可以计算出气体单层吸附量，从而计算出样品的表面积。

$$\frac{V}{V_\mathrm{m}} = \frac{\sum_{i=0}^{i \to \infty} iS_i}{\sum_{i=0}^{i \to \infty} S_i} \tag{4-26}$$

$$V = \frac{V_\mathrm{m}CP}{(P_0 - P)\left[1 + (C-1)P/P_0\right]} \tag{4-27}$$

式中，$V$ 为吸附体积；$V_\mathrm{m}$ 为单分子层体积；$i$ 为气体分子层；$S_i$ 为第 $i$ 层气体分子覆盖的面积；$P_0$ 为饱和气体压力；$P$ 为压力；$C$ 为常数。

BJH 法可以计算出孔容、孔径分布和孔比表面积。该方法是在圆筒孔计算通则的基础上，在液膜厚度变化时校正了孔核半径及液膜面积，因此计算结果更接近实际。其计算公式如下：

$$\Delta V_{\mathrm{p}i} = R_i \left( \Delta V_{\mathrm{c}i} - \Delta t_i \sum_{j=1}^{i-1} C_j S_{\mathrm{p}j} \right) \tag{4-28}$$

式中

$$R_i = \left[ (r_{\mathrm{p}i} / r_{\mathrm{k}i}) + \Delta t_i \right]^2 \tag{4-29}$$

$$\Delta t_i = t_i - t_{i-1} \tag{4-30}$$

$$C_i = \frac{\overline{r_{\mathrm{p}i}} - t_i}{\overline{r_{\mathrm{p}i}}} \tag{4-31}$$

其中，$\Delta V_{pi}$为第$i$组毛细孔的孔体积；$\Delta V_{ci}$为第$i$组毛细孔的实测脱附量；$R_i$为半径校正因子；$r_{pi}$为第$i$组毛细孔的半径；$r_{ki}$为第$i$组毛细孔中弯曲界面的半径；$\bar{r}_{pi}$为平均毛细管半径；$t_i$为第$i$组毛细孔液膜厚度；$S_{pj}$为第$j$步的孔壁面积。

### 2. 样品选择与实验

本次研究选择不同变质变形煤有代表性的34个样品进行比表面积和孔径分布实验，所采煤样尽量能代表所取煤样的变形特征。低温液氮吸附实验执行国家标准《气体吸附BET法测定固态物质比表面积》（GB/T 195887—2017），所采用的测试仪器为美国康塔仪器公司生产的Quadrawin SI全自动比表面积及孔径分析仪。检测方法为静态氮吸附容量法，测试流程：将样品称重3.000g，在真空状态下，经过90℃加热1h、300℃加热5h脱气处理后，再将脱气后的试样管称重后安装在分析端上，输入脱气后样品净重，在绝对温度下（液氮中）进行真空吸附，整个吸附、脱附过程由计算机控制，可得到试样的比表面积和孔径分布。

### 3. 孔径划分

孔径划分对孔隙分布特征的研究非常重要，针对性的孔径划分方法可以清晰反映出不同孔径孔隙的分布特征。目前，煤中孔径结构的分类很多，不同作者均从不同视角赋予煤孔径结构以不同的分类。本次实验根据34个煤样的液氮吸附孔径结构分布特征见图4-46～图4-79，分析样品的孔径分布与阶段孔体积的分布规律，并结合前人的研究成果（Sun et al., 2015; Yao and Liu, 2012），将孔径为1.5～100nm的孔径结构进行如表4-14所示分类。

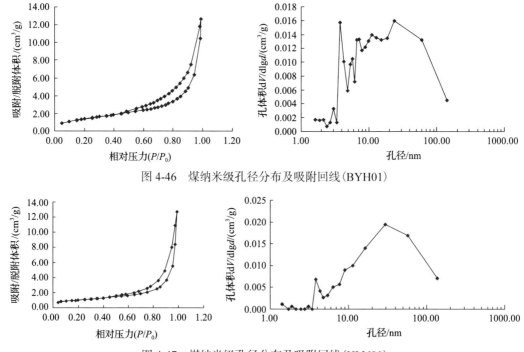

图4-46 煤纳米级孔径分布及吸附回线（BYH01）

图4-47 煤纳米级孔径分布及吸附回线（HLN01）

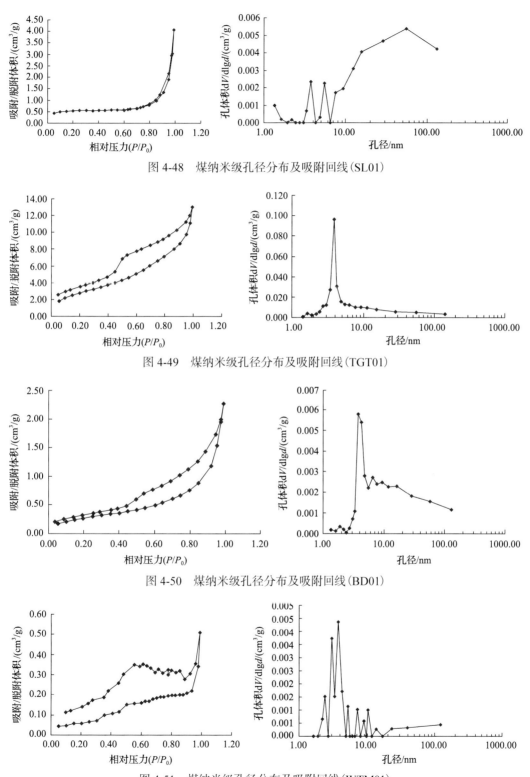

图 4-48　煤纳米级孔径分布及吸附回线(SL01)

图 4-49　煤纳米级孔径分布及吸附回线(TGT01)

图 4-50　煤纳米级孔径分布及吸附回线(BD01)

图 4-51　煤纳米级孔径分布及吸附回线(WTM01)

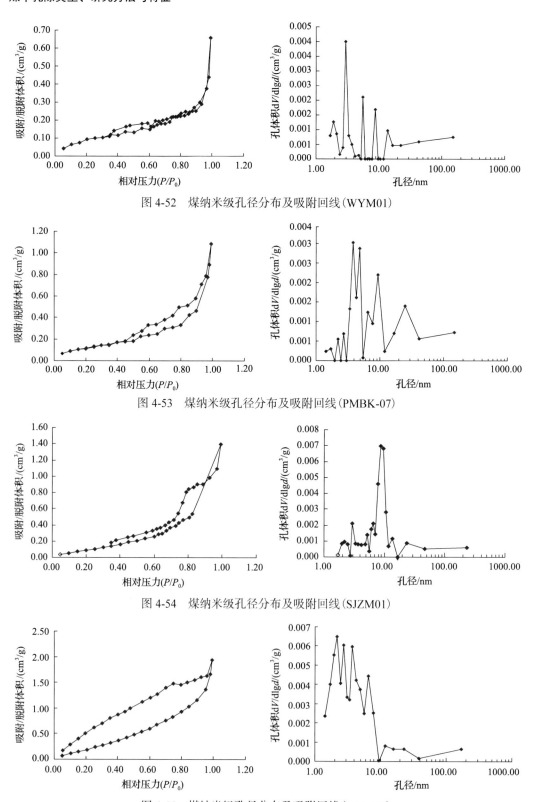

图 4-52　煤纳米级孔径分布及吸附回线（WYM01）

图 4-53　煤纳米级孔径分布及吸附回线（PMBK-07）

图 4-54　煤纳米级孔径分布及吸附回线（SJZM01）

图 4-55　煤纳米级孔径分布及吸附回线（SJZM05）

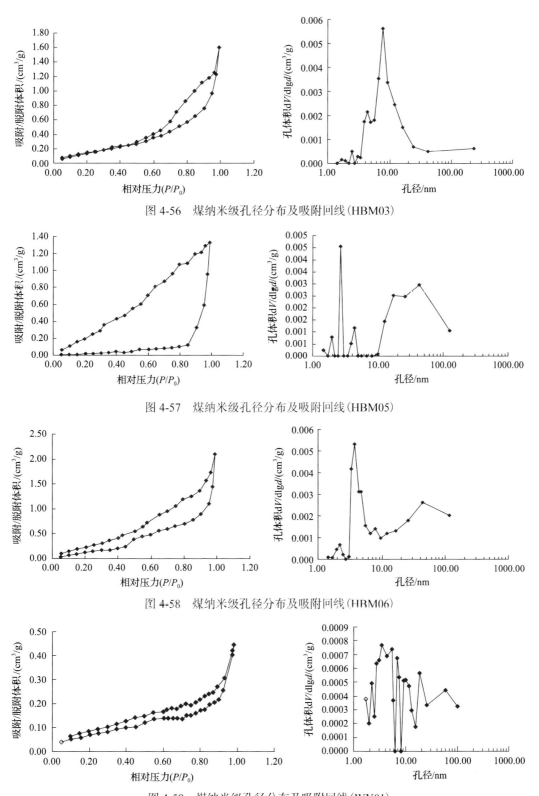

图 4-56 煤纳米级孔径分布及吸附回线(HBM03)

图 4-57 煤纳米级孔径分布及吸附回线(HBM05)

图 4-58 煤纳米级孔径分布及吸附回线(HBM06)

图 4-59 煤纳米级孔径分布及吸附回线(WY01)

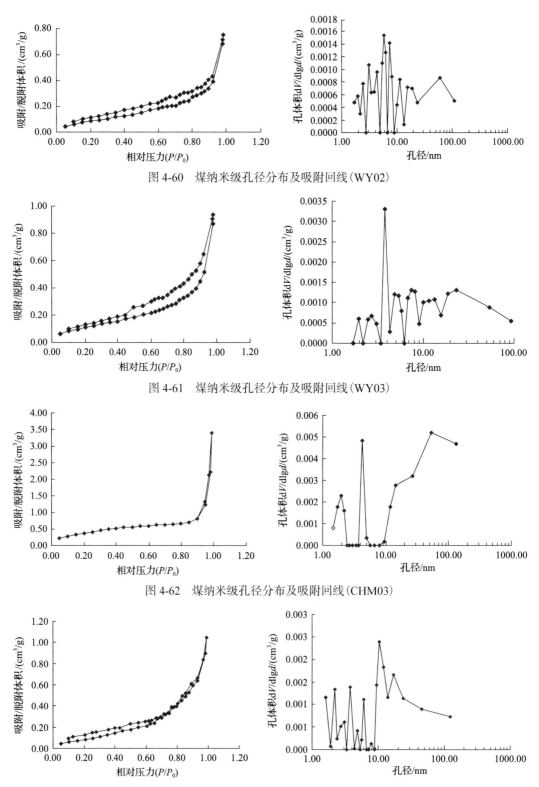

图 4-60　煤纳米级孔径分布及吸附回线（WY02）

图 4-61　煤纳米级孔径分布及吸附回线（WY03）

图 4-62　煤纳米级孔径分布及吸附回线（CHM03）

图 4-63　煤纳米级孔径分布及吸附回线（CHM09）

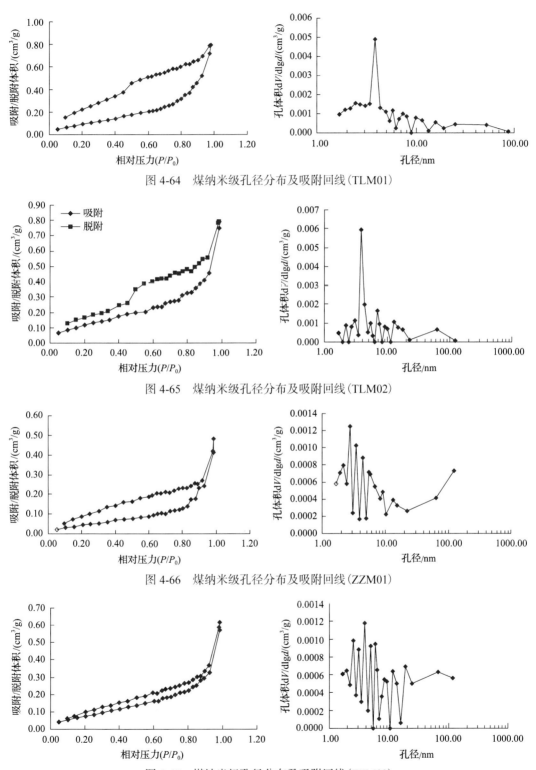

图 4-64 煤纳米级孔径分布及吸附回线(TLM01)

图 4-65 煤纳米级孔径分布及吸附回线(TLM02)

图 4-66 煤纳米级孔径分布及吸附回线(ZZM01)

图 4-67 煤纳米级孔径分布及吸附回线(ZZM02)

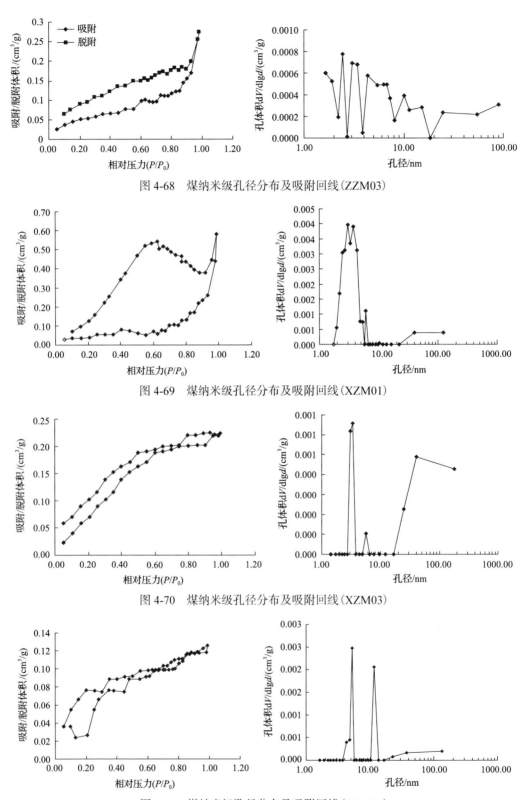

图 4-68　煤纳米级孔径分布及吸附回线（ZZM03）

图 4-69　煤纳米级孔径分布及吸附回线（XZM01）

图 4-70　煤纳米级孔径分布及吸附回线（XZM03）

图 4-71　煤纳米级孔径分布及吸附回线（XZM05）

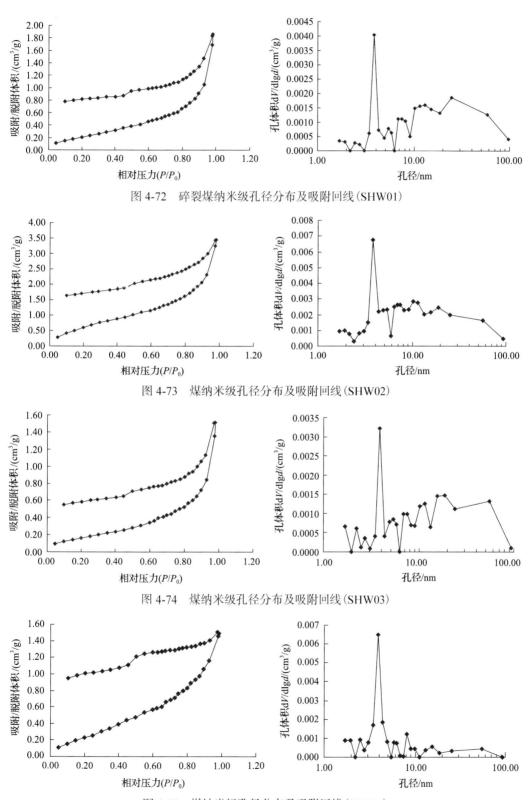

图 4-72 碎裂煤纳米级孔径分布及吸附回线（SHW01）

图 4-73 煤纳米级孔径分布及吸附回线（SHW02）

图 4-74 煤纳米级孔径分布及吸附回线（SHW03）

图 4-75 煤纳米级孔径分布及吸附回线（SHE01）

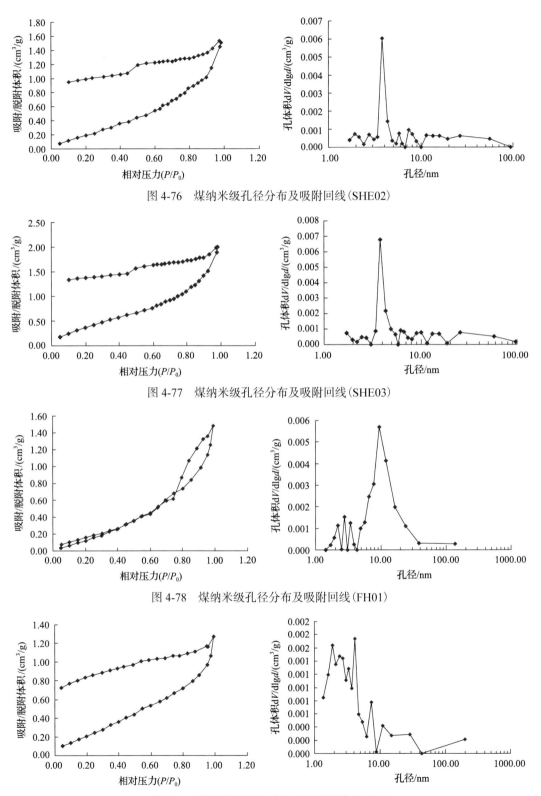

图 4-76 煤纳米级孔径分布及吸附回线(SHE02)

图 4-77 煤纳米级孔径分布及吸附回线(SHE03)

图 4-78 煤纳米级孔径分布及吸附回线(FH01)

图 4-79 煤纳米级孔径分布及吸附回线(FH03)

表 4-14 煤纳米级孔径结构分类

| 孔隙结构类型 | 孔径分类范围/nm |
|---|---|
| 过渡孔 | 10～100 |
| 微孔 | 5～10 |
| 亚微孔 | 1.5～5 |

4. 不同变质变形煤孔隙结构特征

低温液氮吸附实验测试孔体积和比表面积结果分别见表 4-15、表 4-16。

表 4-15 孔体积实验结果表

| 煤类型 | 煤样编号 | 变形类型 | BJH 总孔体积/($10^{-3}cm^3/g$) | | | | BJH 孔体积百分比/% | | |
|---|---|---|---|---|---|---|---|---|---|
| | | | 亚微孔 | 微孔 | 过渡孔 | 总孔 | 亚微孔 | 微孔 | 过渡孔 |
| 低变质原生结构煤 | BYH01 | 原生煤 | 2.13 | 4.39 | 13.6 | 20.1 | 10.60 | 21.84 | 67.66 |
| | HLN01 | 原生煤 | 0.856 | 2.93 | 16 | 19.5 | 4.39 | 15.03 | 82.05 |
| | SL01 | 原生煤 | 0.291 | 0.423 | 5.6 | 6.31 | 4.61 | 6.70 | 88.75 |
| | TGT01 | 原生煤 | 10.6 | 3.1 | 6.8 | 21.3 | 49.77 | 14.55 | 31.92 |
| | BD01 | 原生煤 | 1.01 | 0.88 | 1.79 | 3.68 | 27.45 | 23.91 | 48.64 |
| 中变质强变形煤 | WT01 | 碎裂煤 | 0.583 | 0.117 | 0.41 | 1.11 | 52.52 | 10.54 | 36.94 |
| | WY01 | 碎裂煤 | 0.389 | 0.156 | 0.845 | 1.39 | 27.99 | 11.22 | 60.79 |
| | PMBK07 | 碎粒煤 | 0.544 | 0.375 | 0.981 | 1.9 | 28.63 | 19.74 | 51.63 |
| | SJZM05 | 碎裂煤 | 2.59 | 0.75 | 0.73 | 4.07 | 63.64 | 18.43 | 17.94 |
| | HBM03 | 碎裂煤 | 0.36 | 1.03 | 1.34 | 2.73 | 13.19 | 37.73 | 49.08 |
| | HBM05 | 碎裂煤 | 0.256 | 0.175 | 2.15 | 2.58 | 9.92 | 6.78 | 83.33 |
| | WYM01 | 碎裂煤 | 0.22 | 0.1 | 0.43 | 0.75 | 29.33 | 13.33 | 57.33 |
| | WYM02 | 碎裂煤 | 0.279 | 0.202 | 0.789 | 1.27 | 21.97 | 15.91 | 62.13 |
| | WYM03 | 碎裂煤 | 0.359 | 0.227 | 0.964 | 1.55 | 23.16 | 14.65 | 62.19 |
| | SJZM01 | 碎粒煤 | 0.376 | 1.14 | 0.94 | 2.46 | 15.28 | 46.34 | 38.21 |
| | HBM06 | 碎粒煤 | 0.842 | 0.428 | 2.39 | 3.66 | 23.01 | 11.69 | 65.30 |
| | CHM03 | 糜棱煤 | 0.77 | 0.2 | 4.89 | 5.86 | 13.14 | 3.41 | 83.45 |
| | CHM09 | 碎粒煤 | 0.301 | 0.212 | 1.24 | 1.75 | 17.20 | 12.11 | 70.86 |
| 高变质弱变形煤 | TLM01 | 碎裂煤 | 0.865 | 0.215 | 0.35 | 1.43 | 60.49 | 15.03 | 24.48 |
| | TLM02 | 碎裂煤 | 0.606 | 0.17 | 0.604 | 1.38 | 43.91 | 12.32 | 43.77 |
| | ZZM01 | 碎裂煤 | 0.33 | 0.11 | 0.44 | 0.88 | 37.50 | 12.50 | 50.00 |
| | ZZM02 | 碎裂煤 | 0.342 | 0.12 | 0.608 | 1.07 | 31.96 | 11.21 | 56.82 |
| | ZZM03 | 碎裂煤 | 0.22 | 0.07 | 0.21 | 0.5 | 44.00 | 14.00 | 42.00 |

续表

| 煤类型 | 煤样编号 | 变形类型 | BJH 总孔体积/($10^{-3}$cm³/g) | | | | BJH 孔体积百分比/% | | |
|---|---|---|---|---|---|---|---|---|---|
| | | | 亚微孔 | 微孔 | 过渡孔 | 总孔 | 亚微孔 | 微孔 | 过渡孔 |
| 高变质弱变形煤 | FHM03 | 碎斑煤 | 0.78 | 0.127 | 0.323 | 1.23 | 63.41 | 10.33 | 26.26 |
| | XZM03 | 碎裂煤 | 0.063 | 0.0064 | 0.493 | 0.562 | 11.21 | 1.14 | 87.72 |
| | XZM05 | 碎裂煤 | 0.0487 | 0.0653 | 0.302 | 0.419 | 11.62 | 15.58 | 72.08 |
| | SHW01 | 碎裂煤 | 0.35 | 0.2 | 1.36 | 1.94 | 18.04 | 10.31 | 70.10 |
| | SHW02 | 碎裂煤 | 0.97 | 0.58 | 1.9 | 3.45 | 28.12 | 16.81 | 55.07 |
| | SHW03 | 碎裂煤 | 0.356 | 0.188 | 1.196 | 1.74 | 20.46 | 10.80 | 68.74 |
| | SHE02 | 碎裂煤 | 0.63 | 0.12 | 0.46 | 1.21 | 52.07 | 9.92 | 38.02 |
| | SHE01 | 碎粒煤 | 0.748 | 0.138 | 0.324 | 1.21 | 61.82 | 11.40 | 26.78 |
| | SHE03 | 原生煤 | 0.67 | 0.14 | 0.53 | 1.34 | 50.00 | 10.45 | 39.55 |
| 高变质强变形煤 | FH01 | 薄片煤 | 0.31 | 0.03 | 1.21 | 1.55 | 20.00 | 1.94 | 78.06 |
| | XZM01 | 碎粒煤 | 1.2 | 0.07 | 0.34 | 1.61 | 74.53 | 4.35 | 21.12 |

表 4-16 比表面积实验结果表

| 煤类型 | 煤样编号 | BET 比表面积/(m²/g) | BJH 比表面积/(m²/g) | | | | JH 比表面积百分比/% | | |
|---|---|---|---|---|---|---|---|---|---|
| | | | 亚微孔 | 微孔 | 过渡孔 | 总孔 | 亚微孔 | 微孔 | 过渡孔 |
| 低变质原生结构煤 | BYH01 | 5.241 | 2.58 | 2.25 | 1.64 | 6.474 | 39.85 | 34.75 | 25.33 |
| | HLN01 | 3.681 | 1.11 | 1.34 | 1.81 | 3.541 | 31.35 | 37.84 | 51.12 |
| | SL01 | 1.803 | 0.44 | 0.214 | 0.596 | 1.254 | 35.09 | 17.07 | 47.53 |
| | TGT01 | 10.56 | 12 | 1.8 | 1 | 14.8 | 81.08 | 12.16 | 6.76 |
| | BD01 | 1.054 | 1.06 | 0.41 | 0.21 | 1.677 | 63.21 | 24.45 | 12.52 |
| 中变质弱变形煤 | WT01 | 0.75 | 0.687 | 0.054 | 0.031 | 0.772 | 88.99 | 6.99 | 4.02 |
| | WY01 | 0.402 | 0.642 | 0.092 | 0.074 | 0.808 | 79.46 | 11.39 | 9.16 |
| | PMBK07 | 0.477 | 0.63 | 0.183 | 0.094 | 0.907 | 69.46 | 20.18 | 10.36 |
| | SJZM05 | 1.108 | 4.15 | 0.42 | 0.06 | 4.634 | 89.56 | 9.06 | 1.29 |
| | HBM03 | 0.657 | 0.378 | 0.562 | 0.2 | 1.142 | 33.10 | 49.21 | 17.51 |
| | HBM05 | 1.329 | 0.387 | 0.058 | 0.251 | 0.696 | 55.6 | 8.33 | 36.06 |
| | WYM01 | 0.282 | 0.321 | 0.062 | 0.063 | 0.446 | 71.97 | 13.90 | 14.13 |
| | WYM02 | 0.347 | 0.411 | 0.125 | 0.1 | 0.636 | 64.62 | 19.65 | 15.72 |
| | WYM03 | 0.427 | 0.425 | 0.13 | 0.153 | 0.708 | 60.03 | 18.36 | 21.61 |
| 中变质强变形煤 | SJZM01 | 0.438 | 0.525 | 0.555 | 0.09 | 1.17 | 44.87 | 47.44 | 7.69 |
| | HBM06 | 1.109 | 0.948 | 0.252 | 0.25 | 1.466 | 64.67 | 17.19 | 17.05 |
| | CHM03 | 1.426 | 1.2 | 0.07 | 0.41 | 1.683 | 71.30 | 4.16 | 24.36 |
| | CHM09 | 0.356 | 0.46 | 0.097 | 0.179 | 0.737 | 62.42 | 13.16 | 24.29 |

续表

| 煤类型 | 煤样编号 | BET 比表面积/(m²/g) | BJH 比表面积/(m²/g) | | | | JH 比表面积百分比/% | | |
|---|---|---|---|---|---|---|---|---|---|
| | | | 亚微孔 | 微孔 | 过渡孔 | 总孔 | 亚微孔 | 微孔 | 过渡孔 |
| 高变质弱变形煤 | TLM01 | 0.396 | 1.19 | 0.12 | 0.052 | 1.36 | 87.50 | 8.82 | 3.82 |
| | TLM02 | 0.477 | 0.726 | 0.099 | 0.085 | 0.91 | 79.78 | 10.88 | 9.34 |
| | ZZM01 | 0.196 | 0.516 | 0.061 | 0.042 | 0.619 | 83.36 | 9.85 | 6.79 |
| | ZZM02 | 0.315 | 0.505 | 0.609 | 0.07 | 0.644 | 78.42 | 94.57 | 10.87 |
| | ZZM03 | 0.201 | 0.346 | 0.042 | 0.032 | 0.42 | 82.38 | 10.00 | 7.62 |
| | FH03 | 0.994 | 1.31 | 0.06 | 0.03 | 1.4 | 93.57 | 4.29 | 2.14 |
| | XZM03 | 0.463 | 0.0776 | 0.0046 | 0.0258 | 0.108 | 71.85 | 4.26 | 23.89 |
| | XZM05 | 0.295 | 0.0438 | 0.05 | 0.0511 | 0.145 | 30.21 | 34.48 | 35.24 |
| | SHW01 | 0.868 | 0.424 | 0.111 | 0.229 | 0.764 | 55.50 | 14.53 | 29.97 |
| | SHW02 | 2.654 | 1.18 | 0.33 | 0.343 | 1.85 | 63.78 | 17.84 | 18.54 |
| | SHW03 | 0.657 | 0.461 | 0.108 | 0.186 | 0.755 | 61.06 | 14.30 | 24.64 |
| | SHE01 | 0.999 | 0.935 | 0.075 | 0.04 | 1.05 | 89.05 | 7.14 | 3.81 |
| | SHE02 | 0.951 | 0.768 | 0.065 | 0.078 | 0.911 | 84.30 | 7.14 | 8.56 |
| | SHE03 | 1.641 | 0.785 | 0.082 | 0.084 | 0.951 | 82.54 | 8.62 | 8.83 |
| 高变质强变形煤 | FH01 | 0.892 | 0.44 | 0.513 | 0.267 | 1.219 | 36.10 | 42.08 | 21.90 |
| | XZM01 | 1.17 | 1.55 | 0.05 | 0.02 | 1.621 | 95.62 | 3.08 | 1.23 |

1) 不同变质变形煤纳米级孔隙孔体积特征

由孔体积结果可知(表4-15)，低变质原生结构煤变质程度低，且构造作用影响很小，煤样变形几乎没有。该类煤样孔体积为 0.00368~0.0201cm³/g，平均为 0.0142cm³/g。煤样不同类型孔孔体积大小差异很大，其中过渡孔孔体积均较大，为 0.00179~0.0136cm³/g，平均为 0.00876cm³/g；而微孔和亚微孔也占了很大的比例，平均孔体积分别为 0.00234cm³/g 和 0.00298cm³/g。

中变质程度弱变形煤样变质程度中等，受构造作用影响较弱，煤体变形轻微，主要为碎裂煤。该类煤样孔体积为 0.00075~0.00407cm³/g，平均为 0.00193cm³/g。其中过渡孔孔体积最大，为 0.00041~0.00215cm³/g，平均为 0.000959cm³/g；亚微孔孔体积次之，平均为 0.00062cm³/g；微孔孔体积最小，为 0.000348cm³/g。相对于低变质原生结构煤，该类煤样孔体积发生了显著的变化，总孔体积急剧减小，主要表现为过渡孔孔体积的变化，低变质原生结构煤过渡孔体积为 0.00876cm³/g，而中变质弱变形煤为 0.00193cm³/g，而微孔和亚微孔孔体积也表现为变小的趋势，低变质原生结构煤分别为 0.00234cm³/g 和 0.00298cm³/g，而中变质弱变形煤为 0.000348cm³/g 和 0.00062cm³/g。

中等变质程度强变形煤样变质程度中等，受构造作用强，煤样分别为碎粒煤和糜棱煤。该类煤样孔体积为 0.00175~0.00586cm³/g，平均为 0.00343cm³/g；其中过渡孔体积最大，为 0.00094~0.00489cm³/g，平均为 0.00237cm³/g；而亚微孔、微孔孔体积则相对较小，分别为 0.000572cm³/g 和 0.000495cm³/g。中变质强变形煤相对于低变质原生结构煤也表现出了孔体积急剧减小的趋势，各类孔体积均明显减小。与中变质强变形煤和弱变形煤相比，孔体积变化也比较明显，主要表现为总孔体积变大，强变形煤为 0.00343cm³/g，而弱变形煤为 0.00193cm³/g，微孔、亚微孔体积变化均不明显，主要表现为过渡孔体积的变化；弱变形煤过渡孔体积为 0.000959cm³/g，而强变形煤的过渡孔体积为 0.00237cm³/g。

高变质程度弱变形煤为变质程度高的煤样，其受构造作用影响小，煤变形程度不强，为碎裂煤。该类煤样孔体积为 0.000419~0.00345cm³/g，平均为 0.001312cm³/g；其中过渡孔最大，为 0.00021~0.0019cm³/g，平均为 0.00065cm³/g；亚微孔孔体积稍小，平均为 0.000498cm³/g；微孔最小，为 0.00016cm³/g。与前三种类型相比，高变质弱变形煤总孔体积最小，其三类孔隙孔体积也均较小。

高变质程度强变形煤为变质程度高且变形程度强的煤样。该类煤样孔体积为 0.00161~0.00155cm³/g，平均为 0.00208cm³/g；其中过渡孔比表面积较大，为 0.00034~0.00121cm³/g，平均为 0.000775cm³/g；亚微孔平均孔体积略小于过渡孔，为 0.000755cm³/g；过渡孔最小，为 0.00055cm³/g。相比前四类煤样，高变质强变形煤孔体积远小于低变质原生结构煤，其各类孔隙孔体积均小于低变质原生结构煤。与中变质程度煤相比，高变质强变形煤总孔体积大于中变质弱变形煤而小于中变质强变形煤；与中变质程度弱变形煤相比，其过渡孔孔体积几乎相等，而微孔、亚微孔孔体积均大于中变质弱变形煤；与中变质强变形煤相比，其总孔体积要小一些，在各类孔隙孔体积上变现为：其过渡孔孔体积要远小于中变质强变形煤，而微孔、亚微孔孔体积与中变质弱变形煤则要大于中变质弱变形煤。与高变质弱变形煤相比，高变质强变形煤孔体积要大，表现在各类孔隙孔体积上为高变质强变形煤三种孔隙孔体积均大于高变质弱变形煤；二者相比微孔孔体积相差最大，弱变形煤微孔孔体积为 0.00016cm³/g，而强变形煤为 0.00055cm³/g；二者亚微孔孔体积差别相对小于微孔，弱变形煤为 0.000498cm³/g，而强变形煤为 0.000755cm³/g；二者过渡孔体积孔差别最小，弱变形煤为 0.00065cm³/g，而强变形煤 0.000775cm³/g。

低变质原生结构煤中过渡孔孔体积分布最多，占总孔体积的 62.20%；亚微孔次之，为 21.15%；微孔最少，为 16.65%。中变质弱变形煤孔体积分布中过渡孔分布最多，为 49.79%；亚微孔次之，为 32.16；微孔最少，为 18.05%。中变质强变形煤中仍然为过渡孔最多，为 68.91%；微孔和亚微孔分别为 16.67%和 14.42%。高变质弱变形煤孔体积分布中过渡孔最多，为 49.65%；亚微孔次之，为 38.08%；微孔最少，为 12.27%。高变质强变形煤孔体积分布中，过渡孔最多，为 49.05%；亚微孔次之，为 47.78%；微孔最少，为 3.17%。

通过不同变质变形煤纳米级孔体积结果分析对比发现，各类型煤样的各孔径段孔体积中均以过渡孔为主，亚微孔次之，微孔最少，即过渡孔＞亚微孔＞微孔。各类煤样总孔体积特征分布差异也很大，低变质原生结构煤总孔体积比较大，且各孔径段孔体积均很大，其他四类煤样孔体积则相对要小很多。中变质程度煤弱变形与强变形相比，强变形煤孔体积要大于弱变形煤，主要表现为强变形煤过渡孔孔体积远大于弱变形煤，而微孔、亚微孔差距不大。高变质程度煤也表现出强变形煤孔体积大于弱变形煤孔体积的规律，高变质不同变形煤过渡孔差距不是很大，反而亚微孔差距最大，微孔次之，过渡孔最小。中变质程度煤与高变质程度煤相比，中变质强变形煤孔体积最大，高变质强变形煤次之，中变质弱变形再次之，高变质弱变形煤最小。即各类煤样纳米级孔隙孔体积变化规律为：低变质原生结构煤＞中变质强变形煤＞高变质强变形煤＞中变质弱变形煤＞高变质弱变形煤。

2) 不同变质变形煤纳米级孔隙比表面积特征

由比表面积结果表 4-16 可知，低变质原生结构煤 BJH 比表面积为 $1.254\sim14.8m^2/g$，平均为 $5.549m^2/g$；与孔体积相比，比表面积在不同类型孔隙中分布存在很大的差异，其中亚微孔比表面积最大，为 $0.44\sim12m^2/g$，平均为 $3.438m^2/g$；而微孔和过渡孔平均比表面积则分别为 $1.203m^2/g$ 和 $1.051m^2/g$。

中变质弱变形煤样比表面积为 $0.446\sim4.634m^2/g$，平均为 $1.19m^2/g$。其中亚微孔比表面积最大，为 $0.321\sim4.15m^2/g$，平均为 $0.892m^2/g$，而微孔和过渡孔平均比表面积要远小于亚微孔，分别为 $0.187m^2/g$ 和 $0.114m^2/g$。同低变质原生结构煤相比，中变质弱变形煤比表面积要小很多，其各类孔隙比表面积均远小于低变质原生结构煤。

中等变质程度强变形煤样比表面积为 $0.737\sim1.683m^2/g$，平均为 $1.264m^2/g$。其中亚微孔比表面积最大，为 $0.46\sim1.2m^2/g$，平均为 $0.783m^2/g$；微孔、过渡孔平均比表面积则要稍小，平均为 $0.244m^2/g$ 和 $0.232m^2/g$。与中变质弱变形煤相同，中变质强变形煤孔比表面积要远小于低变质原生结构煤。而与中变质弱变形煤相比，中变质程度强变形煤比表面积要稍小。分析二者不同类型孔隙比表面积发现，二者微孔比表面积差距不大，而弱变形煤亚微孔比表面积要大于强变形煤，过渡孔比表面积要小于强变形煤。

高变质程度弱变形煤比表面积为 $0.42\sim1.85m^2/g$，平均为 $0.849m^2/g$。其中亚微孔比表面积最大，为 $0.0438\sim1.31m^2/g$，平均为 $0.661m^2/g$；微孔和过渡孔的平均比表面积则小得多，平均为 $0.129m^2/g$ 和 $0.096m^2/g$。与低变质原生结构煤样比表面积相比，高变质弱变形煤比表面积要远小于低变质原生结构煤。与中变质煤相比，其比表面积也较小，但差距不大，反映在各类孔隙比表面积上表现为高变质弱变形煤各类孔隙比表面积均小于中变质煤。

高变质程度强变形煤样比表面积为 $1.219\sim1.621m^2/g$，平均为 $1.42m^2/g$。其亚微孔平均比表面积最大，为 $0.995m^2/g$；微孔和过渡孔比表面积则远小于亚微孔，分布为 $0.282m^2/g$ 和 $0.144m^2/g$。高变质强变形煤孔比表面积要远小于低变质原生结构煤，其各类孔比表面积均小于低变质原生结构煤。与其他三类煤样相比，其孔比表面积则相对较大，在各类孔径孔隙上则表现出不同的变化。与中变质弱变形煤相比，二者亚微孔比表面积几乎相同，但是高变质强变形煤过渡孔、微孔比表面积均大于中变质弱变形煤。与中变质强变形煤相比，其过渡孔比表面积要小于中变质强变形煤，而微孔、亚微孔比表面积则要大于中变质强变形煤。与高变质弱变形煤相比，强变形煤各类孔比表面积均大于弱变形煤。

低变质原生结构煤比表面积分布与孔体积不同，其中亚微孔比表面积占总比表面积最多，为 60.40%；而微孔次之，为 21.13%；过渡孔最少，仅为 18.47%。

中变质弱变形煤孔隙比表面积分布中，亚微孔所占比例最大，为 74.76%；微孔为 15.69%；过渡孔最少，仅为 9.55%。中变质强变形煤比表面积分布则为亚微孔最多，为

62.21%；微孔和过渡孔分别为19.34%和18.45%。高变质弱变形煤比表面积分布中亚微孔最多，为74.55%；而微孔和过渡孔均较少，分别为14.61%和10.84%。高变质强变形煤比表面积分布中，亚微孔最多，为70.07%；微孔、过渡孔均较少，分别为19.82和10.11%。

通过不同变质变形煤纳米级比表面积结果分析发现，与孔体积特征不同，各类型煤样的各孔径段比表面积均以亚微孔为主，微孔次之，过渡孔最小，即亚微孔>微孔>过渡孔。各类煤样总孔比表面积特征分布差异也很大，低变质原生结构煤孔比表面积最大，且各孔径段孔比表面积也均很大，其他四类煤样比表面积则小很多。中变质程度煤弱变形与强变形相比，弱变形煤比表面积要大于强变形煤，主要表现为弱变形煤亚微孔比表面积大于强变形煤，而强变形煤过渡孔比表面积要大于弱变形煤。高变质程度煤则是强变形煤比表面积大于弱变形煤，强变形煤各类孔比表面积均大于弱变形煤的各类孔比表面积。中变质煤与高变质煤相比，高变质程度强变形煤孔体积最大，中变质程度弱变形煤次之，中变质程度强变形煤再次之，高变质弱变形煤最小。即各类煤样纳米级孔隙总比表面积变化规律为：低变质原生结构煤>高变质强变形煤>中变质弱变形煤>中变质强变形煤>高变质弱变形煤。

#### 4.2.3.3 变质变形对煤储层纳米级孔隙结构特征的影响

1. 变质程度

煤化作用阶段，年轻的褐煤转变为老褐煤、烟煤、无烟煤的过程中，在较高的温度、压力和较长的地质时间等因素的作用下进一步发生物理化学变化。随着煤级的变化，煤层的孔隙度和孔隙特征会发生很大的变化。一般认为，煤级是控制煤储层物性特征的基础因素。选取煤样中 $0.3\%<R_{o,max}<2.8\%$ 的不同变质程度的32个煤样进行分析，研究变质程度对孔体积和比表面积的影响。

1) 变质作用对孔体积的影响

由孔体积大小和分布特征可知，不同类型煤样孔体积特征存在很大的差异，低变质原生结构煤各类孔隙均比较发育，所以各孔径段孔体积均很大；随变质程度的增加，孔体积大小开始急剧减小，中变质煤孔体积远远小于低变质煤。实验煤样BJH孔体积随变质程度变化关系见图4-80(a)，从图中可以看到，$R_{o,max}<2.0\%$ 之前，随变质程度的增加，孔体积逐渐减小；在 $R_{o,max}<1.0\%$ 之前，孔体积急剧降低，变化趋势十分明显；在镜质组反射率 $R_{o,max}>1.5\%$ 之后，孔体积变化规律不再明显。

随煤体构造变形增强，煤孔隙特征以及吸附性能均发生很大变化。为了尽量排除煤储层变形对孔隙的影响，只分析变质程度对煤储层孔隙特征的关系，将所选煤样中构造变形强的煤样剔除，分析变质程度对孔隙孔体积特征的影响。特选择低变质原生结构煤和中高阶弱变形煤三类与镜质组反射率作散点图，见图4-80(b)，显然排除了构造变形因素以后，孔体积随变质程度变化关系的规律更加明显，孔体积随变质程度的变化呈现出先降低再增加的趋势，在 $R_{o,max}<1.0\%$ 之前，孔体积下降趋势明显，$R_{o,max}>1.0\%$ 之后，孔体积开始缓慢降低；在 $R_{o,max}=2.0\%$ 左右孔体积降低到最低点，随后孔体积又开始缓慢增加。

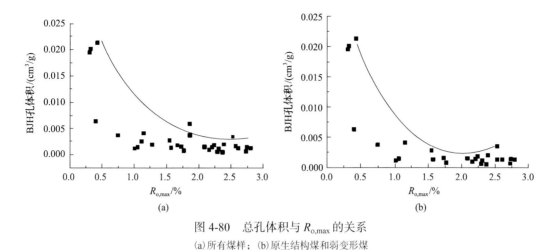

图 4-80 总孔体积与 $R_{o,max}$ 的关系

(a)所有煤样；(b)原生结构煤和弱变形煤

排除强变形煤样，图 4-81 为原生结构煤和弱变形煤各类孔体积与镜质组反射率关系图。从 4-81(a)中可以看出，过渡孔体积随变质程度的增加显出与总孔体积相似的变化规律，即先降低后增加。在低变质程度阶段，阶段变形出现明显下降的规律；中变质程度阶段，变化规律不明显；在 $R_{o,max}=2.0\%$ 附近达到最低点，此后，开始表现出增加的趋势。

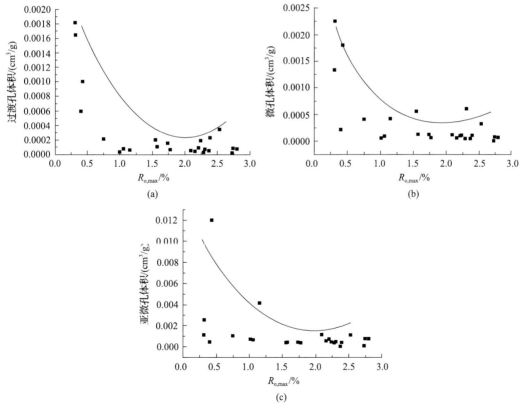

图 4-81 不同孔隙类型煤的孔体积与 $R_{o,max}$ 关系

(a)过渡孔；(b)微孔；(c)亚微孔

从图 4-81(b)中可以看出，微孔体积随变质程度亦表现出先下降再升高的规律；在 $R_{o,max}$=2.0%之前表现出明显下降的规律，之后开始增加。由图 4-81(c)中可以看出，亚微孔体积随 $R_{o,max}$ 变化关系，与前两类孔隙一样，亚微孔体积也表现出先下降再升高的趋势。在低变质阶段，下降趋势明显；中变质阶段达到最低点；高变质阶段，亚微孔体积整体开始增加。

2)变质程度对比表面积的影响

由 BET 比表面积和 BJH 比表面积结构和分布特征可知，不同类型煤样比表面积存在很大的差异。如图 4-82(a)、图 4-83(a)所示，同孔体积一样，比表面积(BET 和 BJH)变化随 $R_{o,max}$ 变化呈现规律性变化，$R_{o,max}$<1.0%之前时，比表面积下降迅速，随变质程度的增加，当 $R_{o,max}$>1.0%之后，比表面积变为缓慢下降，直到 $R_{o,max}$=2.0%左右时，比表面积降到最低点，之后($R_{o,max}$>2.0%)比表面积又开始缓慢增加。同样，排除构造变形对煤比表面积的影响，比表面积规律性更加明显[图 4-82(b)、图 4-83(b)]。

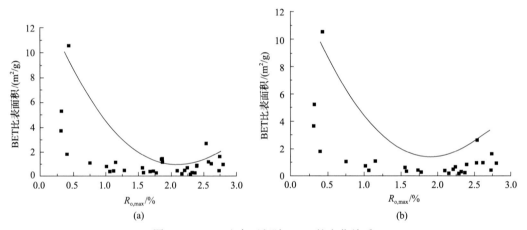

图 4-82 BET 比表面积随 $R_{o,max}$ 的变化关系
(a)所有煤样；(b)原生结构煤与弱变形煤

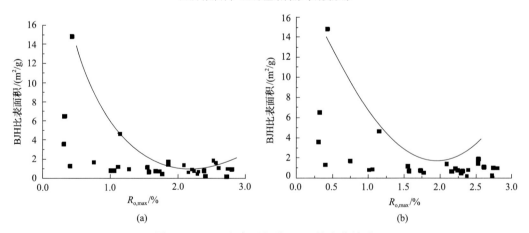

图 4-83 BJH 比表面积随 $R_{o,max}$ 的变化关系
(a)所有煤样；(b)原生结构煤与弱变形煤

对原生结构煤与弱变形煤各类孔隙孔比表面积与镜质组反射率做散点图(图 4-83)。从图中可以看出各类孔隙比表面积与变质程度的关系。对比图 4-82 和图 4-84 可以发现，各类孔隙(过渡孔、微孔、亚微孔)孔体积和比表面积与变质程度关系非常相近，如过渡孔比表面积表现出同样的先降低再增加，且在 $R_{o,max}=2.0\%$ 附近达到最低点的规律，显然与过渡孔体积表现规律相同；而微孔、亚微孔表现出同样的规律。说明孔体积和比表面积存在密切的关系，孔体积控制比表面积的发育。

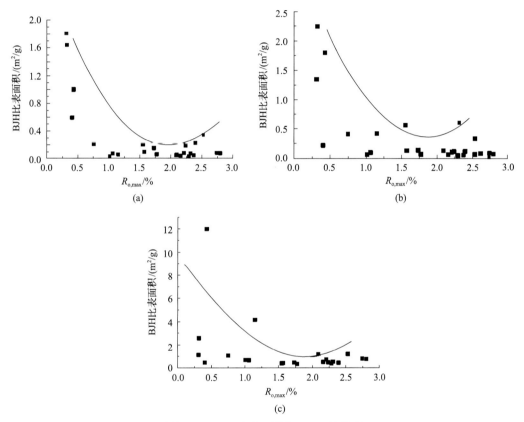

图 4-84 BJH 比表面积与 $R_{o,max}$ 的关系
(a)过渡孔；(b)微孔；(c)亚微孔

2. 变形程度

由不同变质变形煤孔隙特征分析可知，同变质不同变形煤孔体积也有很大差异。中变质弱变形煤孔体积为 $0.00184 cm^3/g$，而中变质强变形煤孔体积为 $0.00313 cm^3/g$。在各类孔隙上表现为：中变质强变形煤过渡孔体积要远大于弱变形煤，是弱变形煤的 2 倍，而二者微孔、亚微孔差别不大。高变质强变形煤孔体积也要大于弱变形煤，其各孔径段孔体积均大于弱变形煤。由上面的分析可知，排除变形煤样后，煤样孔体积、比表面积随变质程度增加表现出更加明显的规律。显然构造变形对煤样孔体积、比表面积具有非常重要的改造作用。

为了研究构造变形对煤体孔隙结构的影响，特选同矿井同一地点采集的五组煤样为对象研究变形作用对煤体孔隙结构的影响。所选煤样情况见表 4-17。

表 4-17 选样详细情况

| 组号 | 煤样编号 | 变形程度 | 采样地点 |
|---|---|---|---|
| 一组 | SJZM01 | 碎粒煤 | 取于同一层煤二₁煤 |
|  | SJZM05 | 碎裂煤 |  |
| 二组 | HBM03 | 碎裂煤 | 取于同一工作面二₁煤 |
|  | HBM05 | 碎裂煤 |  |
|  | HBM06 | 碎粒煤 |  |
| 三组 | CHM03 | 糜棱煤 | 取于同一层煤二₁煤 |
|  | CHM09 | 碎粒煤 |  |
| 四组 | FH01 | 薄片煤 | 取于同一构造带相距 7～10m |
|  | FH03 | 碎裂煤 |  |
| 五组 | XZM01 | 碎粒煤 | 取于同一构造带，相距 7～10m，二₂煤 |
|  | XZM03 | 碎裂煤 |  |
|  | XZM05 | 碎裂煤 |  |

1) 变形程度对孔体积变化的影响

以往研究表明，同一煤层随变形程度的增强，煤样孔容、比表面积一般都逐渐增大。将五组不同变形煤孔体积结果做成折线图进行分析，见图 4-85。由图中可以看出 5 组 12 个煤样总孔体积、过渡孔体积、微孔体积、亚微孔体积变化曲线。

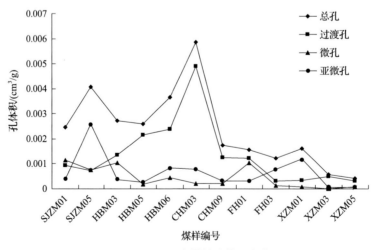

图 4-85  5 组 12 个煤样孔体积变化图

一组煤样为 SJZM01 和 SJZM05，其中 SJZM01 为碎粒煤，SJZM05 为碎裂煤，由图 4-85 可以看出 SJZM01 总孔体积小于 SJZM05。煤样随变形程度增强，总孔体积反而表现出下降的趋势。在煤样的孔体积分布中，SJZM01过渡孔和微孔均大于SJZM05。按孔体积分布规律，孔体积特征由过渡孔控制，SJZM01总孔体积应该大于SJZM05，这组煤样却表现出相反的规律。由图4-85可知，SJZM05煤样的亚微孔体积异常的大，其孔体积特征由亚微孔主导，而不是一般的由过渡孔控制，显然排除了变质因素的影响后，变形程度对此组煤样孔体积分布的影响仍不是主导因素。分析发现SJZM05煤样丝质体非常发育，达到了16.6%；而SJZM05中丝质体仅为4.4%，所以此组显然SJZM05煤样中煤岩组分对孔体积特征影响非常明显。

二组煤样分别为HBM03、HBM05和HBM06，三个煤样采自同一煤层，其中HBM03、HBM05为碎裂煤，而HBM06为碎粒煤。由图4-85可知，随变形程度增加，此组煤样表现出了孔体积增大的趋势。其中，HBM06为碎粒煤，变形程度最大，其总孔体积最大；HBM03和HBM05皆为碎裂煤，总孔体积相差不大。在孔体积分布中，三个煤样均表现出了过渡孔孔体积最大，即过渡孔孔体积主导了总孔体积的大小，而亚微孔和微孔孔体积则相对小很多。HBM06的微孔孔体积也没有明显增大的趋势，亚微孔孔体积相对其他两个煤样表现出一定程度的增加。显然该组煤样中变形程度对过渡孔影响最大。

三组煤样分别为CHM03和CHM09，二者采自同一煤层，其中CHM03为糜棱煤，CHM09为碎粒煤。从图4-85中可以看出，CHM03煤样孔体积远远大于CHM09，几乎为CHM09的3.5倍，显然变形作用对孔体积影响非常明显。其中过渡孔孔体积差别最大，而亚微孔孔体积亦表现出明显的变化，说明强烈构造变形对煤样孔隙结构的影响达到了5nm以下。

四组煤样FH01和FH03，二者采自同一构造带上，FH01为薄片煤，FH03为碎裂煤。从图4-85中可以看出，FH01煤样总孔体积、过渡孔体积、微孔体积均大于FH03，变形作用影响非常明显；而亚微孔却表现出了相反的规律，分析造成此结果的原因可能有两种。一是因为采样过程中混入了矸石。FH01采自断层面上，受强烈构造影响，煤样整体破碎严重，且由于处于构造面上，采样过程中很容易混入矸石而难以区分。二是可能强烈的构造变形，导致孔隙闭合使液氮难以进入亚微孔孔隙中，最终出现FH01亚微孔体积很小的情况。

五组煤样分别为XZM01、XZM03、XZM05，五组三个煤样采自同一构造带上，其中XZM01为碎粒煤，变形作用非常明显，煤体整体呈现碎粒到碎粉状；XZM03和XZM05为碎裂煤。从图4-85中可以看出，三个煤样孔体积结果也表现出了随变形程度增强，孔体积变大的规律，XZM01总孔体积最大，在个孔径段孔隙上表现为亚微孔体积变化程度最大，而过渡孔、微孔孔体积变化规律不明显。

分析五组不同变形煤样发现，随变形程度增强，总孔体积一般表现出增大的趋势，而过渡孔孔体积与总孔体积变化规律相同，说明构造变形对过渡孔影响最大；亚微孔也表现出了增大的趋势，只是增大的幅度相对过渡孔要小很多，说明构造变形对亚微孔也有一定的改造作用；微孔变化规律不明显。同时，在五组煤样变化现象中，显然第三组煤样CHM03和CHM09变化幅度最为明显，其中过渡孔、亚微孔均呈现出显著的变化，分析原因为CHM03为糜棱煤，是所选煤样中构造变形影响最大煤样。显然，随构造变形的增强，构造作用对孔隙结构的影响也随之增加。

## 2) 变形程度对比表面积变化的影响

将四组(第一组除外)不同变形煤孔比表面积结果做成折线图进行分析,见图 4-86,从图中可以看出各组煤样总孔、过渡孔、微孔、亚微孔比表面积变化规律。

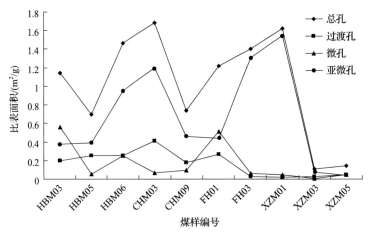

图 4-86  5 组 12 个煤样煤比表面积变化图

因为第一组煤样变形作用对煤样的影响不是主要因素,所以不再讨论。由孔体积和比表面积的关系可知,比表面积与亚微孔体积表现出明显的正相关关系,所以构造变形对五组煤样比表面积特征的影响与构造变形对亚微孔体积的影响几乎相同。从图 4-86 中可以看出,第二组煤样 HBM06 比表面积最大,同时亚微孔比表面积在总比表面积中占比最大。第三组煤样中 CHM03 构造影响最为明显,其亚微孔孔体积相对来说变化也比较明显,在比表面积上变化亦很显著。第四组煤样孔比表面积随变形增强,没有表现出变大的趋势,原因在孔体积中已经分析。第五组煤样比表面积受变形程度影响较为明显,其中 XZM01 为碎粒煤,其比表面积相对碎裂煤来说变化明显,表现出变大的趋势。

分析几组煤样比表面积变化发现,随构造变形程度的增加,总孔和亚微孔比表面积一般也表现出增大的趋势,且二者规律表现出相同的规律;微孔规律不明显。

### 3. 液氮吸附回线与孔隙形态

Brunauer 等按照物理吸附的分子间相互作用的范德瓦耳斯理论,国际纯粹与应用化学联合会(IUPAC)将等温吸附曲线分五类。本次煤样的低温液氮实验中的吸附等温线基本上都属于其中的Ⅲ型(图 4-87),即曲线的前半段上升缓慢,且呈向下凸的形状,表明为由单分子层向多分子层吸附过渡的阶段;而当 $P/P_0>0.9$ 时,曲线急剧上升,表明在煤内较大的孔里发生了毛细凝聚造成吸附量的急剧增大。煤的液氮吸附等温线通常出现吸附分支与脱附分支分离的现象,形成吸附回线,不同的吸附回线一定程度上可反映出不同的孔形结构特征(Cai et al., 2014; Hu et al., 2016)。不同地区煤样吸附回线存在较大的差异,孔形结构的划分也不尽相同(Mou et al., 2021)。

图 4-87(a)中液氮吸附/解吸曲线表现为吸附曲线与解吸曲线基本重合,反映了煤中

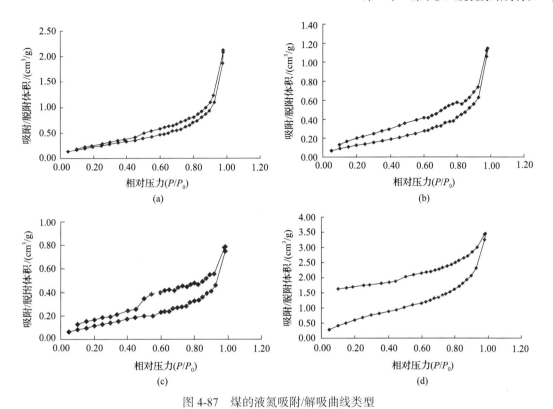

图 4-87 煤的液氮吸附/解吸曲线类型

(a)吸附曲线与解吸曲线基本重合,指示了半封闭型孔;(b)吸附曲线与解吸曲线发生分离,指示两端开放型孔;(c)相对复杂的吸附/解吸曲线,指示一端封闭的细颈瓶状孔和半封闭型柱状孔;(d)不闭合的吸附/解吸曲线

孔隙以半封闭型孔为主,且主要由一端封闭的柱状孔组成,这种形状的孔发生毛细凝聚与毛细蒸发时所要求的相对压力相等,吸附曲线与解吸曲线重叠,基本不产生分离。图 4-87(b)中液氮吸附/解吸曲线表现为吸附曲线与解吸曲线发生分离,反映了煤中孔隙主要是以两端开放型孔为主,发生毛细凝聚与毛细蒸发时相对压力不同,且发生凝聚时的相对压力高于发生蒸发时的相对压力,吸附曲线与解吸曲线发生分离。图 4-87(c)中液氮吸附/解吸曲线相对复杂,解吸的初始阶段解吸曲线与吸附曲线发生分离,而后在 $P/P_0$ <0.5 时,出现一个陡坎,解吸曲线急剧下降,随后又与吸附曲线重叠,这反映了具有此种吸附/解吸曲线特征的煤中孔隙结构比较复杂,主要表现为一端封闭的细颈瓶状孔和半封闭型柱状孔,这种孔在解吸的初始阶段在细颈处发生蒸发,发生蒸发时的相对压力与凝聚时不同,故而产生吸附曲线与解吸曲线的分离;随后,当相对压力低到一定程度时,此时瓶内液体突然蒸发,解吸曲线上出现一个急剧下降的拐点;随后,在 $P/P_0$ 较小时,吸附曲线与解吸曲线基本重叠,表明此时解吸主要以半封闭型柱状孔为主。图 4-87(d)中液氮吸附/脱附曲线表现为吸附曲线与脱附曲线在整个吸附/脱附过程中都发生分离,且在低压区($P/P_0$<0.3),吸附曲线与脱附曲线也不闭合,反而吸附滞后更为明显,这可能是因为吸附质进入更小的孔(<1.5nm)而很难脱离,即使压力很低,滞后环也不闭合。

从以上分析可知,煤中孔隙形态多种多样,不同孔形结构的煤的液氮吸附/解吸曲线特征也不一样。对于第Ⅰ型曲线[图 4-87(a)],表明煤中主要半封闭型不透气孔组成,这种煤中孔隙度和瓦斯含量可能很高，但渗透性差，不利于煤中甲烷的运移；Ⅱ型曲线[图 4-87(b)]，反映煤中主要以两端开放型孔为主，这种孔形结构的孔越多，煤的渗透性越好，对于煤矿井下瓦斯抽采和煤层气地面开发较为有利；Ⅲ型曲线[图 4-87(c)]，表明煤中主要以半封闭型细颈瓶状孔和半封闭型柱状孔为主，具有这种孔形结构的孔透气性较差，也不利于瓦斯的运移，同时在一定条件下容易发生瓦斯的突然解吸，对于瓦斯防治要引起足够的重视；Ⅳ型曲线[图 4-87(d)]中出现吸附回线不闭合现象，此类回线均出现于无烟煤样中。

## 4.3 煤中超微孔发育特征及其影响因素

通常认为，煤层气主要以吸附态、游离态和溶解态存在于煤层中，其中吸附态是煤层中煤层气的主要存在状态。煤中的微孔（<2nm）作为吸附态煤层气的主要吸附空间（Wei et al.，2019，2021；Song et al.，2020），其发育特征是决定煤层气储集能力的重要因素。为查明不同变质程度、不同变形强度煤对煤层气和$CO_2$的储集能力，选取多个地区不同矿井的不同变质程度（镜质组反射率范围为0.88%~3.77%）、不同变形程度的样品（弱构造变形和强构造变形），借助高分辨率透射电镜实验对煤样的微孔发育特征进行研究。本研究所选煤样主要包括许瞳矿的低变质烟煤（XTM07、XTM09）、鹤壁矿的中变质烟煤（HBM05）、超化矿的中变质烟煤（CHM09）、寺河矿的无烟煤（SHM02）和凤凰山煤矿的无烟煤（FHM03）。

### 4.3.1 煤样基本信息

#### 4.3.1.1 煤样的显微组分鉴定及镜质组反射率测定

煤是一种非均质体，在光学显微镜下能够识别出来的组成煤的基本成分称为显微组分。显微组分可分为有机显微组分和无机显微组分。有机显微组分是由植物遗体经煤化作用演化而来，无机显微组分则主要是煤中无机矿物。

镜质组是煤中最常见、最重要的显微组分，它是由植物的根、茎、叶在覆水的还原条件下，经过凝胶化作用而形成。根据细胞形态、保存程度及光性特征，镜质组可分为结构镜质体、无结构镜质体和碎屑镜质体三种。对于低中煤阶煤，其镜质组在透射光下呈橙红、暗红色，在反射光下呈灰色至浅灰色，该组分氧含量较高、氢含量中等、碳含量较低。镜质组在煤演化过程中呈现出规律的渐进式变化，因而大多以它的最大反射率当作煤级划分的标准。

惰质组又称丝质组，是煤中常见的显微组分。它是由植物细胞壁的纤维素和木质素经丝碳化作用演变而来，因此其是最富含碳的组分。镜质组和壳质组通过煤化作用也可形成惰质组。惰质组在透射光下呈黑色不透明，反射光下呈现亮白色至黄白色，该组分碳含量最高、氢含量最低、氧含量中等。由于其芳构化程度高，反射率较相应的镜质组要高，其在煤化作用过程中变化最小。

壳质组来源于植物的孢子、角质层等，其脂肪族成分和氢含量较高。在透射光下一般呈黄色,反射光下多数呈现深灰色、灰色(低煤阶)。壳质组在煤化作用中变化较为剧烈,低煤级中壳质组很常见,在中变质阶段以后数量很少,同时其生气量最大。

无机显微组分是煤中的矿物质。矿物质成分主要是原始植物自身赋存、煤化作用过程中或煤层固结后外部渗入煤体内的矿物碎屑物质。常见的矿物质主要是黏土矿物和硫化物,少量为氧化物、碳酸盐等,主要存在于煤孔、裂隙中。

煤中显微组分鉴定及镜质组反射率测定是借助中国地质大学材料物理实验室的OPTON-II类MPV-3型显微镜实现的,详细的测定过程依据标准ASTM D1798和ASTM D2799-13进行。实验煤样的详细信息如表4-18所示。

表 4-18 煤样镜质组反射率和显微组分

| 样品编号 | $R_o$含量/% | 镜质组含量/% | 惰质组含量/% | 壳质组含量/% | 矿物含量/% |
|---|---|---|---|---|---|
| XTM07 | 0.88 | 56.6 | 29.1 | 8.5 | 5.8 |
| CHM09 | 1.67 | 70.3 | 2.7 | — | 2.7 |
| XTM09 | 0.93 | 60.4 | 31.4 | 2.0 | 6.2 |
| HBM05 | 1.60 | 91.6 | 2.8 | | 5.6 |
| SHM02 | 2.80 | 95.3 | 4.7 | — | — |
| FHM03 | 3.77 | 91.7 | 1.7 | | 6.6 |

#### 4.3.1.2 煤样宏观煤岩特征与变形强度分类

煤的宏观描述是研究煤体结构的第一步。通常情况下,对煤进行宏观描述主要包括以下几个方面:①煤的颜色、条痕色和光泽,煤的颜色包括黑色、深灰色、黑灰色或钢灰色等,煤的条痕色包括棕色、深棕色和黑色等,煤的光泽包括沥青光泽、丝绢光泽、玻璃光泽和金属光泽等;②煤的断口、裂隙和节理,断口主要包括贝壳状、眼球状、棱角状等,对裂隙的描述主要说明裂隙的种类(内生裂隙和外生裂隙)、发育程度、发育的组数以及空间展布和填充情况;③结构和构造的描述,结构包括条带状、线理状透镜状结构等,条带状应说明条带的大致宽度,可细分为细条带、中条带和宽条带等,煤的构造主要包括层状和块状,层状有水平层理、波状层理及斜波状层理。本节对煤的宏观描述见表4-19,且根据表4-19可将本研究中的煤样分为弱构造变形煤和强构造变形煤。

表 4-19 煤样变形程度及宏观描述

| 样品编号 | $R_o$/% | 变形强度 | 煤岩学宏观特征描述 |
|---|---|---|---|
| XTM07 | 0.88 | 强构造变形 | 煤的原生结构被破坏,强烈的构造作用导致层理消失,呈现棱角状,裂隙向四周发展,煤的硬度降低,可用手捏碎 |
| CHM09 | 1.67 | | 色泽暗淡,原生结构消失,煤体较软易捏成粉末 |
| XTM09 | 0.93 | 弱构造变形 | 可以观察到煤的主体结构,硬度大,难以用手掰开,裂隙、节理发育,破裂在其表面延伸 |

续表

| 样品编号 | $R_o/\%$ | 变形强度 | 煤岩学宏观特征描述 |
| --- | --- | --- | --- |
| HBM05 | 1.60 | 弱构造变形 | 层状结构基本完好，无明显位移，煤体表面较亮，似镜面，煤质较硬，不易捏碎 |
| SHM02 | 2.80 | | 条带结构和层理构造清晰可见，裂隙发育，煤质较硬，且不易捏碎 |
| FHM03 | 3.77 | | 条带结构可见，层状构造保存较好，可用手捏成碎块 |

华北地区晚古生代煤层已经叠加了数次构造改造作用，因此，煤的结构受到不断变化的构造变形程度的影响而形成了不同类型的构造变形煤。构造变形煤是指在构造应力作用下，煤的原生结构、孔隙结构和大分子结构发生显著变化的一类煤，根据变形强度，可将其分为强构造变形煤和弱构造变形煤(Pan et al., 2012, 2015a, 2015b, 2015c; Sharma et al., 2000b)。弱构造变形煤仅受弱构造应力作用，因此其整体结构相对完整，可观察到煤的原生结构。弱构造变形煤机械强度较高，很难用手掰开，煤中裂隙及节理结构常见，断裂可沿带有平坦断裂表面的裂隙或节理面出现(图4-88)。强构造变形煤受到较强的构造应力作用，因此煤的原生结构被破坏，层理基本消失。强构造变形煤通常由次棱角状和半圆状的微粒组成，这些微粒强度较低，易捻搓成细颗粒或粉末(图4-88)。

### 4.3.2 基于HRTEM实验的构造煤超微孔发育特征

高分辨率透射电子显微镜(HRTEM)技术在观察含碳材料原子级结构方面是一种非常有效的方法，近年来，已有多项研究通过使用HRTEM观察和分析煤的大分子结构。Sharma等(2000a)第一次获取了煤样清晰的TEM晶格条纹图像，并观察到除边缘处的条

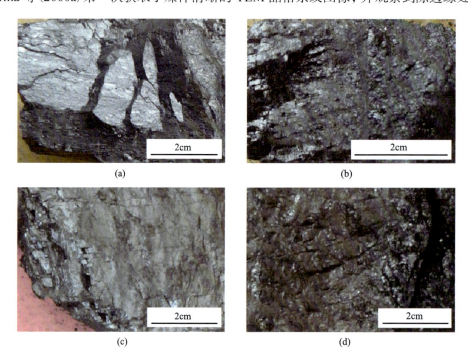

(e)　　　　　　　　　　　　　　(f)

图 4-88　不同构造变形煤的煤样信息

(a)XTM09、(c)HBM05、(e)SHM02、(f)FHM03 为弱构造变形煤；(b)XTM07、(d)CHM09 为强构造变形煤

纹有一些定向性之外，整个结构无定形，而这直接证明了 Millward(1979)的 XRD 分析结论：芳香层片有平行堆垛的趋势，但不具有完美的定向和平面性，并发现随着煤级的增加，条纹长度增大，堆砌的芳香层数增多。进一步地，Sharma 等(2000b)利用同样的方法定量研究了 Argonne Premium 原煤的条纹长度、堆垛条纹数，揭示了随着煤化程度的增高，芳香片层的长度从碳含量为 72%时的 0.7nm 增加到碳含量为 94%时的 1.3nm，并发现碳含量为 70%～85%的平均条纹长度和平均芳香层堆砌层数基本相等，分别为 1nm 和 2.2nm。近年来，TEM 技术也被广泛地应用于构造煤结构的研究方面。Ju and Li(2009)在对构造煤进行观察时依据 TEM 晶格条纹图像定性分析了构造煤大分子结构特征。显然，人们对于不同类型构造煤大分子结构之间的差异仍然没有得到充分的认识。本节采用 HRTEM 技术对不同变质程度和不同变形程度构造煤大分子结构进行观察，在此基础上，对煤的大分子结构参数(条纹长度、条纹弯曲度和条纹间距)进行了定量分析，深入探讨了变质程度和变形强度对煤大分子结构晶格参数的影响。

#### 4.3.2.1　HRTEM 仪器简介与煤样处理

1. HRTEM 仪器简介

图 4-89 为实验所采用的高分辨率透射电子显微镜。本实验所采用高分辨率透射电子显微镜的技术指标：加速电压为 80～200kV，可连续调节；TEM 放大倍数为×50～1500000；TEM 点分辨率为 0.19nm；TEM 线分辨率为 0.14nm；TEM 晶格分辨率为 0.104nm。利用其不仅可以获得样品的高分辨率电子显微像，还可对样品微区作纳米尺度的结构与成分分析。

2. 样品处理

肉眼观察下，煤是由不同的宏观成分所组成，例如镜煤和亮煤。镜煤的颜色深黑、光泽强，是煤中颜色最深和光泽最强的成分；亮煤的光泽仅次于镜煤，一般呈黑色。首先，选择样品中的镜煤或亮煤条带，构造煤变形强烈时则选取光泽较亮部分；将选过的构造煤在研钵中研磨至 200 目(0.074mm)，并将其进行脱矿物处理(Ju et al., 2005)；之后，取适量的乙醇和煤粉分别加入小烧杯，进行超声震荡 10～30min 以便粉末分散均匀，吸取粉末和乙醇均匀混合液滴在微栅网上，静置 15min 使乙醇完全挥发，而后开始进

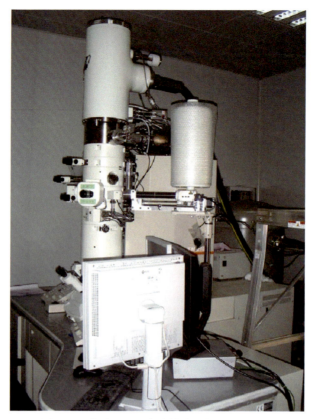

图 4-89　实验所用的高分辨率透射电子显微镜

行 HRTEM 实验。

#### 4.3.2.2　HRTEM 下煤大分子结构特征

图 4-90 为六种不同类型构造煤的 HRTEM 图像和对应的晶格条纹提取图像,每个煤样至少观察了 6 个不同的区域。根据图 4-90,芳香层平面部分在 HRTEM 图像中看起来像"条纹",因此本节使用"条纹"来形象地表示芳香层(Sharma et al., 2000a, 2000b),并使用条纹长度、弯曲度和条纹间距以量化煤 HRTEM 晶格条纹图像。HRTEM 晶格条纹图像中一个条纹的长度代表了该芳香层片段的物理长度[图 4-91(a)]。需要注意的是,晶格条纹提取图像中不包含长度小于 0.3nm 的条纹,小于该长度的条纹被认为是噪声而被去除。弯曲度是通过计算一条条纹的长度与其两端点之间直线距离的比值得到的[图 4-91(a)],它反映了单个芳香层的水平波动或者曲率度(非线性),因此,平均弯曲度也代表了煤 HRTEM 图像中整体芳香层片段的线性状况,即平均弯曲度越小(无限接近于 1),芳香层的整体线性越好。条纹间距是指相邻且平行的条纹之间的平均距离,也称作层间距($d_{002}$)。Yehliu 等(2011)手工选取有平行部分的相邻条纹,将相邻条纹修剪为有近似长度的一对平行条纹[图 4-91(b)中虚线框]。通过平均条纹对之间两点的最近距离来获得条纹间距,本节在此基础上,设计了另外一种方法:相邻条纹的平行部分之间的区域形成一个闭合的曲面[图 4-91(c):$S$ 为曲面面积;$L$ 为相邻条纹平行部分的曲线长度],

第4章 煤中多尺度孔隙结构特征

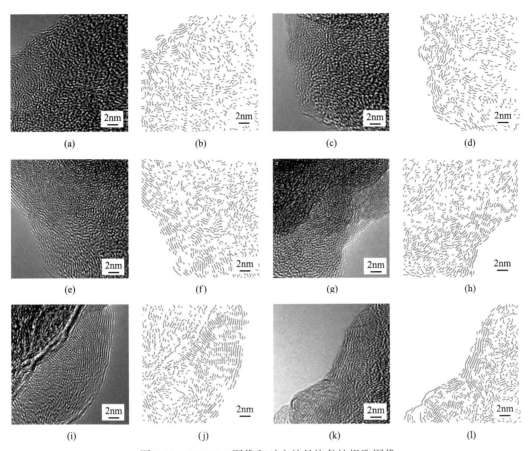

图 4-90 HRTEM 图像和对应的晶格条纹提取图像

(a)、(b) XTM07；(c)、(d) XTM09；(e)、(f) HBM05；(g)、(h) CHM09；(i)、(j) SHM02；(k)、(l) FHM03

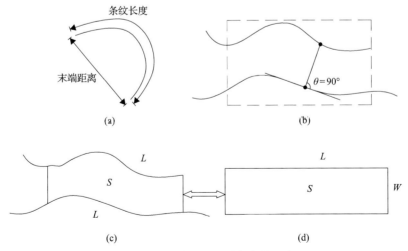

图 4-91 晶格条纹图像计算参数示意图

(a)条纹长度和弯曲度的计算图解(据 Yehliu et al., 2011)；(b)条纹间距的计算图解(据 Yehliu et al., 2011)。本书条纹间距的计算图解：(c)平行片段围成的曲面；(d)与曲面(c)等量的平行四边形

·163·

假设 $S$、$L$ 已知，该曲面等价于一个面积为 $S$、长度为 $L$ 的平行四边形，则平行四边形宽度 $W$ 即为条纹间距[图 4-91(d)]。因此，使用图像分析方法分别测得了长度 $L$ 和对应的曲面面积 $S$，并依据上述原理即可计算出条纹间距 $W$。另外，Sharma 等(2000b)主要对层间距为 0.33～0.40nm 的芳香层对进行计算，本节选取层间距范围为 0.32～0.40nm 的芳香层对，该层间距范围之外的芳香层对都将被舍弃。

如图 4-90 所示，低变质烟煤(XTM07 和 XTM09)的 HRTEM 图像以单个条纹为主，条纹呈无序状态，排列稀疏，两个及以上相邻且平行的条纹相对少见，且条纹定向性很差。另外，仔细对比图 4-90(a)和(b)及其对应的图 4-90(c)和(d)可以发现：研究区最明显的差异出现在薄的边缘部位，强构造变形煤(XTM07)有更大长度的条纹分布和更好的定向性，因此在低变质阶段，构造变形对煤大分子结构薄的边缘部位影响较大。在中变质烟煤(CHM09 和 HBM05)HRTEM 图像中，虽然大部分条纹也以无序性的单个条纹出现，但局部出现了较多的条纹对，定向性明显增强，排列较为紧密，长度增大。对比两者对应的提取图像[图 4-90(f)和(h)]可以发现，前者有更大的条纹长度以及更好的条纹整体定向性。高变质煤(SHM02 和 FHM03)HRTEM 图像中，条纹对分布明显增多，条纹排列更为紧密，长度更大，且定向性也更强。此外，条纹对出现的位置绝大部分集中在薄的边缘部位，排列紧密，长度较长，且观察位置越往结构内部，条纹对出现的概率明显减少，多呈孤立无序状产出，排列稀疏，长度减小，秩理性变差。这可能是由于构造变形对煤大分子结构有着重要作用造成的。随着构造变形的增强，薄的边缘部位的大分子优先定向生长和重新排列，薄的边缘部位的大分子结构变化对其周围的大分子产生影响并促使其变化，并逐步影响至大分子结构的内部。

#### 4.3.2.3 构造煤大分子结构中的微孔发育特征

煤被认为是由不同大小和形态的孔隙及其围绕孔壁分布的芳香层所组成，其中相邻的芳香层之间由于不紧密堆垛而形成的间隙可被称为微孔隙，该类孔隙封闭性较好，用常规的方法难以确定，而 HRTEM 具有可以识别煤大分子结构的分辨率，可以用于测定煤中微孔隙。鉴于此，本节采用 HRTEM 技术对不同变质程度和不同变形程度构造煤种的相邻芳香层间微孔隙结构进行研究，对煤的微孔隙结构参数(孔隙宽度、孔隙面积和长度)进行定量分析。本节使用的样品包括 XTM07、XTM09、HBM05、CHM09 和 SHM02。

三种不同变质程度的弱构造变形煤微孔隙结构参数频率分布直方图如图 4-92 所示，孔隙宽度、面积和长度分布直方图中组距分别为 0.1nm、0.05nm$^2$ 和 0.2nm。在图 4-92(a)中，低变质煤(XTM09)、中变质煤(HBM05)和高变质煤(SHM02)的孔隙宽度范围为 0.1～0.6nm，随着孔隙宽度的增大，组距内的孔隙百分数呈逐渐减小的趋势。在最小的 0.1～0.2nm 区间内微孔隙所占比例均超过 50%，随着变质程度的加深，孔隙百分数先增大后减小，具体表现为由 XTM09 的 56.76%增大到 HBM05 的 59.88%，随后减小至 SHM02 的 56.79%，可以发现，上述样品孔隙百分数均大于低变质煤(XTM09)的 56.76%。另外，从图 4-93 可以看出，低变质煤(XTM09)、中变质煤(HBM05)和高变质煤(SHM02)的平均孔隙宽度分别是 0.209nm、0.206nm、0.204nm。根据"4.3.2 基于 HRTEM 实验的构造煤超微孔隙发育特征"中的研究认为,随着变质程度增大,煤大分子结构的层间距逐渐减小[XTM09(0.362nm)＞HBM05(0.358nm)＞SHM02(0.352nm)],显然,微孔隙(相邻芳香层形成的间隙)宽度的变化趋势与条纹间距是一致的,表明微孔隙与条纹间距之间存在相关关系,即随着煤演化程度的加深,芳香层排列更紧密,间距减小,进而导致相邻芳香层组成的间隙宽度减小。此外,相邻演化阶段的孔隙宽度差值分别为 0.003nm、0.002nm,由此可见,由低变质向中变质阶段演化时,煤中微孔隙宽度变化较大。

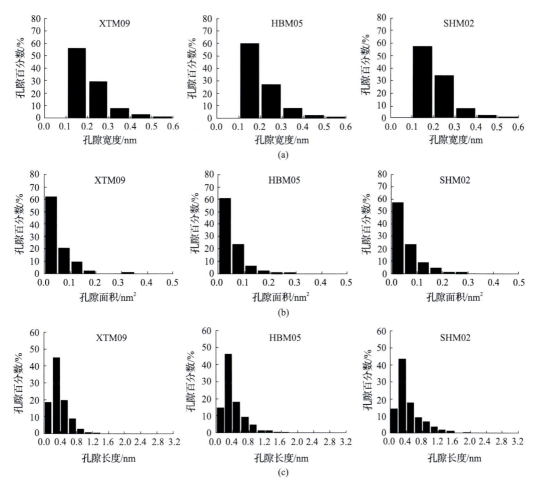

图 4-92　不同变质程度的弱构造变形煤(XTM09、HBM05、SHM02)微孔隙结构参数频率分布直方图
(a)孔隙宽度；(b)孔隙面积；(c)孔隙长度

### 4.3.3　煤中超微孔发育的影响因素

#### 4.3.3.1　变质程度对弱构造变形煤微孔的影响

一般认为,随着变质程度的增强,煤大分子结构趋于紧密,紧密的大分子结构不利于微孔隙发育。根据图 4-92(b),低变质煤(XTM09)、中变质煤(HBM05)和高变质煤

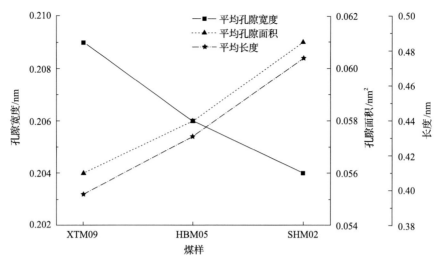

图 4-93  不同煤级弱构造变形煤的平均孔隙宽度、平均孔隙面积和平均长度

(SHM02)的孔隙面积值域为 $0\sim0.45\text{nm}^2$。在 $0\sim0.05\text{nm}^2$ 区间范围内微孔隙所占比例均超过 50%，其中 XTM09 的孔隙百分数是 63.13%，HBM05 是 61.72%，SHM02 是 58.02%，其他区间则相差较小，显然，这直接决定了平均值的变化趋势。根据图 4-93，随着变质程度的增大，平均孔隙面积缓慢增加，由低煤阶的 $0.056\text{nm}^2$ 增大到中煤阶的 $0.058\text{nm}^2$，至高煤阶则可达到 $0.061\text{nm}^2$。相邻演化阶段的孔隙面积差值分别为 $0.002\text{nm}^2$、$0.003\text{nm}^2$，可见，由中变质向高变质阶段演化时，大分子结构中的微孔隙面积变化较大。考虑到在测算孔隙属性时通常假设孔隙为圆形，则随着孔隙面积的增大，孔隙宽度也相应地增大。然而，根据图 4-93，随着煤化作用的进行，孔隙面积逐渐增大，孔隙宽度反而逐渐减小，两者的变化趋势恰恰相反，显然，将一定条件下煤中孔隙假设为圆形是不恰当的。根据图 4-92(c)，低变质煤(XTM09)孔隙长度值域是 $0\sim2.4\text{nm}$，中变质煤(HBM05)是 $0\sim2.2\text{nm}$，而高变质煤(SHM02)的最大长度是 3.2nm，且三者在 $0.2\sim0.4\text{nm}$ 区间内的孔隙百分数均达到最大，分别为 45.35%、46.67%和 43.45%。另外，根据图 4-93，低变质煤(XTM09)、中变质煤(HBM05)和高变质煤(SHM02)的平均长度分别是 0.398nm、0.431nm、0.476nm，相邻演化阶段的长度差值分别为 0.033nm 和 0.045nm，显然，随着煤阶的增加，孔隙平均长度逐渐增大，且在中变质向高变质煤演化时变化较大。考虑到煤的演化过程实质上就是富碳、去氢、脱氧和煤分子由小到大、由无序向有序转化的过程，由于低、中变质阶段煤是由含各种侧链的缩聚芳香单元组成的一种长程无序而短程有序的非晶态物质，因此，随着演化程度的升高，一方面侧链和官能团依据键能大小相继裂解析出，形成各种烃类；另一方面通过芳构化和缩聚作用实现分子重排、密集、有序畴增大，最终演变为具有三维结构的石墨(Stach et al., 1982)。根据"4.3.2 基于 HRTEM 实验的构造煤超微孔发育特征"中的分析，随煤阶升高，煤中条纹间距逐渐减小，条纹长度增大，条纹的这种变化进一步导致相邻芳香层组成的微孔隙宽度减小，长度增大。此外，微孔隙面积随着煤变质程度的增大而增大表明在煤演化过程中，条纹长度增大速率要大于条纹间距减小速率。

#### 4.3.3.2 构造变形对不同变质程度煤微孔的影响

1. 低变质程度煤

强构造变形煤(XTM07)和弱构造变形煤(XTM09)的微孔隙参数频率分布直方图分别如图4-94所示。两者孔隙宽度值域均为0.1~0.6nm,且在各分组区间内均有孔隙分布。经过计算,两者在对应的分组区间内孔隙百分数基本相等,相差不超过1%。两者的平均宽度值均为0.209nm,所以构造变形对大分子结构中的微孔隙宽度没有影响。对比弱构造变形煤(XTM09)和强构造变形煤(XTM07)孔隙面积分布图,前者的值域为0~0.45nm$^2$,平均值为0.056nm$^2$;后者值域为0~0.35nm$^2$,平均值为0.053nm$^2$,可见,在低变质阶段,随构造变形的增强,微孔隙面积减小,平均值减小0.003nm$^2$。强构造变形煤(XTM07)的孔隙长度范围是0~2.2nm,平均值为0.398nm;弱构造变形煤(XTM09)范围是0~2.4nm,平均值为0.398nm,两者平均孔隙长度相等。根据"4.3.2 基于HRTEM实验的构造煤超微孔发育特征"中的分析,随构造变形的增强,条纹间距减小,条纹长度增大。相邻条纹(芳香层)由于不紧密堆垛而形成的微孔隙,由于孔隙的平均长度和平均宽度不变,而平均面积减小,表明在低变质阶段,随构造变形作用的进行,条纹长度增大速率要小于条纹间距减小速率。

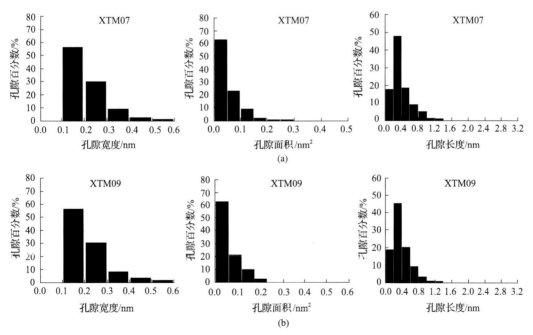

图4-94 低变质构造煤微孔隙参数频率分布直方图

2. 中变质煤

强构造变形煤(CHM09)和弱构造变形煤(HBM05)孔隙参数频率分布直方图分别如图4-95所示。两者的孔隙宽度值域均为0.1~0.6nm,前者平均宽度为0.205nm,后者为0.206nm,差值为0.001nm,显然,该差值大于低变质煤平均宽度差值(0nm)。两者在各分组区间内均有孔隙分布,且随着宽度的增大,各区间孔隙百分数逐渐减小。经过计算,在 0.1~0.2nm 和 0.2~0.3nm 区间内,两者孔隙百分数相差较大。在最小的 0.1~0.2nm 区间,强构造变形煤(CHM09)的孔隙百分数是 51.24%,小于弱构造变形煤(HBM05)的 59.88%;在 0.2~0.3nm 区间,CHM09 孔隙百分数是 40.33%,大于 HBM05 的 27.11%。之后的三个分组区间,强构造变形煤(CHM09)孔隙百分数均要小于对应的弱构造变形煤(HBM05)孔隙百分数,这表明随构造变形的增强,宽度为 0.3~0.6nm 的微孔隙断裂为更小宽度的孔隙,最小宽度(0.1~0.2nm)的孔隙一部分断裂为更小的孔隙,但另一大部分连通或合并为较大宽度(0.2~0.3nm)的孔隙。

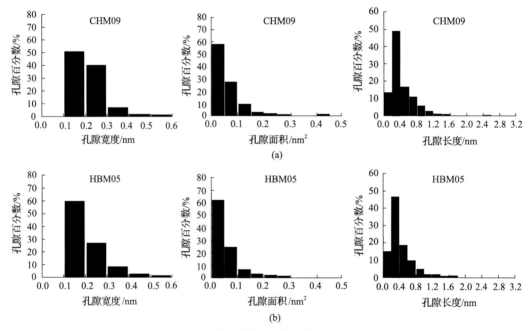

图 4-95 中变质构造煤微孔隙参数频率分布直方图

强构造变形煤(CHM09)的孔隙面积值域为 0~0.50nm$^2$,平均值为 0.059nm$^2$;弱构造变形煤(HBM05)的孔隙面积值域为 0~0.45nm$^2$,平均值为 0.058nm$^2$。可见,随构造变形的增强,微孔隙面积增大,差值为 0.001nm$^2$,小于对应的低变质煤平均面积差值(0.003nm$^2$)。对比孔隙长度分布直方图可以明显地看出,弱构造变形煤(HBM05)的最大微孔隙长度是 2.2nm,强构造变形煤(CHM09)的最大孔隙长度是 2.6nm。平均值通过孔隙分布直方图计算获得,前者为 0.431nm,后者为 0.441nm,相差 0.01nm,大于对应的低变质平均长度差值(0nm)。相邻条纹(芳香层)由于不紧密堆垛而形成的微孔隙,由于孔隙的平均宽度减小,平均长度和平均面积增大,表明在中变质阶段,随构造变形作用的进行,条纹长度增大速率大于条纹间距减小速率。综上所述,构造变形不仅影响煤的大分子结构,还破坏了大分子结构中的微孔隙。不同的变质阶段,影响的程度各不相同的。在应力条件下,随着构造变形的增大,煤的大分子结构逐渐增大,相邻芳香环不断聚合与叠合,出现局部的定向和周边非定向排列的芳香层的组合,并且由于芳香层滑移,在相邻芳香层间形成了孔容较大的微孔隙,但由于煤芳香层长度不断增大,间距减小,局部的定向排列使得一部分孔隙断裂为更小的孔隙,另一部分孔隙则连通或合并成为较大孔隙。随着构造变形的增强,构造变形对低变质煤孔隙宽度、面积和长度的具体影响大小分别为 0nm、0.003nm$^2$ 和 0nm,对应的中变质结构参数分别为 0.001nm、0.001nm$^2$ 和 0.01nm,可见构造变形对中煤阶大分子结构中微孔隙宽度和长度的影响要大于低煤阶。这正是构造变形对不同类型构造煤大分子结构的影响不同所引起的。低煤阶含有较多的官能团,烷基侧链长而多,芳香环缩合度较低,煤的主体结构以芳构化作用为主(Cao et al., 2003)。中变质阶段煤经历了煤化作用的第二次跃变时期,大量挥发物质生成,富氢的侧链、官能团进一步断裂脱除(Kopp et al., 2000)。至高煤阶时,结构单元烷基侧链裂解变短并已大部分被消耗,煤的主体结构变化由芳构化作用转向以芳香环缩合作用占优势(汤达祯等,1999)。因此,中变质煤的主体结构虽仍以芳构化作用为主,但芳香环缩合作用逐渐增强。随构造变形作用的进行,造成了中煤阶的条纹增大速率大于条纹间距减小速率,进一步导致大分子结构中的微孔隙宽度减小、长度和面积增大。

## 参 考 文 献

敖卫华, 黄文辉, 唐修义, 等. 2012. 构造附加动力对煤变质过程的影响. 地质科学, (2): 517-529.
曹代勇, 张守仁, 任德贻. 2002. 构造变形对煤化作用进程的影响——以大别造山带北麓地区石炭纪含煤岩系为例. 地质论评, (48): 313-317.
陈善庆. 1989. 湘、鄂、粤、桂二叠系构造煤特征及其成因进行了分析. 煤炭学报, (4): 1-9.
郝琦. 1987. 煤的显微孔隙形态特征及其成因探讨. 煤炭学报, (4): 53-58, 99-103.
侯泉林, 李会军, 范俊佳, 等. 2012. 构造煤结构与煤层气赋存研究进展. 中国科学: 地球科学, 42(10): 1487-1495.
侯泉林, 李培军, 李继亮. 1995. 闽西南前陆褶皱冲断带. 北京: 地质出版社: 37-63.
侯泉林, 张子敏. 1990. 关于"糜棱煤"概念之探讨. 焦作矿业学院学报, 9: 21-26.
姜波, 琚宜文. 2004. 构造煤结构及其储层物性特征. 天然气工业, (24): 27-29.
降文萍, 崔永军, 张群, 等. 2007. 不同变质程度煤表面与甲烷相互作用的量子化学研究. 煤炭学报, 32(3): 292-295.
降文萍, 崔永君, 钟玲文, 等. 2007. 煤中水分对煤吸附甲烷影响机理的理论研究. 天然气地球科学, (4): 576-579, 583.
琚宜文, 姜波, 侯泉林, 等. 2005. 构造煤结构-成因新分类及其地质意义. 煤炭学报, 29(5): 513-517.
彭瑞东, 谢和平, 鞠杨. 2004. 二维数字图像分形维数的计算方法. 中国矿业大学学报, 33(1): 19-24.
戚灵灵, 王兆丰, 杨宏民, 等. 2012. 基于低温氮吸附法和压汞法的煤样孔隙研究. 煤炭科学技术, 40(8): 36-39.
苏现波, 张丽萍, 林晓英. 2005. 煤阶对煤的吸附能力的影响. 天然气工业, (1): 19-21.
孙传after, 龙荣生, 土块, 等. 1989. 南桐煤矿煤体结构的差异性及对瓦斯突出的影响. 西安矿业学院学报, (2): 25-30.
汤达祯, 林善园, 王激流, 等. 1999. 鄂尔多斯盆地东缘晚古生代煤的生烃反应动力学特征. 石油实验地质, 21(4): 328-335.
唐书恒, 蔡超, 朱宝存, 等. 2008. 煤变质程度对煤储层物性的控制作用. 天然气工业, 28(12): 30-33, 53, 136.
王恩营, 刘明举, 魏建平. 2009. 构造煤成因-结构-构造分类新方案. 煤炭学报, 34: 656-660.
王生维, 陈钟惠, 张明, 等. 2003. 煤相分析在煤储层评价中的应用. 高校地质学报, 9(3): 396-401.
王生维, 张明, 庄小丽. 1996. 煤储层裂隙形成机理及其研究意义. 中国地质大学学报, 21(6): 637-640.
许江, 袁梅, 李波波, 等. 2012. 煤的变质程度、孔隙特征与渗透率关系的试验研究. 岩石力学与工程学报, 31(4): 681-687.
杨起, 潘治贵, 汤达祯, 等. 1994. 煤结构的 STM 和 AFM 研究. 科学通报, 39(7): 633-625.
杨位钦, 顾岚. 1986. 时间序列分析与动态数据建模. 北京: 北京工业学院出版社.
袁崇孚. 1985. 构造煤和瓦斯突出防治. 瓦斯地质(创刊号): 45-52.
张代钧. 1989. 煤结构与煤变质程度关系初探. 煤田地质与勘探, 43(18): 22-25.

张慧, 王晓刚, 员争荣, 等. 2002. 煤中显微裂隙的成因类型及其研究意义. 岩石矿物学杂志, 21(3): 278-274.

张慧. 2001. 煤孔隙的成因类型及其研究. 煤炭学报, 26(1): 40-44.

张蓉竹, 蔡邦维, 杨春林, 等. 2000. 功率谱密度的数值计算方法. 强激光与粒子束, 12(6): 34-38.

张士万, 孟志勇, 郭战峰, 等. 2014. 涪陵地区龙马溪组页岩储层特征及其发育主控因素. 天然气工业, 34(12): 16-24.

周龙刚, 吴财芳. 2012. 黔西比德−三塘盆地主采煤层孔隙特征. 煤炭学报, 37(11): 1878-1884.

Barrett E P, Joyner L G, Halenda P P. 1951. The determination of pore volume and area distributions in porous substances. I. Computations from nitrogen isotherms. Journal of the American Chemical Society, 73(1): 373-380.

Cai Y D, Liu D M, Pan Z J, et al. 2014. Pore structure of selected Chinese coals with heating and pressurization treatments. Science China Earth Sciences, 57(7): 1567-1582.

Cao Y X, Davis A, Liu R X, et al. 2003. The influence of tectonic deformation on some geochemical properties of coals-A possible indicator of outburst potential. International Journal of Coal Geology, 53(2): 69-79.

Friesen W I, Mikula R J. 1987. Fractal dimensions of coal particles. Journal of Colloid and Interface Science, 120(1): 263-271.

Gan H, Nandi S P, Jr P L W. 1972. Nature of the porosity in American coals. Fuel, 51(4): 272-277.

Golubev Y A, Kovaleva O V, Yushkin N P. 2008. Observations and morphological analysis of supermolecular structure of natural bitumens by atomic force micro scopy. Fuel, 87(1): 32-38.

Hodot B B. 1966. Outburst of Coal and Coalbed Gas (Chinese Translation). Beijing: China Industry Press: 318.

Hu J G, Tang S H, Zhang S H. 2016. Investigation of pore structure and fractal characteristics of the Lower Silurian Longmaxi shales in western Hunan and Hubei Provinces in China. Journal of Natural Gas Science & Engineering, 28(6): 522-535.

Ismail I M K, Pfeifer P. 1994. Fractal analysis and surface roughness of nonporous carbon fibers and carbon blacks[J]. Langmuir, 10(5): 1532-1538.

Ju Y W, Jiang B, Hou Q L, et al. 2005. Relationship between nanoscale deformation of coal structure and metamorphic-deformed environments. Chinese Science Bulletin, 50(16): 1785-1796.

Ju Y W, Li X S. 2009. New research progress on the ultrastructure of tectonically deformed coals. Progress in Natural Science, 19(11): 1455-1466.

Kopp O C, Bennett Ⅲ M E, Clark C E. 2000. Volatiles lost during coalification. International Journal of Coal Geology, 44(1): 69-84.

Labani M M, Rezaee R, Saeedi A, et al. 2013. Evaluation of pore size spectrum of gas shale reservoirs using low pressure nitrogen adsorption, gas expansion and mercury porosimetry: A case study from the Perth and Canning Basins, Western Australia. Journal of Petroleum Science & Engineering, 112(3): 7-16.

Laxminarayana C, Crosdale P J. 1999. Role of coal type and rank on methane sorption characteristics of Bowen Basin, Australia coals. International Journal of Coal Geology, 40(4): 309-325.

Liang L X, Xiong J, Liu X J. 2015. An investigation of the fractal characteristics of the Upper Ordovician Wufeng Formation shale using nitrogen adsorption analysis. Journal of Natural Gas Science & Engineering, 27(10): 402-409.

Mandelbrot B B, Wheeler J A. 1983. The fractal geometry of nature. Journal of the Royal Statistical Society, 147(4): 286, 287.

Millward G R. 1979. Ultrastructural analysis of coal derivatives by electron microscopy//Coal and Modern Coal processing: An Introduction, New York: Academic Press: 87-108.

Mou P W, Pan J N, Niu Q H, et al. 2021. Coal pores: Methods, types, and characteristics. Energy and Fuels, 35(9): 7467-7484.

Oberlin A. 1979. Application of dark-field electron-microscopy to carbon study. Carbon, 17(1): 7-20.

Pan J N, Hou Q L, Ju Y W, et al. 2012. Coalbed methane sorption related to coal deformation structures at different temperatures and pressures. Fuel, 102(6): 760-765.

Pan J N, Sun T, Hou Q L, 2015b. Examination of the formation phases of coalbed methane reservoirs in the Lu'an Mining area (China) based on a fluid inclusion analysis and $R_o$ method. Journal of Natural Gas Science and Engineering, 22: 73-82.

Pan J N, Zhao Y Q, Hou Q L, 2015c. Nanoscale pores in coal related to coal rank and deformation structures. Transport in Porous Media, 107(2): 543-554.

Pan J N, Zhu H T, Bai H L, et al. 2013. Atomic force microscopy study on microstructure of various ranks of coals. Journal of Coal Science and Engineering (China), 19(3): 309-315.

Pan J N, Zhu H T, Hou Q L, 2015a. Macromolecular and pore structures of Chinese tectonically deformed coal studied by atomic force microscopy. Fuel, 139: 94-101.

Peng C, Zou C C, Yang Y Q, et al. 2017. Fractal analysis of high rank coal from southeast Qinshui Basin by using gas adsorption and mercury porosimetry. Journal of Petroleum Science & Engineering, 156: 235-249.

Pfeifer P, Wu Y J, Cole M W, et al. 1989. Multilayer adsorption on a fractally rough surface. Physical Review Letters, 62(17): 1997-2000.

Renato Z, Hywel R T. 2019. Dynamic transport and reaction behaviour of high-pressure gases in high-rank coal. Journal of Natural Gas Science and Engineering, 71: 102978.

Sharma A, Kyotani T, Tomita A. 2000a. Direct observation of layered structure of coals by a transmission electron microscope. Energy & Fuels, 14(2): 515-516.

Sharma A, Kyotani T, Tomita A. 2000b. Direct observation of raw coals in lattice fringe mode using high-resolution transmission electron microscopy. Energy & Fuels, 14(6): 1219-1225.

Sing K S W. 1985. Reporting physisorption data for gas/solid systems with special reference to the determination of surface area and porosity. Pure and Applied Chemistry, 57(4): 603-619.

Song D, Ji X, Li Y, et al. 2020. Heterogeneous development of micropores in medium-high rank coal and its relationship with adsorption capacity. International Journal of Coal Geology, 226: 103497.

Stach E, Mackowsky M T H, Teichmuller M, et al. 1982. Stach's Textbook of Coal Petrology. Berlin: Gebruder Borntraeger: 381-413.

Sun W J, Feng Y Y, Jiang C F, et al. 2015. Fractal characterization and methane adsorption features of coal particles taken from shallow and deep coalmine layers. Fuel, 155: 7-13.

Wang F, Cheng Y P, Lu S Q, et al. 2014. Influence of coalification on the pore characteristics of middle-high rank coal. Energy & Fuels, 28(9): 5729-5736.

Washburn E W. 1921. The dynamics of capillary flow. Physical Review, 17(3): 273-283.

Wei Q, Li X, Hu B, et al. 2019. Reservoir characteristics and coalbed methane resource evaluation of deep-buried coals: A case study of the No. 13–1 coal seam from the Panji deep area in Huainan Coalfield, Southern North China. Journal of Petroleum Science and Engineering, 179: 867-884.

Wei Q, Zheng K, Hu B, et al. 2021. Methane adsorption capacity of deep-buried coals based on pore structure in the Panji deep area of Huainan Coalfield, China. Energy Fuels, 35(6): 4775-4790.

Yao S P, Jiao K, Zhang K, et al. 2011. An atomic force microscopy study of coal nanopore structure. Chinese Science Bulletin, 56(25): 2706-2712.

Yao Y B, Liu D M. 2012. Comparison of low-field NMR and mercury intrusion porosimetry in characterizing pore size distributions of coals. Fuel, 95(1): 152-158.

Yehliu K, Vander Wal R L, Boehman A L. 2011. Development of an HRTEM image analysis method to quantify carbon nanostructure. Combustion and Flame, 158(9): 1837-1851.

# 第 5 章
# 煤中封闭孔隙发育特征及其影响因素

煤是一种富含微孔、介孔和大孔的孔隙材料(Anderson et al., 1956; Gan et al., 1972)。通常认为,在煤基质收缩过程中形成了大量的狭缝状孔隙,煤中孔隙结构在狭缝状孔隙的串联作用下得以连通,并达到煤的表面,这些连通的孔隙即所谓的开放孔隙(图 5-1 中的 a)(Nie et al., 2015),第 4 章所研究的孔隙也主要属于开放孔隙。然而,最近的研究表明,煤中存在不能连通到外部的且占相当比例的孔隙(Sakurovs et al., 2009),即封闭孔隙(图 5-1 中的 b)。在实际生产过程中,通常只关注对于煤层气开发和 $CO_2$ 封存有意义且常规实验方法可以测得的开放孔隙和半开放孔隙,而往往忽视封闭孔隙的发育特征。然而,研究表明,封闭孔隙极有可能是煤与瓦斯突出过程中超量瓦斯的储存空间(牛庆合,2016),因此,探明封闭孔隙发育特征对煤矿安全生产具有重要意义。

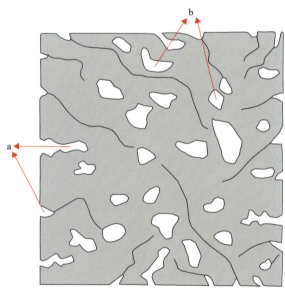

图 5-1 煤的孔隙、裂隙结构模型(据 Alexeev et al., 2000)

a-裂隙和开放孔; b-封闭孔

# 第5章 煤中封闭孔隙发育特征及其影响因素

煤中存在封闭孔隙已经得到了学者们的认可(Radliński et al., 2004; Alexeev et al., 2000; Antxustegi et al., 1998; Gupta et al., 1998; Al-Otoom et al., 2000), Alexeev 等(1999)通过实验确定了各种类型煤的封闭气孔体积,认为在大多数情况下,封闭孔隙总孔隙度对总孔隙的贡献超过 60%,对于易突出煤,其封闭孔隙体积有增大趋势。Cai 等(2014)的研究表明,煤中存在一定量的封闭孔,在高变质煤中封闭孔的孔隙度在 40%以上,在中低变质煤中封闭孔的孔隙度在 30%以上。He 等(2012)的研究发现煤样孔隙度在 7%~13%,氘代甲烷无法进入的孔隙占总孔的 13%~36%,且随变质程度的增大不可进入孔隙的孔隙度增大而总孔隙度减小,总孔隙度和封闭孔隙度呈负相关的关系。显然,上述研究已经证实了封闭孔隙在煤样孔隙中占有较大比重,然而,不同变质程度和变形程度煤样中不同孔径段封闭孔隙发育特征、封闭孔隙的形貌特征等尚不明确,关于煤中封闭孔隙的研究方法也有待进一步探索。鉴于此,笔者根据不同孔隙测试方法的适用范围,采用低温液氮吸附实验和小角 X 射线散射实验相结合的方法间接测定煤中孔径小于 50nm 的封闭孔隙发育特征。研究方法和研究结论可以为今后进一步研究煤中封闭孔隙发育特征提供参考。

## 5.1 煤样选择及煤岩学特征

为定量分析不同变质程度和变形程度煤样封闭孔隙发育特征,选取山西忻州保德矿(BD01)、淮北矿区许疃煤矿(XTM07、XTM09 和 XTM10)、河北峰峰申家庄煤矿(SJZM01)、鹤壁四矿(HBM03 和 HBM06)、沁水盆地高平矿区赵家庄煤矿(ZZM01)、寺河煤矿(SHE02)和凤凰山煤矿(FH03 和 FH04)、河南平顶山八矿(PMBK03 和 PMBK07)、新密超化煤矿(CHM05 和 CHM09)等的煤样进行研究。

### 5.1.1 煤样的宏观描述和变形特征

构造煤的分类有很多种,其主要的分类依据有:煤体原生结构和原生裂隙保存完好程度、煤体破碎程度、煤体褶皱变形程度、煤体结构特征、煤体变形程度和变形性质、裂隙的性质和发育程度、手拭强度、光性变异、力学性质等。根据 4.3.1.2 小节中所提到的三个方面对试验煤样进行宏观描述(表 5-1),结合上述分类依据将本书所选取的煤样分为脆性变形煤与韧性变形煤两种类型,其中脆性变形煤又分为弱脆性变形煤和强脆性变形煤。

煤是古代植物的遗体经过氧化分解、还原合成和沉积埋藏等一系列生物化学作用形成的。在煤形成的初期,煤系地层经历的构造运动较少,煤几乎没有经历过改造,其结构以原生结构为主,层状结构完好,镜煤条带较少,煤样整体呈较大块体,并具有棱角状、阶梯状断口[图 5-2(a)、(b)]。在煤化作用后期,由于构造运动影响煤体发生变形,对于脆性变形煤,其在挤压、拉张和剪切等应力的作用下常发育多组裂隙,且裂隙以张裂隙为主[图 5-2(c)、(d)];随变形作用的增强,煤中裂隙更加发育,煤基质也在摩擦作用下破碎形成大小不等的碎块或颗粒,甚至碎裂成粉末,煤样硬度变小,易捻搓成毫米级碎粒或煤粉[图 5-2(e)、(f)]。在韧性变形环境下,煤样在地层挤压和剪切作用下发生韧性变形，其岩相也会发生强烈的褶皱，煤样最终呈糜棱结构和透镜结构[图 5-2(g)、(h)]。

表 5-1　所选煤样的变形程度及宏观描述

| 样品编号 | $R_{o,ran}$/% | 变形程度 | 煤岩宏观特征描述 |
|---|---|---|---|
| BD01 | 0.75 | 原生结构煤 | 原生结构保存完好，层状结构完好，镜煤条带较少 |
| XTM09 | 0.93 | 弱脆性变形煤 | 可以观察到煤的主体结构，硬度大，难以用手掰开，裂隙、节理发育，破裂在其表面延展 |
| PMBK07 | 1.28 | | 原生结构基本完好，层理造裂隙发育无明显位移且不易捏碎 |
| HBM03 | 1.55 | | 层理隐约可见，煤间有宽为 1mm 的镜煤条带分布，表面有小面积的滑动擦痕 |
| ZZ01 | 2.16 | | 原生结构隐约可见，层理次序亦能辨认位移不明显 |
| FH04 | 3.80 | | 条带状结构可见，煤表面具有较多不同方向的裂隙 |
| SHE02 | 2.80 | | 条带结构和层理造清晰可见，裂隙发育煤质较硬且不易捏碎 |
| XTM07 | 0.88 | 强脆性变形煤 | 煤的初级结构被破坏，强烈的构造作用导致层理消失，呈现棱角状，裂隙向四周发展，煤的硬度降低，可用手捏碎 |
| SJZM01 | 1.12 | | 原生结构消失，颗粒无明显方向性，可捏成粉末 |
| PMBK03 | 1.14 | | 色泽半暗，原生结构消失，层理无序，可捏成小于 1cm 的小碎块 |
| CHM09 | 1.67 | | 色泽暗淡，原生结构消失，煤体较软易捏成粉末 |
| HBM06 | 1.86 | | 原生结构消失，层理无次序，煤体表面有明显的滑动擦痕，硬度低，易捏碎成小于 1cm 的颗粒 |
| FH03 | 3.77 | | 条带结构可见，层状构造保存较好，可用手捏成碎块 |
| XTM10 | 0.96 | 强韧性变形煤 | 呈塑性变形，岩相成分发生强烈的褶皱，形成不规则的碎屑结构，其结构难以辨别。硬度低，可用手捏碎成粉末 |
| CHM05 | 1.56 | | 色泽暗淡，原生结构消失，煤体较软，具揉皱构造，易捏成粉末 |

(a)　　　　　　　　　　(b)

(c)　　　　　　　　　　(d)

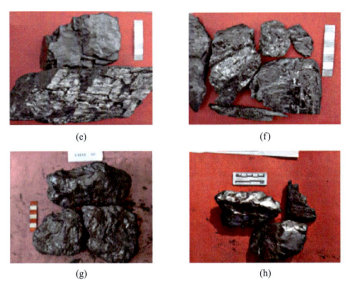

图 5-2 不同变形类型煤样照片

(a)原生结构煤，层状结构完好，具有棱角状、阶梯状断口；(b)原生结构煤，镜煤条带较少，煤样整体呈较大块体；(c)弱脆性变形煤，发育多组裂隙，且裂隙以张裂隙为主；(d)弱脆性变形煤；(e)强脆性变形煤，裂隙更加发育，煤样硬度变小，易捻搓成毫米级碎粒或煤粉；(f)强脆性变形煤；(g)强韧性变形煤，呈糜棱结构和透镜结构；(h)强韧性变形煤

### 5.1.2 煤样的显微煤岩特征

#### 5.1.2.1 煤样的显微组分鉴定

煤的有机显微组分可分成镜质组、惰质组和壳质组，其特征及意义已经在 4.3.1.1 小节中做了详细描述，此处不再赘述。本书利用中国地质大学材料物理实验室的 OPTON-Ⅱ类 MPV-3 型显微镜进行了系统的煤岩显微组分和镜质组反射率测定，测试结果如表 5-2 所示。本书所涉及煤样的随机镜质组反射率($R_{o,ran}$)分布在 0.75% 和 3.80% 之间，变化范围较大，可以达到对不同变质程度煤样的要求，具有较好的研究价值。显微组分中镜质组含量最多，为 54.00%～95.31%，平均为 78.81%；其次为惰质组，不同煤样惰质组含量差异较大，变化范围为 0.36%～31.40%，平均为 12.28%；对于壳质组，大部分煤样中检测不到壳质组，即使有含量也很少，壳质组含量最大的是 BD01 样品，为 15.10%；煤中矿物含量一定程度上决定了煤灰分的多少，测试煤样中矿物质含量最小为 0.50%，最大为 27.00%。

表 5-2 所选煤样的镜质组反射率和显微组分组成

| 样品编号 | $R_{o,ran}$/% | 煤样的显微组分/% | | | |
| --- | --- | --- | --- | --- | --- |
| | | 镜质组 | 惰质组 | 壳质组 | 矿物组 |
| BD01 | 0.75 | 60.90 | 23.50 | 15.10 | 0.50 |
| XTM09 | 0.93 | 60.40 | 31.40 | 2.00 | — |
| PMBK07 | 1.28 | 85.33 | 9.66 | — | 5.01 |
| HBM03 | 1.55 | 86.48 | 6.95 | 0.02 | 6.55 |

续表

| 样品编号 | $R_{o,ran}$/% | 煤样的显微组分/% | | | |
|---|---|---|---|---|---|
| | | 镜质组 | 惰质组 | 壳质组 | 矿物组 |
| ZZ01 | 2.16 | 94.56 | 0.36 | — | 5.08 |
| FH04 | 3.80 | 88.20 | 8.50 | — | 3.30 |
| SHE02 | 2.80 | 95.31 | 4.69 | — | — |
| XTM07 | 0.88 | 56.60 | 29.10 | 8.50 | 1.43 |
| SJZM01 | 1.12 | 78.65 | 17.40 | — | 3.95 |
| PMBK03 | 1.14 | 74.71 | 11.50 | — | 13.79 |
| CHM09 | 1.67 | 70.34 | 2.66 | — | 27.00 |
| HBM06 | 1.86 | 91.69 | 4.89 | — | 3.42 |
| FH03 | 3.77 | 93.20 | 2.70 | — | 4.10 |
| XTM10 | 0.96 | 54.00 | 28.90 | 2.20 | — |
| CHM05 | 1.56 | 91.77 | 1.96 | — | 6.27 |

#### 5.1.2.2 煤样微观结构

为更好地了解试验煤样自然表面特征(形貌、断口、断裂等)、煤体破碎特征(粒状、片状、网状、棱角状等)、煤中孔隙特征(气孔和孔隙类型、大小、分布等)以及煤中矿物成分及分布特征等,结合 ZEISS SUPRA 55 场发射电子显微镜(图 5-3)分别对实验煤样中的变质程度相同但变形程度不同的三个煤样(XTM07、XTM09、XTM10),以及变形程度相同但煤阶不同的三个煤样(BD01、HBM03、ZZ01)进行观测,详细扫描电镜照片如图 5-4 所示。

图 5-3 ZEISS SUPRA 55 场发射扫描电镜

根据图 5-4,煤样 XTM09 属于弱脆性变形煤,煤样变形程度较弱,内部发育较规则平直裂隙,随着脆性变形作用的增强,样品中的平直裂隙被错断形成更加破碎的裂隙和孔隙,煤样显微表面也由整块的形状变为不均一的颗粒状。煤样 XTM10 属于强韧性变

## 第 5 章 煤中封闭孔隙发育特征及其影响因素

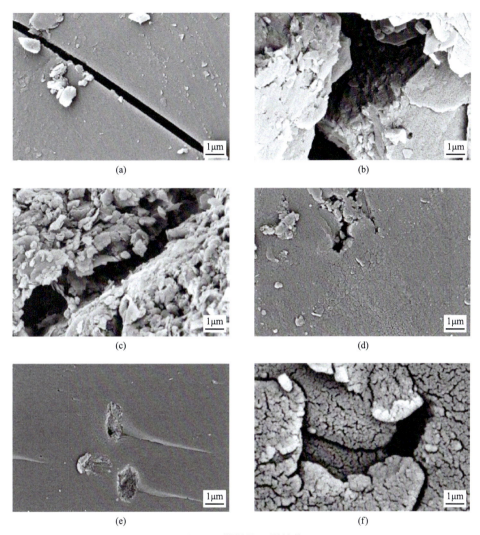

图 5-4 煤样的显微结构
(a) XTM09；(b) XTM07；(c) XTM10；(d) BD01；(e) HBM03；(f) ZZ01

形煤，煤样内部发生揉皱变形，表面可见角砾、碎粒，甚至糜棱质发育，个别煤样有摩擦面、脱落膜出现，裂隙发育。

此外，对于不同变质程度煤样，BD01 属于原生煤，其变质程度较低，煤中可见一定量的原生孔隙发育，孔隙的大小和形状比较规则；随变质程度的增强，温度和压力的增大使煤岩发生热解反应，从而产生大量的气体，气体的溢出使煤表面产生圆形或椭圆形的气孔；当煤的变质程度达到较高水平时，煤样基质更加致密均一，煤中孔隙以小孔和微孔为主(图 5-4)。

## 5.2 基于 SAXS 的煤中总孔隙结构研究

小角 X 射线散射(small angle X-ray scattering，SAXS)技术是识别孔洞、粒子缺陷、

材料中的晶粒、非晶粒子等微结构的有效手段，其在煤样孔隙表征方面同样展现出巨大的应用潜力（Radliński et al.，2009；Foster and Jensen，1990；Sastry et al.，2000；Liu et al.，2010；Ciccariello et al.，1987；Mitropoulos et al.，1996；Cohaut et al.，2000；Reich et al.，1990）。相较于其他煤样孔隙测定方法，小角 X 射线散射技术可以在不破坏煤样的条件下进行实验并获得到煤样孔隙结构特征，且该方法获取的孔隙发育特征是指煤中所有孔隙的发育特征，包括常规方法可以获取的开放孔隙和流体侵入法无法测出的封闭孔隙（Lin et al.，1978；Melnichenko et al.，2012）。显然，通过对煤中开放孔隙和总孔隙发育特征进行对比论证可以获取煤中封闭孔隙的结构信息，其中，煤中的开放孔隙可以借助低温液氮吸附实验表征，而总孔隙发育特征可以利用小角 X 射线散射实验表征。

本研究中的小角 X 射线散射实验是利用北京同步辐射实验室的 1W2A 型小角 X 射线散射仪实现的，该仪器的基本参数为：封闭 Cu 靶，20kV，50mA，在专用光运行期间，正负电子对撞机（BEPC）储存环能量为 2.5GeV，束流约为 180mA。在实验进行过程中，小角 X 射线散射实验光束通过阳极 X 射线发射器发出，经过同步辐射装置进入实验通道内，其中最适合该实验、最终效果最好的 1W2A 光束线波长为 0.154nm。此外，通常情况下实验过程中样品到探测器的距离为 0.5～5.0m，考虑到在探测器尺寸和分辨率一定的情况下，距离越短，实验所能收集的角度范围越大，角分辨率越差；距离越长，收集的角度范围越小，角分辨率越好，因此，为得到最佳的实验效果，该实验样品距探测器的距离设置为 1610mm，测试时间设置为 3～5s。

### 5.2.1 不同变质程度煤样总孔隙发育特征

为研究不同变质程度和不同变形程度煤样总孔隙发育特征，选取相应的两组煤样及进行小角 X 射线散射实验，其中第一组煤样包括 PMBK07、HBM03、ZZ01、FH04 和 SHE02，为煤阶逐渐升高但其变形程度相似（均属于弱脆性变形煤）的实验组；第二组煤样包括 SJZM01、PMBK03、CHM09、HBM06 和 FH03，为煤阶逐渐升高但其变形程度相似（均属于强脆性变形煤）的实验组。

#### 5.2.1.1 孔隙分布情况

对实验煤样进行 SAXS 实验，最终得到的散射矢量 $q$ 和散射强度 $I(q)$ 的散射曲线图（图 5-5）。图 5-5（a）表明在散射强度出现极大值之后，随变质程度的增强煤样散射强度大致呈减小趋势；从图 5-5（b）可以看出在散射强度出现极大值之后，随变质程度的增强煤样散射强度呈增大趋势。显然，随着变质程度的增强，不同变形程度煤样 $I(q)$ 的变化趋势存在差异。

进一步地，对所获取的 $q$ 和 $I(q)$ 数据进行计算得到煤样的孔径分布曲线（图 5-6）。根据图 5-6 可以看出，煤中大部分孔隙分布在 10nm 以下，且在煤中存在许多孔径分布高峰区，大部分煤样在 5nm、18nm、35nm 左右出现峰值，但 SHE02 煤样中仅出现两个孔径分布高峰（分别在 10nm 和 35nm 左右），这可能与随着煤化作用的进行煤中孔隙趋于更加致密和集中有关。

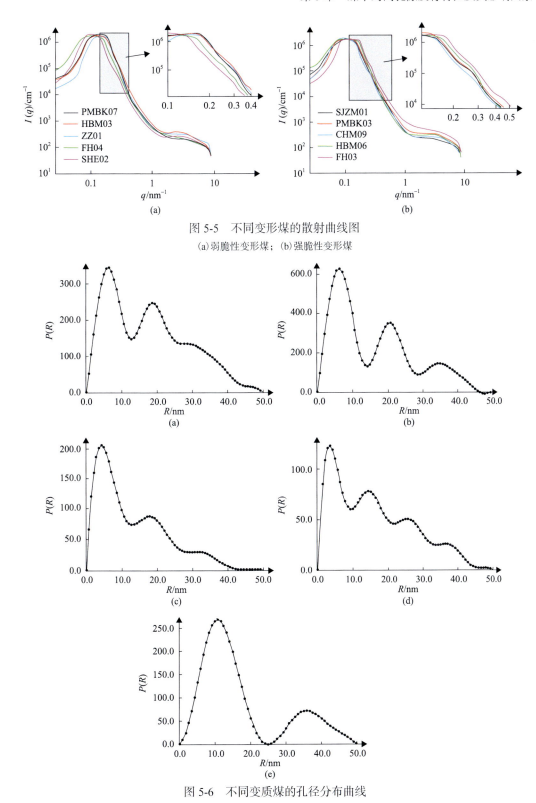

图 5-5 不同变形煤的散射曲线图

(a)弱脆性变形煤；(b)强脆性变形煤

图 5-6 不同变质煤的孔径分布曲线

(a)PMBK07；(b)HBM03；(c)ZZ01；(d)PMBK07；(e)SHE02。$R$ 为孔隙半径；$P(R)$ 为数量密度，无量纲

#### 5.2.1.2 分形维数

SAXS 分形维数可以通过拟合 $\ln q$ 和 $\ln I(q)$ 的关系直线并求其斜率得到,详细的计算过程见图 5-7 和图 5-8。所有煤样的相关系数均在 0.9 以上,显然,SAXS 分形维数的计算结果是精确的。

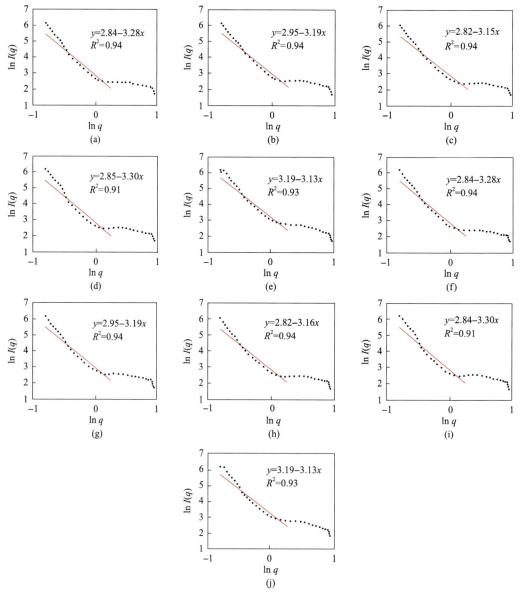

图 5-7 不同变质煤分形维数的计算

(a) PMBK07;(b) HBM03;(c) ZZ01;(d) PMBK07;(e) SHE02;(f) SJZM01;(g) PMBK03;(h) CHM09;(i) HBM06;(j) FH03。

$q$ 为散射矢量,单位为 $nm^{-1}$;$I(q)$ 为散射强度,单位为 $cm^{-1}$

进一步地,绘制如图 5-8 所示的 SAXS 分形维数与孔隙直径的关系曲线。根据图 5-8,

SAXS 分形维数和孔隙直径大致呈负相关关系,表明孔径较大孔隙表面较为光滑平整,而孔径较小的孔隙表面相对粗糙起伏不平,且小孔隙的数量也远远高于大孔隙,这与开放孔的相关结论类似。

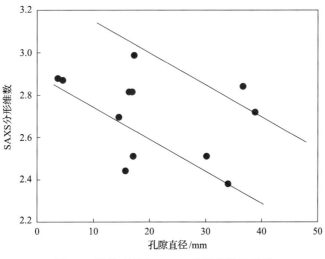

图 5-8 孔隙直径与 SAXS 分形维数的关系

#### 5.2.1.3 孔隙体积和比表面积

通过 SAXS 实验测得的孔隙体积和比表面积见表 5-3,可知 SJZM01 煤样的孔隙体积最小,为 $0.89×10^{-3} cm^3/g$;FH03 煤样的孔隙体积最大,可达 $13.41×10^{-3} cm^3/g$。CHM09 煤样的孔隙比表面积最小,为 $0.38 m^2/g$;FH04 煤样的孔比表面积最大,可达 $17.37 m^2/g$。

表 5-3 SAXS 所测的孔隙体积和比表面积

| 样品编号 | $R_{o,ran}/\%$ | 孔隙体积/$(10^{-3} cm^3/g)$ | 孔隙比表面积/$(m^2/g)$ |
| --- | --- | --- | --- |
| PMBK07 | 1.28 | 2.42 | 0.51 |
| HBM03 | 1.55 | 3.11 | 1.85 |
| ZZ01 | 2.16 | 3.17 | 0.90 |
| FH04 | 3.80 | 4.19 | 3.88 |
| SHE02 | 2.80 | 4.32 | 2.75 |
| SJZM01 | 1.12 | 0.89 | 0.29 |
| PMBK03 | 1.14 | 4.11 | 2.94 |
| CHM09 | 1.67 | 2.69 | 0.38 |
| HBM06 | 1.86 | 7.47 | 2.19 |
| FH03 | 3.77 | 13.41 | 17.37 |

进一步地,为分析煤样总孔体积和总孔比表面积与煤样变质程度的关系,绘制如图 5-9 和图 5-10 的不同变形程度煤样孔体积和孔比表面积与随机镜质组反射率的关系曲

线。根据图 5-9 和图 5-10，两组变形程度不同的煤样的孔隙体积和比表面积均与 $R_{o,ran}$ 呈正相关关系，其中弱脆性变形煤的相关系数分别为 0.72 和 0.73，强脆性变形煤的相关系数可达 0.82 和 0.85。考虑到在煤化作用过程中煤会发生一系列的生物化学作用，如压紧、失水、胶体老化和固结等，煤中大分子结构会经历由杂乱无章到有序堆砌的过程。在这个过程中，煤中孔隙数量会不断增多且孔隙分布更加均一，从而最终演化为石墨的层状结构，因此，从中变质煤到高变质无烟煤，煤中孔隙体积和比表面积均不断增大，且可以预见，随着煤样 $R_{o,ran}$ 的增大煤中孔隙孔体积和孔比表面积仍然存在增大的趋势，但最终其变化会趋于稳定。

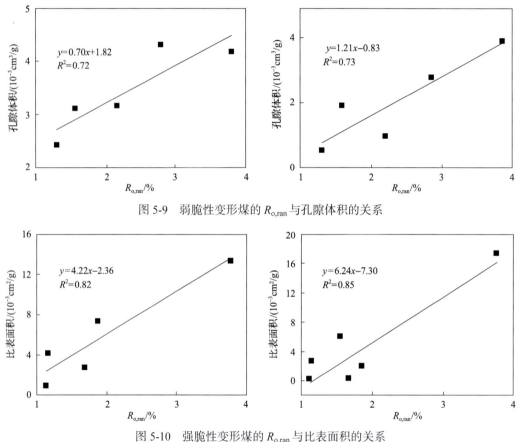

图 5-9　弱脆性变形煤的 $R_{o,ran}$ 与孔隙体积的关系

图 5-10　强脆性变形煤的 $R_{o,ran}$ 与比表面积的关系

### 5.2.2　不同变形程度煤样总孔隙发育特征

为研究不同变形程度（弱脆性变形煤、强脆性变形煤和强韧性变形煤）煤中总孔隙的变化特征，选取同一煤矿不同位置的三个煤样（XTM09、XTM07 和 XTM10）进行 SAXS 实验，实验煤样的基本信息如表 5-4 所示。

根据表 5-4，实验煤样的变质程度相差不大，其 $R_{o,ran}$ 分别为 0.93%、0.88% 和 0.96%。另外，通过对实验煤样进行了手标本描述，发现 XTM09 煤样硬度最大，可以观测到数组裂隙发育；XTM07 硬度次之，可以用手捏碎，裂隙相当发育且原生结构基本消失不见；

XTM10 煤样最软,可用手捏成粉末,表面可见塑性变形发育和强烈的褶皱分布。

表 5-4  SAXS 实验煤样的基本信息

| 样品编号 | 构造煤类型 | $R_{o,ran}$/% | 镜质组/% | 惰质组/% | 壳质组/% | 样品宏观特征 |
|---|---|---|---|---|---|---|
| XTM09 | 弱脆性变形煤 | 0.93 | 60.4 | 31.4 | 2.0 | 可以观察到煤的主体结构,硬度大,难以用手掰开,裂隙、节理发育,破裂在其表面延展 |
| XTM07 | 强脆性变形煤 | 0.88 | 56.6 | 29.1 | 8.5 | 煤的初级结构被破坏,强烈的构造作用导致层理消失,呈现棱角状,裂隙向四周发展,煤的硬度降低,可用手捏碎 |
| XTM10 | 强韧性变形煤 | 0.96 | 54.0 | 28.9 | 2.2 | 随着构造作用的增强煤呈现塑性变形。岩相成分发生强烈的褶皱,形成不规则的碎屑结构,其结构难以辨别。硬度低,可用手捏碎成颗粒或粉末 |

#### 5.2.2.1 孔径分布

通过 SAXS 实验得到上述三个煤样的散射图像,结合 Fit2D 软件可以绘制散射强度和样品到探测器间距离的关系曲线。进一步地,通过式(5-1)计算得到散射强度 $I(q)$ 与散射矢量 $q$ 的关系图(图 5-11)。

$$q = 4\pi \sin\left(\frac{\theta}{\lambda}\right) \tag{5-1}$$

式中,$2\theta$ 为散射角;$\lambda$ 为实验所用 X 射线的波长,取 1.54nm。

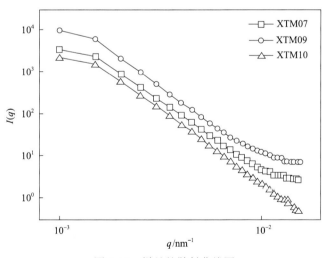

图 5-11  样品的散射曲线图

通过上述分析和计算所获得的煤样孔径主要分布在 2~50nm,可见构造煤变形程度和变形特征的差异导致了孔隙散射强度的不同。在相同的散射矢量 $q$ 条件下,煤样散射强度随变质程度的增大而减小。

一般认为,当散射角度趋于 0°时,散射体的散射强度服从 Guinier 定律。根据 Guinier 定律,本研究煤样的散射试验主要取其小角度部分,即 0.05°~2.28°,如图 5-11 所示。

Guinier 定律表达式为

$$I(q) = I_e n^2 e^{-q^2 R_G^2/3} \tag{5-2}$$

式中，$I_e$ 为样品中 X 射线受到单个电子散射时的散射度；$n$ 为散射体中的总电子数；$R_G$ 为体系的回转半径，是所有原子与其重心的均方根距离。

由 Guinier 表达式可以得出孔隙的回转半径 $R_G$ 与 Guinier 曲线斜率呈负相关的关系，回转半径随曲线斜率的增大而减小，而孔隙的几何半径可以与回转半径建立关系，故通过 Guinier 曲线图可以得到煤样孔隙半径信息。煤样的 Guinier 曲线图见图 5-12。

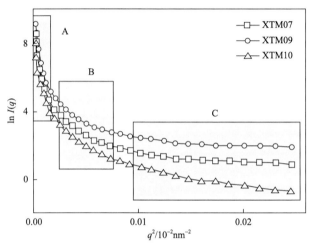

图 5-12 散射样品的 Guinier 图

为了更好地体现不同变形程度煤的孔径变化特征，将图 5-12 中的曲线划分为三个区：A 区、B 区和 C 区，其对应的散射矢量 $q^2$ 的变化范围分别为 $1.00 \times 10^{-3} \sim 1.25 \times 10^{-2} \text{nm}^{-2}$、$3.09 \times 10^{-2} \sim 7.40 \times 10^{-2} \text{nm}^{-2}$ 和 $1.02 \times 10^{-1} \sim 2.46 \times 10^{-1} \text{nm}^{-2}$，不同区域煤样的平均孔隙半径信息如表 5-5 所示。根据表 5-5，A 区 XTM09、XTM07、XTM10 煤样的平均孔隙半径分别为 12.39nm、11.90nm 和 11.92nm；B 区 XTM09、XTM07、XTM10 的平均孔隙半径分别为 3.88nm、4.10nm 和 4.28nm；C 区 XTM09、XTM07、XTM10 的平均孔隙半径分别为 1.34nm、1.39nm 和 2.26nm。显然，对于低 $q$ 区（如 A 区）的构造煤样品，随着脆性变形强度的增大，煤样的孔径显著减小，而强脆性变形和强韧性变形煤样的孔径变化并不显著；对于高 $q$ 区（如 B 区和 C 区）的构造煤样品，其孔径大小随变形程度的增大而增大。显然，孔径较小的孔隙对煤的变形程度和变形特征更敏感。

表 5-5 煤样孔径区域划分的 A 区、B 区和 C 区的平均半径

| 样品编号 | A 区平均半径/nm | B 区平均半径/nm | C 区平均半径/nm |
| --- | --- | --- | --- |
| XTM09 | 12.39 | 3.88 | 1.34 |
| XTM07 | 11.90 | 4.10 | 1.39 |
| XTM10 | 11.92 | 4.28 | 2.26 |

一般认为，温度、压力和时间是控制煤化作用进行的主要地质因素，其中温度会引

起煤化学结构的变化,从而促进变质作用的发生;而煤化作用的压力主要包括静态压力(围压)和动态压力(构造应力),其中围压有利于物理煤化作用的进行而抑制化学变质作用的发生,因此,构造应力对煤化作用影响很小。煤中大分子结构通过缩聚和叠加作用增加了基本结构单元(BSU)的数目,其排列在芳构化作用下也变得更加有序。此外,环缩聚和降解的过程是一个动态变化过程,在这个过程中,变形作用将构造应力转换为应变能并产生了大量的热量,热量的存在打破了分子之间的键能,从而导致大量自由基的形成,自由基的重组和聚集反过来促进芳香层的生长。因此,大分子之间的缩聚和降解导致构造变形煤的纳米孔结构朝两个方向演化:①孔径为 10~50nm 的孔隙破裂变小造成 5~10nm 的孔隙增加;②微孔和孔径为 2~5nm 的孔隙相互连通或合并,从而形成孔径为 5~10nm 的孔隙。需要注意的是,上述的两个变化过程并不是相互独立的,在孔隙演化阶段可能同时发生。

对于变形程度较低的煤样(如原生煤),其孔隙形状以圆形为主。随着煤的变形程度的增强(从 XTM09、XTM07 到 XTM10),构造应力改变了煤的大分子结构和孔隙结构,在这个过程中煤的大分子结构不断增大,相邻芳香环之间不断聚合与叠合,局部定向和周边范围非定向排列的芳香层也不断组合,同时,芳香核位错和芳香层滑移使得芳香核间及芳香层片间形成了孔容较大的孔隙。然而,由于煤样大分子结构局部定向排列,煤中形成的孔隙结构以微孔为主,甚至出现了一些极微孔(Wu et al.,2014)。综上所述,构造应力作用使得煤中大孔隙破碎形成孔径更小的孔隙,这也是 A 区孔径减小的主要原因;同时,变形作用打通了孔隙之间连通的通道,促使微小的封闭孔连通形成大孔。

#### 5.2.2.2 孔隙数量密度

运用 PRINSAS 软件可以获得样品孔隙数量的分布密度信息(Hinde,2004),如图 5-13 所示。根据图 5-13,随着孔径的增大,孔隙数量密度总体上呈减小趋势,其中 XTM09、XTM10 曲线在半径 1.6~5.0nm 呈 "U" 形凹陷;当半径大于 5.0nm 时,两曲线变化趋势相似,均呈线性减小趋势。

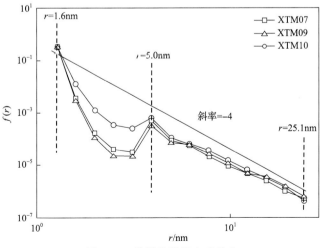

图 5-13 煤样的数量密度分布

此外，总体上从脆性变形煤到韧性变形煤，变形程度对孔隙的影响显著增大，其中强韧性变形煤的孔隙数密度大约是强脆性变形煤样8.6倍，是弱脆性变形煤样的14.9倍，且在整个半径范围之内孔隙数量密度都有所增大，但是在半径为1.6～5.0nm的韧性变形煤的孔隙数量要远大于脆性变形煤，因此韧性变形煤具有更多的小微孔隙。构造变形作用是影响煤孔隙结构的一个重要因素，脆性变形煤的孔隙结构与韧性变形煤有着显著的差异，脆性变形煤是通过机械摩擦使动能转化为热能进而促使煤岩化学结构发生变化，在压缩和剪切应力作用下，该煤样在一定程度上容易发生变质作用，尽管这种效应非常微弱；塑性变形煤在煤应变能积累和温度作用下，煤中大分子官能团和侧链的骨架断裂堆积产生了大量的微孔隙，且由于韧性变形煤的硬度低于脆性变形煤，故其应变能的积累更容易导致蠕变现象发生，煤更容易破碎，因此其将比脆性变形煤更易产生更多微孔隙和孔径为2～5nm的孔隙。

#### 5.2.2.3 孔隙比表面积

一定孔径的煤孔隙比表面积可以通过孔隙数量密度对所有孔隙比表面积求和得到，单位体积且孔径大于 $r$ 的煤样孔隙孔比表面积可以表示为

$$S_\mathrm{v} = \frac{S(r)}{V} = n_\mathrm{v} \int_{r'}^{R_\mathrm{max}} A_\mathrm{r} f(r) \mathrm{d}r \tag{5-3}$$

式中，$S(r)$ 为孔径大于 $r$ 的煤样孔隙总比表面积；$V$ 为煤样孔隙总体积；$n_\mathrm{v}$ 为单位体积的平均孔隙数量；$A_\mathrm{r}=4\pi r^2$。

所获得的 $S_\mathrm{v}$ 随孔径的变化曲线如图5-14所示，图中曲线曲率越大孔隙比表面积变化越快，孔径从大到小的曲线可以看作是比表面积累积曲线。通过对比图5-13和图5-14可以发现，半径在1.6～5.0nm的孔隙数量减小但是比表面积基本维持不变，这主要与孔隙数量和孔隙形状有关。一方面，小孔径的孔隙数量远远大于大孔径孔隙的数量，前者

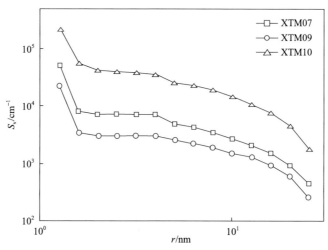

图 5-14　孔隙的比表面积与孔径分布的关系图

最大可达后者的 104 倍；另一方面，形状越不规则的孔隙其孔比表面积越大，显然，这两个因素决定了孔隙比表面积的大小。在小孔径孔隙中孔隙形状对比表面积的贡献弥补了孔隙数量密度降低导致的孔比表面积损失。

此外，实验最终测得的煤样 XTM09 的 SAXS 比表面积为 3.14m$^2$/g、XTM07 的为 7.60m$^2$/g、XTM10 的为 20.16m$^2$/g，显然，随着变形程度的增大煤样 SAXS 比表面积呈增大趋势，表明构造作用确实促使孔隙破碎，造成小孔隙数量增多。需要注意的是，这些总孔隙包括封闭孔和开放孔，但是，事实上，绝对意义上的封闭孔是不存在的，因为在中高变质煤中存在大量的墨水瓶状孔隙，这种孔隙气体很难自由地进出，但是却可以储存大量的气体(如甲烷)(Qi et al., 2002)，如何把封闭孔中的甲烷提取出来对煤层气开发具有重大意义。

#### 5.2.2.4 孔隙的分形特征

煤是一种具有各种尺度孔隙的复杂多孔介质，SAXS 方法虽然能得到煤样孔隙的数量密度、比表面积、孔径分布、孔隙体积等信息，但并不能直接获得孔隙的形状信息，因此，本节在 SAXS 实验数据的基础上结合分形方法对煤中孔隙形状进行研究。

Mandelbrot(1982)最早提出了分形理论，分形维数是判断孔隙表面结构复杂程度的一个简单有效的参数。研究表明，孔隙的分形维数通常在 2～3 变化，越接近于 3 孔隙表面结构越复杂(Liu et al., 2015)。鉴于此，本节在散射曲线图的基础上，运用幂率定律确定了煤样孔隙的分形维数，散射强度 $I(q)$ 符合幂率定律(Alexeev et al., 2010)：

$$I(q) \propto q^{-\alpha} \tag{5-4}$$

式中，$\alpha$ 为与 SAXS 分形维数有关的参数，其计算公式如下：

$$D_S = 6 - \alpha \tag{5-5}$$

其中，$-\alpha$ 为 $\ln q$ 与 $\ln I(q)$ 曲线的斜率，具体计算过程见图 5-15。

根据上述计算流程，最终求得 XTM09、XTM07 和 XTM10 样品的分形维数，分别为 2.53、2.71 和 2.52，由此可见，变形作用促进了分形维数的增大，孔隙表面变得更加复杂。

#### 5.2.2.5 孔隙的体积

通过 SAXS 实验所测得的煤样 XTM09、XTM07 和 XTM10 的总孔隙体积分别为 $0.27 \times 10^{-3}$cm$^3$/g、$0.60 \times 10^{-3}$cm$^3$/g 和 $1.76 \times 10^{-3}$cm$^3$/g，可见煤样总孔隙体积随变形程度的增强而增大，不同变形程度的脆性变形煤的孔隙体积比较见图 5-16。根据图 5-16，除个别煤样外，大部分强脆性变形煤的孔隙体积要大于弱脆性变形煤，两组样品实验结果的对比共同验证了变形作用可以促进煤样总孔隙体积增大的结论。

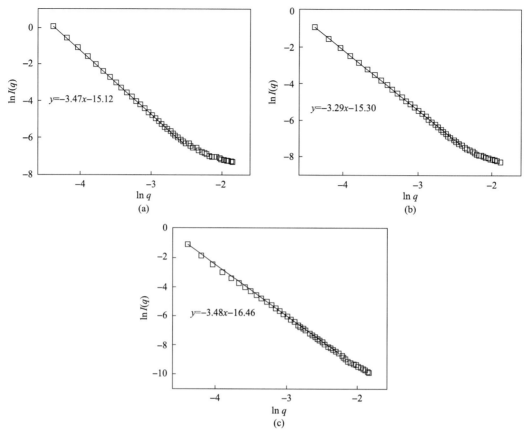

图 5-15 SAXS 分形维数的计算

(a) XTM09；(b) XTM07；(c) XTM10

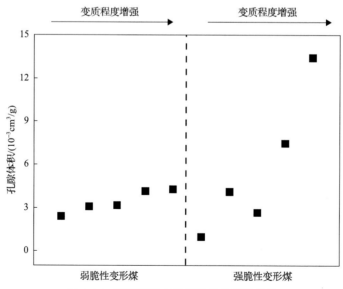

图 5-16 强弱脆性变形煤孔隙体积的比较

## 5.3 基于液氮吸附实验的煤中开放孔隙结构研究

### 5.3.1 不同变质变形煤中开放孔隙发育特征

低温氮气吸附实验在煤样介孔(2~50nm)表征方面具有较高的准确性,是表征煤中开放孔隙的有效方法。本节借助河南理工大学煤矿灾害预防与抢险救灾教育部工程中心实验室的 ASAP 2020M 型全自动比表面积及物理吸附分析仪对煤样进行低温氮气吸附实验(图 5-17),并结合 BET 理论吸附模型对实验结果进行分析,详细的计算过程参考式(3-10)进行。

图 5-17　ASAP 2020M 型全自动分析仪

在实验开始之前,将所有的实验样品进行粉碎,筛选出 60~80 目粒径范围的样品 3g;之后,在真空状态下将褐煤和低变质烟煤样品分别加热至 105℃干燥 2h、110~120℃脱气 12h,而高变质烟煤和无烟煤样品则分别加热至 105℃干燥 2h、150℃脱气 12h。实验样品处理完成后,将样品放置于真空箱内在 77K 温度下进行氮气吸附实验,实验结果取在相对压力($P/P_0$)为 0.01~0.995 时的吸附等温线,整个吸附脱附过程由计算机控制,最终得到实验样品的比表面积、孔隙体积和孔径分布等数据,并绘制如图 5-18 所示的压力和吸附脱附体积的关系曲线。

为了更好地揭示不同尺度孔隙发育特征,本节将涉及的 2~50nm 孔隙进一步分为亚微孔(2~5nm)、微孔(5~10nm)和过渡孔(10~50nm),液氮吸附实验所测得的不同孔径段孔隙体积和比表面积分布特征见表 5-6。根据表 5-6,煤样亚微孔体积变化范围为 $0.01×10^{-3}$~$9.37×10^{-3}$ cm$^3$/g,平均为 $1.39×10^{-3}$ cm$^3$/g;微孔体积变化范围为 $0.03×10^{-3}$~$1.43×10^{-3}$ cm$^3$/g,平均为 $0.49×10^{-3}$ cm$^3$/g;过渡孔孔体积变化范围为 $0.46×10^{-3}$~$5.98×10^{-3}$ cm$^3$/g,平均为 $2.04×10^{-3}$ cm$^3$/g;总孔体积变化范围为 $0.50×10^{-3}$~$13.30×10^{-3}$ cm$^3$/g,平均为 $3.92×10^{-3}$ cm$^3$/g。孔比表面积方面,亚微孔比表面积变化范围为 0.01m$^2$/g~9.76m$^2$/g,平均为 1.72m$^2$/g;微孔比表面积变化范围为 0.02~0.86m$^2$/g,平均为 0.27m$^2$/g;过渡孔比表面积变化范围为 0.08m$^2$/g~1.12m$^2$/g,平均为 0.35m$^2$/g;总孔比表面积变化范围为 0.11~10.81m$^2$/g,平均为 2.342m$^2$/g。显然,孔隙体积中过渡孔隙占主

要地位,而比表面积则以微孔为主。另外,根据"5.2 基于SAXS的煤中总孔隙结构研究"中的叙述,SAXS实验所测的孔隙体积显然大于液氮吸附实验所测得的孔隙体积,且不同变质变形煤样孔隙发育变化趋势相仿,这也证明了煤中存在一定量的封闭孔隙。

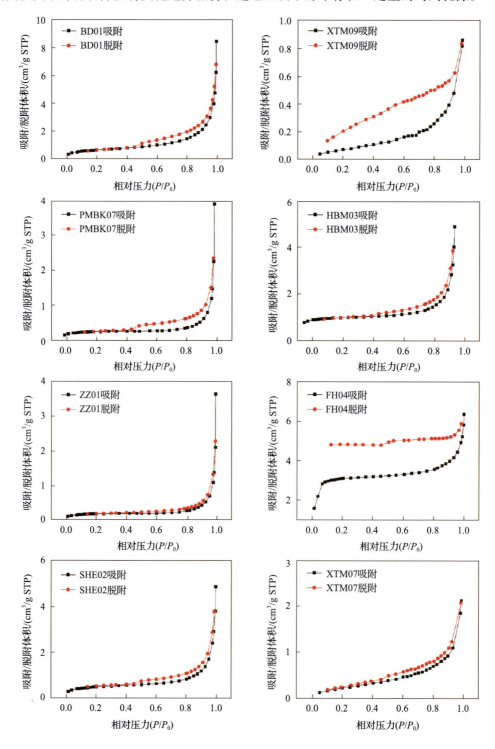

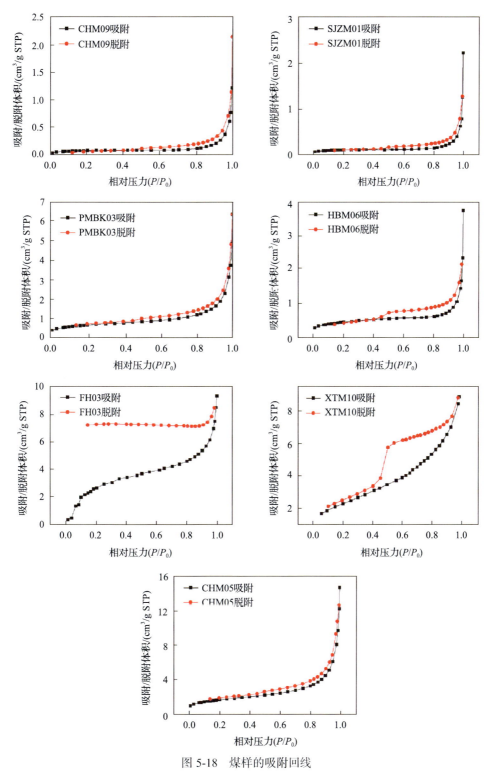

图 5-18 煤样的吸附回线

STP 表示标准状况，通常指温度 0℃和压强 101.325kPa（1 标准大气压，760mm 汞柱）的情况

表 5-6 通过低温液氮吸附实验测得的不同孔径孔隙体积和比表面积

| 样品编号 | 孔隙体积/($10^{-3}$ cm³/g) | | | | 孔隙比表面积/(m²/g) | | | |
|---|---|---|---|---|---|---|---|---|
| | 亚微孔 | 微孔 | 过渡孔 | 总孔体积 | 亚微孔 | 微孔 | 过渡孔 | 总比表面积 |
| BD01 | 0.62 | 0.83 | 3.09 | 4.54 | 0.82 | 0.47 | 0.60 | 1.88 |
| XTM09 | 0.50 | 0.12 | 0.59 | 1.21 | 0.64 | 0.06 | 0.04 | 0.74 |
| PMBK07 | 0.02 | 0.07 | 0.83 | 0.92 | 0.03 | 0.03 | 0.15 | 0.22 |
| HBM03 | 0.06 | 0.14 | 0.81 | 1.01 | 0.18 | 0.17 | 0.35 | 0.70 |
| ZZ01 | 0.02 | 0.06 | 0.79 | 0.87 | 0.03 | 0.03 | 0.14 | 0.20 |
| FH04 | 0.53 | 0.43 | 1.84 | 2.79 | 0.77 | 0.24 | 0.37 | 1.39 |
| SHE02 | 0.21 | 0.29 | 1.82 | 2.32 | 0.31 | 0.16 | 0.33 | 0.80 |
| XTM07 | 0.71 | 0.40 | 2.21 | 3.32 | 0.77 | 0.20 | 0.21 | 1.18 |
| SJZM01 | 0.01 | 0.03 | 0.46 | 0.50 | 0.02 | 0.02 | 0.08 | 0.11 |
| PMBK03 | 0.43 | 0.44 | 2.28 | 3.15 | 0.60 | 0.24 | 0.42 | 1.27 |
| CHM09 | 0.02 | 0.05 | 0.84 | 0.91 | 0.01 | 0.02 | 0.08 | 0.11 |
| HBM06 | 0.84 | 0.43 | 2.39 | 3.66 | 0.52 | 0.03 | 0.15 | 0.70 |
| FH03 | 5.76 | 1.43 | 3.41 | 10.60 | 8.47 | 0.86 | 0.71 | 10.04 |
| XTM10 | 9.37 | 1.03 | 3.70 | 14.10 | 9.76 | 0.58 | 0.47 | 10.81 |
| CHM05 | 1.62 | 1.42 | 5.98 | 9.02 | 2.15 | 0.82 | 1.12 | 4.09 |

### 5.3.2 变质作用对开放孔隙孔体积和孔比表面积的影响

为定量分析变质程度对煤样不同孔径段孔隙发育特征的影响，绘制如图 5-19 所示的所选煤样 $R_{o,ran}$ 与不同孔径段孔隙孔体积的关系曲线。根据图 5-19，随变质程度的增加，煤样亚微孔、过渡孔和总孔体积均呈现先减小后增大的趋势，而微孔总体呈增大的趋势，亚微孔和过渡孔在 $R_{o,ran}=1.8\%$ 左右达到最小值，总孔隙在 $R_{o,ran}=1.5\%$ 左右达到低谷。

所选煤样的 $R_{o,ran}$ 与不同孔径段孔隙孔比表面积的关系曲线如图 5-20 所示。煤样孔比表面积和孔体积的变化趋势相似，总体上呈现高—低—高的"U"形分布，总比表面积曲线的低谷更偏左，在 $R_{o,ran}=1.3\%$ 左右出现，而亚微孔和过渡孔的孔比表面积最小值在 $R_{o,ran}=1.5\%$ 左右出现。钟玲文等(2002)研究表明，煤的吸附能力与总孔体积、总孔比

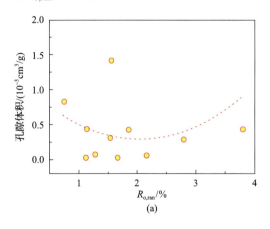

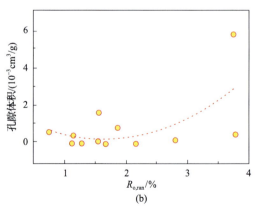

(a)　　　　　　　　　　　　　(b)

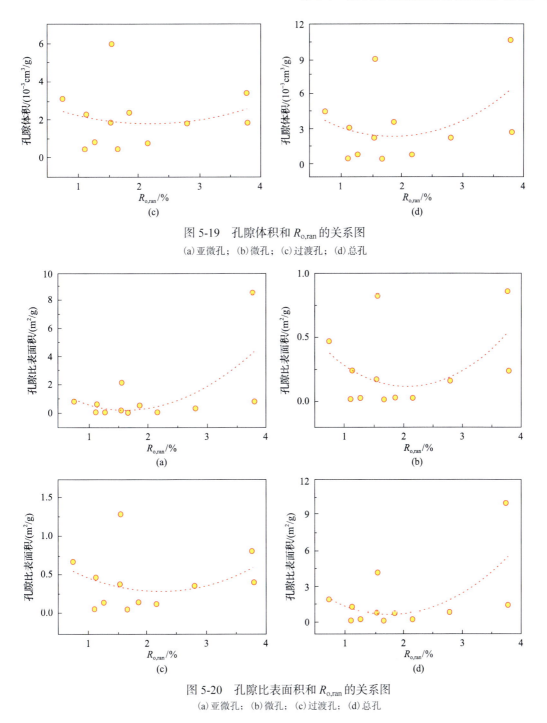

图 5-19 孔隙体积和 $R_{o,ran}$ 的关系图
(a)亚微孔；(b)微孔；(c)过渡孔；(d)总孔

图 5-20 孔隙比表面积和 $R_{o,ran}$ 的关系图
(a)亚微孔；(b)微孔；(c)过渡孔；(d)总孔

表面积、微孔比表面积呈正相关关系，从原生煤到中高变质程度煤的吸附能力缓慢减小，在 $R_{o,ran}>1.5\%$ 之后煤的吸附能力不断增强。

煤在孔隙结构上的变化通常可以归结到大分子结构和成煤作用方面来解释。煤的基本结构单元是以芳香环、氢化芳香环、脂环和杂环为核心，周围衔接侧链、桥键和官能团组成的芳香体系，在二维平面上可形成芳香层，在三维空间中则堆砌成芳香网络结构，而在大分子和侧链之间存在大量的小微孔隙（链间孔）。鉴于此，对于处于较低变质阶段的煤样，由于其埋深较浅，温度较低，上覆岩层压力小，煤样整体结构较为疏松，同时大分子之间存在固有缺陷，因此该煤样中存在大量的孔隙，这些孔隙以大孔和过渡孔为主，低煤阶煤具有较高的比表面积。随着煤层的埋深进一步增大，煤岩所处温度升高，上覆岩层的压力也增大，煤岩在热解作用下产生脂环减少和侧链断裂现象，煤中芳香片层变得不规则且密集排列，煤中孔隙破裂形成孔径更小的极微孔（宋晓夏等，2013a，2013b），同时，芳香体系的芳构化和缩合程度不断增强，煤分子孔在压力作用下被挤压为孔径更小的孔隙甚至完全封闭，煤样比表面积有所降低。进一步地，随着煤样变质程度继续增强以至于达到高煤阶无烟煤阶段，在异常高温的作用下煤中大分子的脂环和侧链快速热解和断裂，大量的气孔和分子间孔形成，虽然后期埋藏压力的增大会使得煤分子在一定程度上发生缩合，但是煤中大部分结构已经保存下来，因此，无烟煤也具有较高的孔比表面积。

### 5.3.3 变形作用对开放孔隙孔体积和孔比表面积的影响

除了变质作用以外，构造变形同样会改变煤中的孔隙结构。不同变形作用对煤的孔隙体积的影响见图 5-21。根据图 5-21，煤样孔隙体积随变形程度的增强而增大，但是其变化幅度并不一致，强脆性变形煤 PMBK03 的亚微孔、微孔、过渡孔和总孔体积分别达到弱脆性变形煤 PMBK07 的 21.5 倍、6.3 倍、2.7 倍和 3.4 倍；强脆性变形煤 FH03 的亚

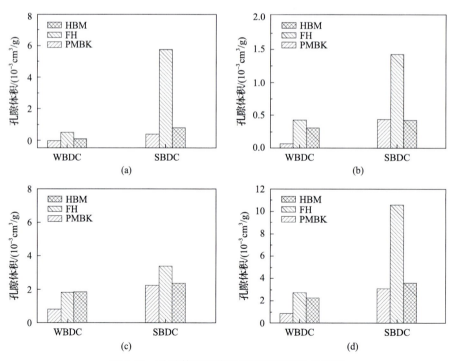

图 5-21 孔隙体积和煤样的变形程度的关系图

(a)亚微孔；(b)微孔；(c)过渡孔；(d)总孔。WBDC 为弱脆性变形煤；SBDC 为强脆性变形煤

微孔、微孔、过渡孔和总孔体积分别是弱脆性变形煤 FH04 的 10.9 倍、3.3 倍、1.9 倍和 3.8 倍；强脆性变形煤 HBM06 的亚微孔、微孔、过渡孔和总孔体积分别是弱脆性变形煤 HBM03 的 14 倍、3.1 倍、3 倍和 3.6 倍。对于不同矿区的煤样，煤变形程度对 FH 煤样孔隙体积的影响最大，PMBK 次之，HBM 最小，对于不同孔径段而言，煤的变形程度对亚微孔的影响程度最大，微孔次之，过渡孔最小。显然，煤的脆性越强，其孔隙破碎程度就越大。

变形作用对煤孔比表面积的影响见图 5-22。根据图 5-22，对于 PMBK 和 FH，变形作用的增强导致其孔比表面积增大，强脆性变形煤 PMBK03 的亚微孔、微孔、过渡孔和总孔比表面积分别是弱脆性变形煤 PMBK07 的 20.0 倍、8.0 倍、2.8 倍和 5.8 倍；强脆性变形煤 FH03 的亚微孔、微孔、过渡孔和总孔比表面积分别是弱脆性变形煤 FH04 的 11.0 倍、3.6 倍、1.9 倍和 7.2 倍；对于不同的孔径段，变形作用的增强影响最大的是亚微孔隙，亚微孔隙的比表面积在所有孔隙中占据主要的地位。此外，HBM 煤样孔比表面积并不随变形程度的增大而增大，其亚微孔隙孔比表面积增大、总孔隙孔比表面积不变、微孔和过渡孔的孔比表面积减小，Pan 等(2015)的研究也出现了孔隙孔比表面积随变形程度的减小而减小的情况，表明对于微孔和过渡孔，其孔比表面积与煤的变形程度并不呈严格的正相关关系。

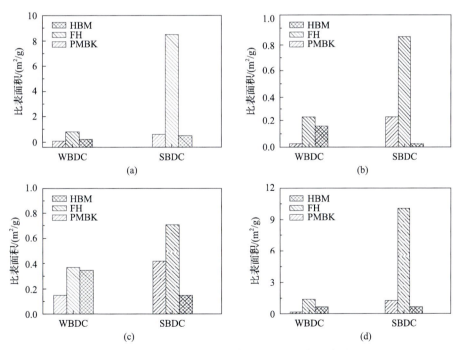

图 5-22 孔隙比表面积和煤样的变形程度的关系图
(a)亚微孔；(b)微孔；(c)过渡孔；(d)总孔。WBDC 为弱脆性变形煤；SBDC 为强脆性变形煤

### 5.3.4 煤样孔隙的分形特征

研究表明，基于气体吸附等温曲线，结合 Frenkel-Halsey-Hill(FHH)模型可以计算煤孔隙的分形维数(宋晓夏等，2013a，2013b；Yao et al.，2008；Schaefer et al.，1989；Anderson et al., 1956; Mahajan, 1991; Alexeev et al., 2010), 其详细的计算公式为(Wang et al., 2012; Nakagawa et al., 1999; Anderson et al., 1956)

$$\ln\left(\frac{V}{V_m}\right) = A\ln\left[\ln\left(\frac{P}{P_0}\right)\right] + C \tag{5-6}$$

式中, $V$ 为平衡压力 $P$ 下吸附的气体体积; $V_m$ 为单分子层吸附气体的体积; $P_0$ 为气体吸附的饱和蒸汽压力; $C$ 为常量; $A$ 为与孔隙分形维数相关的一个参数, 可以通过绘制 $\ln V$ 和 $\ln[\ln(P/P_0)]$ 关系曲线并求其切线得到。有两个不同的公式可以计算分形维数大小:

$$A = \frac{D_N - 3}{3} \tag{5-7}$$

$$A = D_N - 3 \tag{5-8}$$

式中, $D_N$ 为液氮试验的分形维数。在固气吸附控制的情况下, 范德瓦耳斯力起主要作用(Pfeifer et al., 1989), 可以用式(5-7)计算孔隙的分形维数; 在气液吸附控制的情况下, 气液表面张力占据主导地位, 孔隙分形维数可以通过公式(5-8)计算。

理论上本节中的分形维数应该利用公式(5-7)计算, 但是当相对压力 ($P/P_0$) 为 0.5~1 时, 分形维数计算结果介于 0.99~2.58; 当 $P/P_0$=0~0.5 时, 分形维数为 1.53~2.25, 大部分都小于 2, 而这样的分形维数是没有意义的(Mandelbrot, 1983)。大部分学者运用公式(5-8)对孔隙分形维数进行分析(Cai et al., 2013; 宋晓夏等, 2013a, 2013b), 此时 $D_N$ 必然在 $3+A$ 和 $3(1+A)$ 之间(Mahajan, 1991)。基于上述分析, 本研究运用上述两个计算方式得到 $P/P_0$ 在 0.5~1 和 0~0.5 两个阶段的分形维数, 详细的孔隙分形维数信息见表 5-7。

表 5-7 液氮吸附实验分形维数的计算

| 样品编号 | FHH | $R^2$ | $A$ | $3+A$ | $3(1+A)$ |
| --- | --- | --- | --- | --- | --- |
| BD01 | $y=-0.46x-0.31$ | 0.998 | −0.46 | 2.54 | 1.62 |
| | $y=-0.49x-0.24$ | 0.957 | −0.49 | 2.51 | 1.53 |
| XTM09 | $y=-0.48x-0.69$ | 0.94 | −0.48 | 2.52 | 1.56 |
| | $y=-0.71x-1.27$ | 0.91 | −0.71 | 2.29 | 0.87 |
| PMBK07 | $y=-0.61x-2.09$ | 0.982 | −0.61 | 2.39 | 1.17 |
| | $y=-0.32x-1.57$ | 0.794 | −0.32 | 2.68 | 2.04 |
| HBM03 | $y=-0.47x-0.92$ | 0.997 | −0.47 | 2.53 | 1.59 |
| | $y=-0.34x-0.71$ | 0.902 | −0.34 | 2.66 | 1.98 |
| ZZ01 | $y=-0.59x-2.04$ | 0.976 | −0.59 | 2.41 | 1.23 |
| | $y=-0.25x-1.51$ | 0.719 | −0.25 | 2.75 | 2.25 |
| FH04 | $y=-0.14x+1.07$ | 0.991 | −0.14 | 2.86 | 2.58 |
| | $y=-0.27x+1.30$ | 0.531 | −0.27 | 2.73 | 2.19 |

续表

| 样品编号 | FHH | $R^2$ | $A$ | $3+A$ | $3(1+A)$ |
|---|---|---|---|---|---|
| SHE02 | $y=-0.46x-0.83$ | 0.995 | −0.46 | 2.54 | 1.62 |
|  | $y=-0.34x-0.59$ | 0.941 | −0.34 | 2.66 | 1.98 |
| XTM07 | $y=-0.46x-1.12$ | 0.934 | −0.46 | 2.54 | 1.62 |
|  | $y=-0.68x-2.20$ | 0.868 | −0.68 | 2.32 | 0.96 |
| SJZM01 | $y=-0.65x-2.84$ | 0.979 | −0.65 | 2.35 | 1.05 |
|  | $y=-0.31x-2.27$ | 0.739 | −0.31 | 2.69 | 2.07 |
| PMBK03 | $y=-0.43x-0.47$ | 0.996 | −0.43 | 2.57 | 1.71 |
|  | $y=-0.39x-0.28$ | 0.943 | −0.39 | 2.61 | 1.83 |
| CHM09 | $y=-0.67x-2.90$ | 0.980 | −0.67 | 2.33 | 0.99 |
|  | $y=-0.26x-2.24$ | 0.684 | −0.26 | 2.74 | 2.22 |
| HBM06 | $y=-0.41x-1.04$ | 0.921 | −0.41 | 2.59 | 1.77 |
|  | $y=-0.36x-0.67$ | 0.960 | −0.36 | 2.64 | 1.92 |
| FH03 | $y=-0.19x+1.25$ | 0.999 | −0.19 | 2.81 | 2.43 |
|  | $y=-1.11x+1.29$ | 0.752 | −1.11 | 1.89 | — |
| XTM10 | $y=-0.24x+0.63$ | 0.869 | −0.24 | 2.76 | 2.28 |
|  | $y=-0.50x+1.01$ | 0.921 | −0.50 | 2.50 | 1.50 |
| CHM05 | $y=-0.40x+0.58$ | 0.998 | −0.40 | 2.60 | 1.80 |
|  | $y=-0.45x+0.66$ | 0.975 | −0.45 | 2.55 | 1.65 |

注：样品编号 $\frac{\text{相对压力为}0\sim0.5}{\text{相对压力为}0.5\sim1}$。

分形维数与煤样变质程度和变形程度的关系如图5-23所示。煤样变质程度和变形程度均对孔隙分形特征具有显著影响，其中对于弱脆性和强脆性变形煤，随$R_{o,ran}$的增大其孔隙分形维数变化趋势相似，均与$R_{o,ran}$呈正相关关系，然而，强脆性变形煤的分形维数要大于弱脆性变形煤，这可能与脆性变形作用造成孔径较小孔隙数量急剧增多有关。此外，$R_{o,ran}$越大，两种变形程度煤样的变化趋势线越接近，表明随着变质程度的增强，不同变形程度煤的分形维数越集中。构造应力在煤的演化过程中起着极为重要的作用，其会对煤的变形程度产生重要影响；温度会促使煤发生化学变化进而促进其变质程度的提高。一般而言，构造应力可分为静压和动压，其中静压主要会促使煤发生化学变化，其作用机制与温度对煤样的影响较为接近，主要表现为促使芳香族稠环平行于层面呈有规律的排列，从而导致煤孔隙度和含水量出现一定程度的降低，造成煤样孔隙分形维数更加集中。随着构造变形强度的增大，构造应力所提供的机械能更多地转化为摩擦热能，加快了煤中大分子之间相互作用，促使烷烃链破裂并降低了芳香结构的稳定性。同时，煤中大分子基本结构单位发生重组、有序扩大和定向生长，方向稠环系统增多，造成煤中孔隙分形维数整体增大。

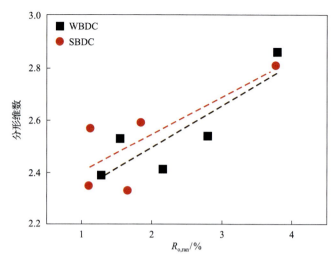

图 5-23　孔隙分形维数与镜质组反射率的关系
WBDC 代表弱脆性变形煤，SBDC 代表强脆性变形煤

另外，为定量表征孔隙分形维数与孔隙体积和孔隙比表面积之间的关系，绘制如图 5-24 和图 5-25 的孔隙分形维数与孔体积和孔比表面积关系图。根据图 5-24 和图 5-25，孔隙分形维数与孔隙体积和孔隙比表面积之间呈正相关关系，即分形维数越大，不同变形煤的孔隙体积和比表面积差距越大，Sun 等(2015)的研究也表明孔隙体积与表面分形维数呈正相关关系，显然，孔隙分形维数大的煤样其吸附气体能力也较强(An et al., 2013)。此外，强脆性变形煤的孔隙分形维数、孔隙体积、比表面积均大于弱脆性变形煤，这可能是由于煤的形成和后期演化是一个复杂的过程，变质和变形作用促使煤的含碳量增加，同时产生孔径更小的孔隙和更不规则的煤结构表面。

此外，通过对比煤样总孔隙分形维数和开放孔隙分形维数可以发现，煤样总孔隙分形维数普遍大于液氮吸附实验所得的开放孔隙相应的分形维数，这可能与煤变质变形过

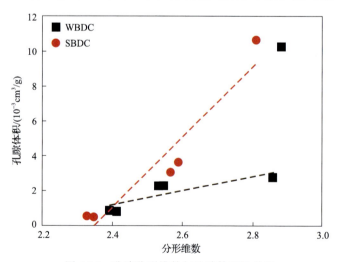

图 5-24　孔隙分形维数与孔隙体积的关系
WBDC 代表弱脆性变形煤，SBDC 代表强脆性变形煤

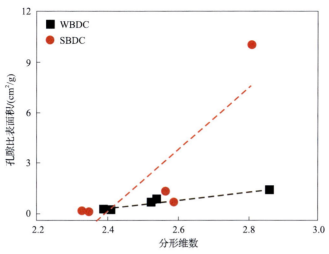

图 5-25 孔隙分形维数与孔隙比表面积的关系
WBDC 代表弱脆性变形煤，SBDC 代表强脆性变形煤

程中的物理和化学变化(如压缩作用、芳香族化合物的结构、凝胶效应等)存在差异有关，且相对来说开放孔中水分含量远远高于封闭孔。Reich 等(1992)在研究干燥过程中澳大利亚煤表面分形结构的变化时发现，湿煤的分形维数为 2.5 左右，而干燥煤的分形维数为 3.4 左右，他们认为这种现象与煤中水分含量有关。湿煤吸收了较多的水分，煤中孔体积被充满，此时计算的煤的表面分形结构为体积分形，分形维数为 2~3；干燥煤由于脱除了水分而显示出表面分形的特点，分形维数为 3~4。考虑到本研究中样品已进行了干燥处理，因此，本研究中煤样分形维数的差异与封闭孔隙的存在密切相关。

## 5.4 不同变质变形煤中封闭孔隙发育特征及其形成机理

小角 X 射线散射实验可以测试煤中总孔隙的体积，低温氮气吸附实验所测得的是煤中开放孔的体积，根据两种实验所得数据可以计算煤中封闭孔的体积。

### 5.4.1 变质作用对封闭孔的影响

不同煤样的封闭孔隙体积如表 5-8 所示，所测样品封闭孔的体积为 $0.39 \times 10^{-3}$~$3.81 \times 10^{-3}$ cm$^3$/g，平均为 $1.91 \times 10^{-3}$ cm$^3$/g，封闭孔隙占总孔隙的比例为 23.36%~72.56%。进一步地，为探讨变质作用对煤中封闭孔隙发育特征的影响，绘制如图 5-26 和图 5-27 的弱脆性变形煤和强脆性变形煤的封闭孔隙体积及其所占比例与煤样随机镜质组反射率($R_{o,ran}$)之间的关系曲线。

从图 5-26 和图 5-27 中可以发现，高变质煤中封闭孔的体积呈现低—高—低的变化趋势，$R_{o,ran}$ 在 2.5%左右达到顶峰，随后逐渐减小。鉴于本研究中缺少低变质煤的相关数据，因此，根据 He 等(2012)运用氘代甲烷和 SANS 实验得到的低煤阶褐煤中封闭孔隙的数据进行分析，发现低变质煤中封闭孔隙的体积占比随镜质组反射率的增大而增大

(图 5-28)。综上所述，在煤的整个演化过程中，随变质程度的增大，煤中封闭孔隙的体积呈现低—高—低的变化趋势。

表 5-8 封闭孔隙的孔隙体积及所占的比例

| 样品编号 | $R_{o,ran}$/% | 开放孔/($10^{-3}cm^3/g$) | 总孔/($10^3cm^3/g$) | 封闭孔/($10^3cm^3/g$) | 封闭孔占总孔的比例/% |
|---|---|---|---|---|---|
| PMBK07 | 1.28 | 0.92 | 2.42 | 1.50 | 61.98 |
| HBM03 | 1.55 | 1.01 | 3.11 | 2.10 | 67.52 |
| ZZ01 | 2.16 | 0.87 | 3.17 | 2.30 | 72.56 |
| FH04 | 3.80 | 2.79 | 4.19 | 1.40 | 33.41 |
| SHE02 | 2.80 | 2.32 | 4.32 | 2.00 | 46.30 |
| SJZM01 | 1.12 | 0.50 | 0.89 | 0.39 | 43.82 |
| PMBK03 | 1.14 | 3.15 | 4.11 | 0.96 | 23.36 |
| CHM09 | 1.67 | 0.91 | 2.69 | 1.78 | 66.17 |
| HBM06 | 1.86 | 3.66 | 7.47 | 3.81 | 51.00 |
| FH03 | 3.77 | 10.60 | 13.41 | 2.81 | 20.95 |

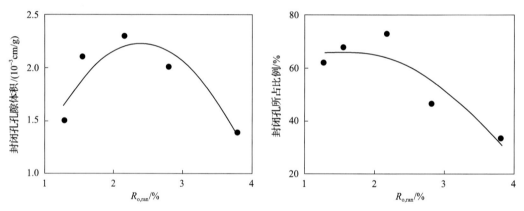

图 5-26 弱脆性变形煤封闭孔孔隙体积、封闭孔体积占比和 $R_{o,ran}$ 的关系

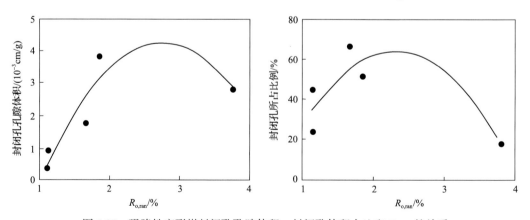

图 5-27 强脆性变形煤封闭孔孔隙体积、封闭孔体积占比和 $R_{o,ran}$ 的关系

第 5 章 煤中封闭孔隙发育特征及其影响因素

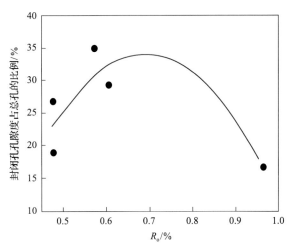

图 5-28 $CD_4$ 无法进入的孔隙占总孔的比例与镜质组反射率 $R_o$ 的关系（据 He et al., 2012）

煤的演化过程其实是一个碳元素不断富集、氢氧等杂原子不断减少的过程。在低变质阶段，随变质程度的增大煤中杂原子和大分子骨架之间的桥键不断断裂，大量的含氧含氢官能团脱落，官能团之间、官能团和大分子之间的交叉造成微孔隙大量形成，微裂隙之间的不定向排列促使孔隙之间的连通性变差甚至堵塞，且微裂隙末端喉道变细也会造成连通孔隙变为封闭或半封闭孔隙，上述过程促使封闭孔隙体积不断增大。随后，煤的第一次跃变结束并进入第二次跃变，该阶段煤样发生芳构化作用的同时，可能伴随着环缩合作用和热裂解作用，煤样脱氢进入高峰，甲烷等烃类有机物大量生成，这些气体聚集在煤基质内部并产生一定的压力，当气体内部膨胀压力和煤基质之间的压力达到平衡时煤中形成了大量的气孔，而气孔往往是孤立存在的，因此其多属于封闭孔或半封闭孔。此外，在生气过程中气体对煤基质的压力也可能会挤压原生孔隙，从而造成该部分孔隙的闭合。总之，中变质阶段煤的热裂解作用造成烃类气体的大量生成，进而导致封闭孔隙增多。进入无烟煤阶段，干气的生成达到顶峰，封闭孔隙体积也达到最大值，此时大分子之间发生环缩合作用和拼叠作用，脱落的小分子之间或大小分子之间结合的有序度进一步提高，孔隙之间的连通性也有所增强，因此，该阶段封闭孔隙体积降低。随后，煤的演化进入超无烟煤阶段并发生第四次、第五次跃变，煤中基本结构单元之间的相互联结促使煤化学结构的有序化范围增大，煤的基本结构单元也相应地变大，秩理化作用也使得煤结构有序度进一步增大，最终形成类似石墨化的层状结构，该结构内部极度有序，孔隙之间极度畅通，封闭孔隙降低到最小值。

此外，结合两种实验计算得出的封闭孔隙孔比表面积发育特征见表 5-9。不同变质程度煤样的封闭孔比表面积为 0.29~7.33$m^2$/g，平均为 2.78$m^2$/g，封闭孔占总孔比表面积的比例为 42.20%~70.91%。同样的，绘制如图 5-29 和图 5-30 所示的弱脆性变形煤和强脆性变形煤中封闭孔隙比表面积以及所占比例与 $R_{o,ran}$ 的关系曲线。

根据图 5-29 和图 5-30，封闭孔隙的孔比表面积随变质程度的增大而增大，总体呈线性正相关关系；封闭孔隙孔比表面积所占的比例随变质程度的增大呈低—高—低的变化趋势，弱脆性变形煤的峰值靠后而强脆性变形煤的峰值靠前，显然，这可能与构造作用

表 5-9 封闭孔隙的比表面积以及所占的比例

| 样品编号 | $R_{o,ran}$/% | 开放孔比表面积/(m²/g) | 总孔比表面积/(m²/g) | 封闭孔比表面积/(m²/g) | 封闭孔占总孔比表面积的比例/% |
|---|---|---|---|---|---|
| PMBK07 | 1.28 | 0.22 | 0.51 | 0.29 | 56.86 |
| HBM03 | 1.55 | 0.70 | 1.85 | 1.15 | 62.16 |
| ZZ01 | 2.16 | 0.20 | 0.90 | 0.70 | 77.78 |
| FH04 | 3.80 | 1.39 | 3.88 | 2.49 | 64.18 |
| SHE02 | 2.80 | 0.80 | 2.75 | 1.95 | 70.91 |
| SJZM01 | 1.12 | 0.11 | 0.29 | 0.18 | 62.07 |
| PMBK03 | 1.14 | 1.27 | 2.94 | 1.67 | 56.80 |
| CHM09 | 1.67 | 0.11 | 0.38 | 0.27 | 71.05 |
| HBM06 | 1.86 | 0.70 | 2.19 | 1.49 | 68.04 |
| FH03 | 3.77 | 10.04 | 17.37 | 7.33 | 42.20 |

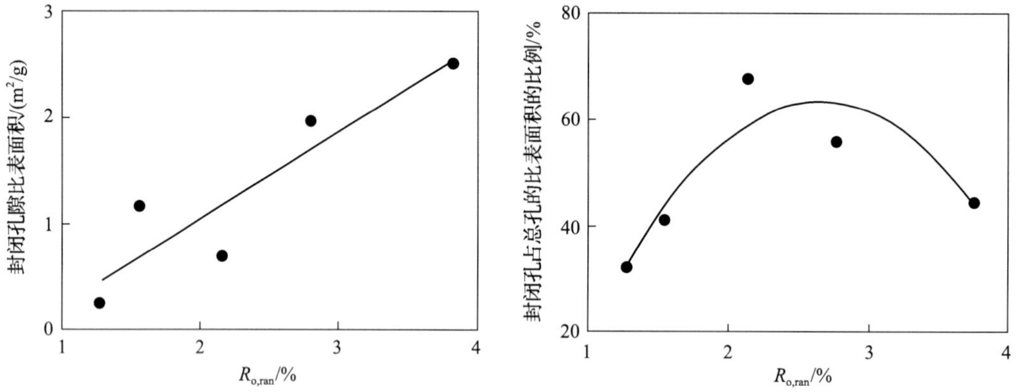

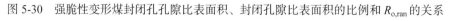

图 5-29 弱脆性变形煤封闭孔孔隙比表面积、封闭孔隙比表面积的比例和 $R_{o,ran}$ 的关系

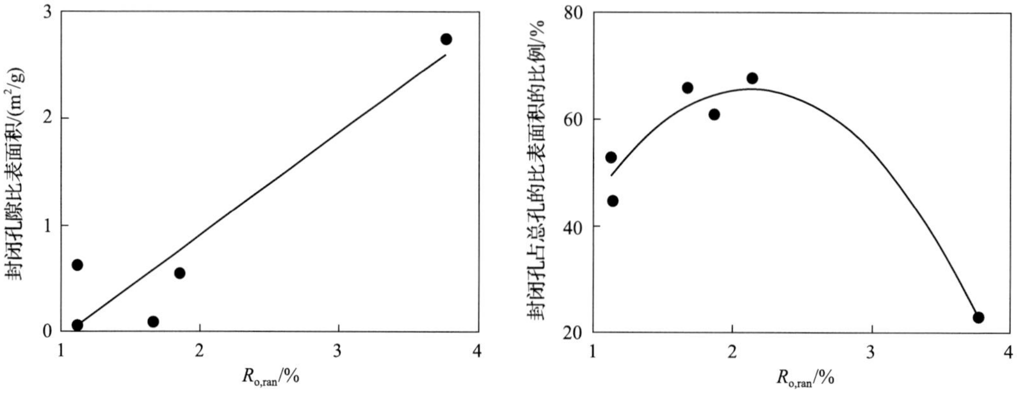

图 5-30 强脆性变形煤封闭孔孔隙比表面积、封闭孔隙比表面积的比例和 $R_{o,ran}$ 的关系

强度有关。不同变质煤封闭孔的孔体积和比表面积变化趋势有所不同，当 $R_{o,ran}$ 为 2.5%~3.8%时两者的变化趋势截然相反，这可能与煤中大分子结构变化有关。前已述及封闭孔

隙孔体积的减小是由大分子结构的定向排列和有序化引起的孔隙之间相互连通造成的；另一种可能则是变质作用使得煤中大分子结构侧链官能团脱落，导致一些原生大孔隙变成小孔隙，整个煤样的孔隙也更加趋于致密均一，小孔隙的数量急剧增多甚至数倍于之前的大孔隙，由此造成的孔隙表面小的凸起和凹陷也增多，孔隙比表面积进一步增大。这种凸起和凹陷可以通过原子力显微镜观测，如图 5-31 所示，ZZ01 和 FH03 分别位于第三次跃变和第四次跃变后，ZZ01 煤样表面孔隙较大，排列比较疏松，孔径大部分都在 10nm 和 10nm 以上；FH03 煤样表面孔隙比较致密，孔径较小，大多集中于 5nm 左右，Pan 等(2015)得出的结论也表明后者得分形维数要大于前者。

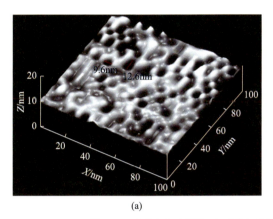 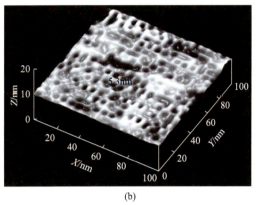

(a) (b)

图 5-31 原子力显微镜下不同变质煤表面结构特征(据 Pan et al., 2015)

(a) ZZ01, $R_{o,ran}$=2.16%；(b) FH03, $R_{o,ran}$=3.77%

### 5.4.2 变形作用对封闭孔的影响

除变质作用以外，变形作用同样会影响煤中封闭孔隙发育特征。为查明不同变形作用对煤中封闭孔隙的影响，选取不同变形程度的两组煤样分别进行对比：①弱脆性变形煤 XTM09、强脆性变形煤 XTN07 和强韧性变形煤 XTM10；②弱脆性变形煤 PMBK07、HBM03、ZZ01、FH04、SHE02 和强脆性变形煤 SJZM01、PMBK03、CHM09、HBM06、FH03。

通过低温氮气吸附实验和 SAXS 测得的第一组试验样品的分形维数如表 5-10 所示。根据表 5-10，基于低温氮气吸附实验，以 $P/P_0$=1.6 为分界点，孔隙的分形维数可以分为两部分，一般取 $P/P_0$>1.6 的部分作为标准，可以发现不论何种变形程度的煤样，其 SAXS 分形维数均大于低温氮气吸附实验所获得的分形维数，而这种现象的出现可能受煤中水分含量和封闭孔隙的综合影响(Reich et al., 1992)。封闭孔隙的存在不仅影响了煤孔比表面积、孔隙体积等基本参数，同时其表面的粗糙度也会对孔隙分形维数产生影响。同时，选取适量的第二组实验样品进行 SAXS 实验，所得数据用于分析不同变形作用下煤孔隙分形维数的变化，详细的实验结果如图 5-32 所示。根据图 5-32 可以发现，总体上强脆性变形煤的分形维数要大于弱脆性变形煤，且该现象在低变质阶段更加明显，而变质作用增强可以在一定程度上弥补变形作用差异所带来的分形维数差值。

表 5-10  XTM09、XTM07 和 XTM10 液氮及 SAXS 分形维数

| 样品编号 | $P/P_0<1.6$ 时的分形维数 | $P/P_0>1.6$ 时的分形维数 | SAXS 方法分形维数 |
|---|---|---|---|
| XTM09 | 2.52 | 2.29 | 2.53 |
| XTM07 | 2.54 | 2.32 | 2.71 |
| XTM10 | 2.76 | 2.50 | 2.52 |

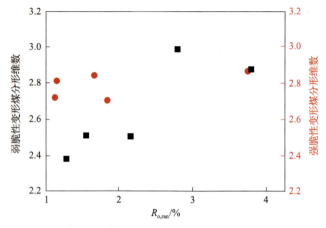

图 5-32  弱脆性变形煤和强脆性变形煤分形维数和 $R_{o,ran}$ 的关系

此外，第一组所选的三个试验样品的孔隙比表面积如表 5-11 所示。根据表 5-11，XTM09、XTM07 和 XTM10 的封闭孔隙孔比表面积分别为 $2.40m^2/g$、$6.42m^2/g$ 和 $9.35m^2/g$，占总孔隙比表面积的比例分别为 76.43%、84.47% 和 46.38%。进一步地，将孔径为 2~50nm 的孔隙分为 2~10nm 的孔隙和 10~50nm 的孔隙，详细的孔隙体积分布见表 5-12。XTM09、XTM07 和 XTM10 煤样中孔径在 2~50nm 的封闭孔隙孔体积分别为 1.49×

表 5-11  XTM09、XTM07 和 XTM10 封闭孔隙的比表面积以及所占总孔隙比表面积的比例

| 样品编号 | 开放孔比表面积/$(m^2/g)$ | 总孔比表面积/$(m^2/g)$ | 封闭孔比表面积/$(m^2/g)$ | 封闭孔所占总孔隙比表面积的比例/% |
|---|---|---|---|---|
| XTM09 | 0.74 | 3.14 | 2.40 | 76.43 |
| XTM07 | 1.18 | 7.60 | 6.42 | 84.47 |
| XTM10 | 10.81 | 20.16 | 9.35 | 46.38 |

表 5-12  不同孔径下液氮吸附实验和 SAXS 所测孔隙体积

| 样品编号 | 孔径为 2~10nm 的孔隙体积/$(10^{-3}cm^3/g)$ | | | 孔径为 10~50nm 的孔隙体积/$(10^{-3}cm^3/g)$ | | | 孔径为 2~50nm 的孔隙体积/$(10^{-3}cm^3/g)$ | | | 孔径为 2~50nm 的 CPV/TPV/% |
|---|---|---|---|---|---|---|---|---|---|---|
| | OPV | TPV | CPV | OPV | TPV | CPV | OPV | TPV | CPV | |
| XTM09 | 0.62 | 0.92 | 0.30 | 0.59 | 1.78 | 1.19 | 1.21 | 2.70 | 1.49 | 55.19 |
| XTM07 | 1.11 | 2.80 | 1.69 | 2.21 | 3.20 | 0.99 | 3.32 | 6.00 | 2.68 | 44.67 |
| XTM10 | 10.40 | 13.33 | 2.93 | 3.70 | 4.27 | 0.57 | 14.10 | 17.60 | 3.50 | 19.89 |

注：OPV 表示开放孔；TPV 表示总孔隙；CPV 表示封闭孔。

$10^{-3}\text{cm}^3/\text{g}$、$2.68\times10^{-3}\text{cm}^3/\text{g}$ 和 $3.50\times10^{-3}\text{cm}^3/\text{g}$，占总孔隙体积的比例分别为 55.19%、44.67%和19.89%。

为进一步分析封闭孔隙体积和封闭孔隙占比与煤样变形程度的关系，绘制如图 5-33 所示的封闭孔隙与变形程度关系图。根据图 5-33，从脆性变形煤到韧性变形煤，煤中封闭孔隙体积增加了约 3 倍，且随着煤变形程度的增加，开放孔的体积占比不断增大。究其原因，在构造应力的作用下，原生封闭孔或半开放孔破裂形成开放孔、微裂隙，孔隙连通性增强；同时，在这个过程中，煤中大分子芳香结构破坏并重新形成，造成开放孔数量显著增加，孔隙间的连通性得以提高。

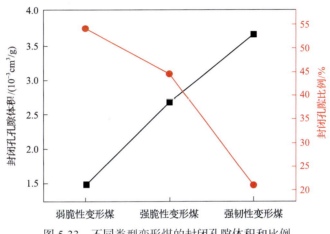

图 5-33  不同类型变形煤的封闭孔隙体积和比例

此外，封闭孔隙的孔径分布特征并不能直接获取，但是可以根据开放孔隙和总孔隙孔径分布特征间接分析，总孔隙和开放孔隙孔径分布特征见图 5-34。根据图 5-34，孔径在 10～20nm 的开放孔孔体积分布较 2～10nm 范围内孔径更稳定，而开放孔孔体积中孔径为 2～10nm 的孔隙占主要地位，这与之前的研究相符(Pan et al., 2015)；总孔体积方面，2～10nm 孔径段往往存在两个峰值，其出现的位置约在 3nm 和 8nm。随着变形程度的增强，煤中开放孔和总孔体积均有所增大，但总孔体积的增加幅度要小于开放孔，显然，封闭孔隙孔体积同样随变形程度增强而增大，但其所占的比例则呈减小趋势。

考虑到在煤的演化过程中，变形作用可以引起煤中大分子结构的变化，且脆性变形煤和韧性变形煤的演化机理存在差异。由于脆性变形煤的抗剪能力较弱，因此，在构造应力作用下该类型煤样容易发生破碎，煤岩破碎的机械能转化为摩擦热能，该过程中产生的热量使得煤中脂类官能团、烷烃支链等侧链小分子发生脱落，这种降解作用造成煤中大孔隙破裂形成小孔隙。对于韧性变形煤，其在应力作用下可以发生一定程度的塑性变形，应力产生的机械能造成大分子结构之间产生较大的位错，从而造成较大的应变能积聚，同时，这种应变能也起到一定的"缓冲"作用；随着应变速率的减慢，煤中大分子的位错变形促使降解的小分子缩聚形成芳香环，小孔隙得以连通组合形成孔径较大的孔隙。

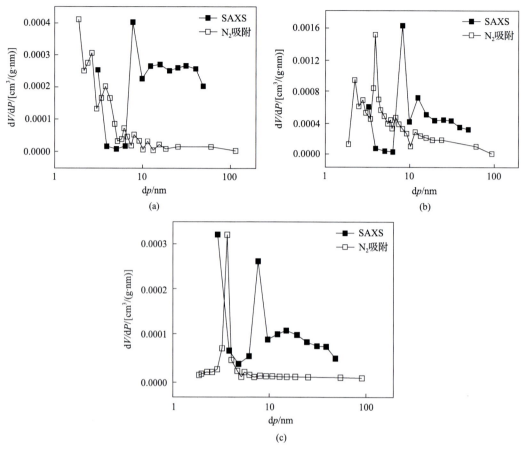

图 5-34 基于低温氮气吸附实验和 SAXS 实验的不同煤样的孔径分布特征
(a) XTM09；(b) XTM07；(c) XTM10

### 5.4.3 封闭孔隙形成机理

通常情况下，煤中的孔裂隙可以分为宏观裂隙（割理）、显微裂隙和孔隙，其中孔隙是气体储存的主要空间，显微裂隙则是孔隙与孔隙、孔隙与裂隙之间连通的通道，而宏观裂隙是气体运移的主要场所。煤中广泛发育微观孔裂隙（图 5-35），其中裂隙纵横发育形成微观裂隙网，在这些裂隙网络之内则存在大量的孤立孔隙，这些孤立孔隙即封闭孔隙。煤中封闭孔隙的形成是变质作用、变形作用和基质收缩作用综合作用的结果。

在煤的演化过程中，煤岩通常会经历一系列的变质变形作用。随着煤岩埋深的增大和温度的升高，煤中大分子结构也逐渐发生改变，并伴随有煤热解生烃作用出现，在这个过程中，由于基质收缩作用，煤岩在张力作用下产生不均匀开裂，从而形成了大量的孔隙和微裂隙。具体地，当演化程度较低时（如褐煤阶段），煤岩基质收缩作用微弱，煤中孔隙较大且连通性较好，煤中孔隙和裂隙以孔裂隙网状结构存在；随演化程度的提高（如贫煤阶段），煤中收缩张力逐渐增大，初始连通的孔隙逐渐被孤立而形成封闭孔隙，煤样表面的孔隙数量进一步增加,此外,埋深的增大导致煤岩所承受的围压也逐渐增大,热解生烃作用产生的气体也使得煤中气压逐渐升高,在围压和气压的综合作用下,煤体结构逐渐趋于致密;当煤岩演化进入高变质无烟煤阶段时,煤岩所受的围压进一步增大,煤中气体的产量也达到高峰,此时,在气压和围压的作用下封闭孔隙孔径逐渐减小甚至最终消失,煤的致密程度也达到最大值。

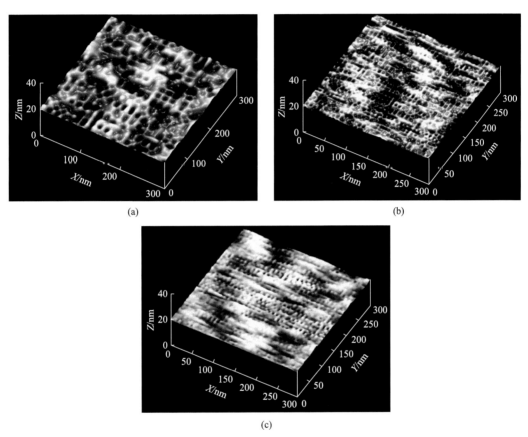

图 5-35　AFM 下的不同变质程度煤孔裂隙图像
(a) XTM09；(b) ZZM01；(c) SHE02

此外,基质收缩作用也可以形成一定量的封闭孔隙,其演化过程如图 5-36 所示。事实上,煤是一种非均质性很强的物质,这种组分的非均质性也必定导致基质收缩的不均质性,因此,当基质收缩发生于煤中相对均匀的位置时,煤中会形成连通性很好的裂隙,如图 5-36 中的裂隙 1,当然此类裂隙的发育方向是多种多样的,但它们的共同点是连通性很强;而当基质收缩发生于煤中不均匀的位置时,由于在热演化过程中不同组分脱水、生烃效应不同,因此其收缩程度也存在差异,当基质收缩作用从基质中间向两侧逐渐减小甚至尖灭时,煤中就会出现孤立的封闭孔隙,如图 5-36 中的孔隙 2。此外,随着煤的变质程度的增加,煤中出现烃类气体的大量生成的现象,气体的积聚使得煤岩内部压力也逐渐增大,当气压作用于狭长孔隙的薄弱位置时,孔隙壁难以支撑由于气体积聚所产生的压力，此时这些狭长的孔隙就会破碎而形成封闭孔隙，如图 5-36 中的孔隙 3。

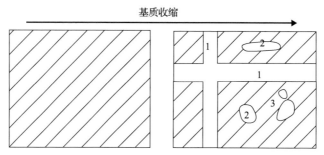

图 5-36　基质收缩作用对封闭孔隙形成的影响

裂隙 1 为基质均匀收缩形成不定向延伸的裂隙；封闭孔隙 2 为局部基质不均匀收缩形成的孔隙；
封闭孔隙 3 是生烃过程中气体的压力造成孔隙闭合所形成的封闭孔隙

构造作用同样会造成封闭孔隙的形成。在构造运动作用下，埋藏于地下的煤层会发生变形、断裂，甚至被抬升到地表，在此过程中，煤内部的孔裂隙在构造应力作用下会发生定向变形。对于原生结构煤，其所经历的构造应力较小，煤中孔隙较为规则、裂隙较为平直，其延伸距离也较远；随着构造变形作用的增强构造，煤中孔裂隙受到煤基质的挤压力，其受力薄弱地带会发生局部变形，其中韧性变形煤主要产生揉皱构造，在该类型构造破坏下，煤中裂隙变窄且孔喉直径减小，甚至出现裂隙闭合和孔隙封闭的现象，煤中封闭孔隙数量显著增加(图 5-37)。

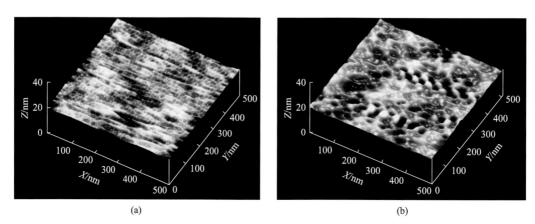

图 5-37　AFM 下的不同变形程度煤孔裂隙图像
(a) PMBK07；(b) HBM06

需要注意的是，不同的应力状态所产生封闭孔隙的表现形式是不同的(图 5-38)。通常情况下，应力分为压应力和剪应力，其中压应力场的不均匀分布造成孔隙的孔壁产生不均匀的形变，从而形成狭窄的孔喉，当压应力达到一定程度时孔隙闭合形成封闭孔；剪应力会造成煤岩内部出现破裂面，破裂面两侧发生相对位错，造成孔隙被封闭而形成封闭孔。

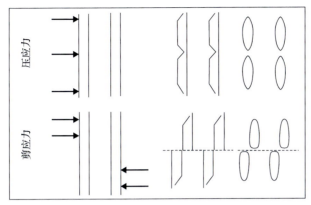

图 5-38　不同的构造应力对封闭孔隙的影响

同向不均匀的压应力造成局部孔隙喉道变窄、闭合形成封闭孔；剪应力造成孔隙位错闭合形成封闭孔

## 参　考　文　献

牛庆合. 2016. 构造煤中封闭孔隙的演化机制及形成机理研究. 焦作: 河南理工大学.

宋晓夏, 唐跃刚, 李伟, 等. 2013a. 基于显微 CT 的构造煤渗流孔精细表征. 煤炭学报, 38(3): 435-440.

宋晓夏, 唐跃刚, 李伟, 等. 2013b. 中梁山南矿构造煤吸附孔分形特征. 煤炭学报, 38(1): 134-139.

钟玲文, 张慧, 员争荣, 等. 2002. 煤的比表面积孔体积及其对煤吸附能力的影响. 煤田地质与勘探, 30(3): 26-29.

Alexeev A D, Vasilenko T A, Ulyanova E V. 1999. Closed porosity in fossil coals. Fuel, 78(6): 635-638.

Alexeev R, Day S, Weir S. 2010. Relationships between the critical properties of gases and their high pressure sorption behavior on coals. Energy & Fuels, 24: 1781-1787.

Alexeeva D, Feldman E P, Vasilenko T A. 2000. Alteration of methane pressure in the closed pores of fossil coals. Fuel, (79): 939-943.

Al-Otoom A Y, Elliott L K, Wall T F, et al. 2000. Measurement of the sintering kinetics of coal ash. Energy & Fuels, 14(5): 994-1001.

An F H, Cheng Y P, Wu D M, et al. 2013. The effect of small micropores on methane adsorption of coals from Northern China. Adsorption, 19: 83-90.

Anderson R B, Hall W K, Lecky J A, et al. 1956. Sorption studies on American coals. The Journal of Physical Chemistry, 60: 1548-1558.

Antxustegi M M, Hall P J, Calo J M. 1998. Development of porosity in pittsburgh No. 8 Coal Char as investigated by contrast matching small-angle neutron scattering and gas adsorption techniques. Energy & Fuels, 12(3): 542-546.

Cai Y D, Liu D M, Pan Z J, et al. 2013. Pore structure and its impact on $CH_4$ adsorption capacity and flow capability of bituminous and subbituminous coals from Northeast China. Fuel, 103: 258-268.

Cai Y D, Liu D M, Pan Z J, et al. 2014. Pore structure of selected Chinese coals with heating and pressurization treatments. Science China Earth Sciences, 57(7): 1567-1582.

Ciccariello S, Benedetti A, Polizzi S. 1987. Polydisperse distributions of composite particles and the SAXS behaviour of low-rank coals. EPL (Europhysics Letters), 4(11): 1279.

Cohaut N, Dumas D, Guet J M, et al. 2000. A small angle X-ray scattering study on the porosity of anthracites. Carbon, 38(9): 1391-1400.

Foster M D, Jensen K F. 1990. Small angle X-ray scattering investigations of pore structure changes during coal gasification. Fuel, 69(1): 88-96.

Gan H, Nandi S P, Walker P L. 1972. Nature of porosity in American coals. Fuel, 51: 272-277.

Gupta S K, Wall T F, Creelman R A, et al. 1998. Ash fusion temperatures and the transformations of coal ash particles to slag. Fuel Processing Technology, 56: 33-43.

He L L, Melnichenko Y B, Mastalerz M, et al. 2012. Pore accessibility by methane and carbon dioxide in coal as determined by neutron scattering. Energy & Fuels, 26(3):1975-1983.

Hinde A L. 2004. PRINSAS-a Windows-based computer program for the processing and interpretation of small-angle scattering data tailored to the analysis of sedimentary rocks. Journal of Applied Crystallography, 37: 1020-1024.

Lin J S, Hendricks R W, Harris L A, et al. 1978. Microporosity and micromineralogy of vitrinite in a bituminous coal. Journal of Applied Crystallography, 11(5): 621-625.

Liu C J, Wang G X, Sang S X, et al. 2015. Fractal analysis in pore structure of coal under conditions of $CO_2$ sequestration process. Fuel, 139: 125-132.

Liu J X, Jiang X M, Huang X Y, et al. 2010. Morphological characterization of super fine pulverized coal particle. Part 4. Nitrogen adsorption and small angle X-ray scattering study. Energy & Fuels, 24(5): 3072-3085.

Mahajan O P. 1991. $CO_2$ surface area of coals the 25-year paradox. Carbon, 129: 735-742.

Mandelbrot B B. 1982. The Fractal Geometry of Nature. San Francisco: W.H. Freeman & Company: 468.

Mandelbrot B B. 1983. Self-inverse fractals osculated by sigma-discs and the limit sets of inversion groups. The Mathematical Intelligencer, 5(2): 9-17.

Melnichenko Y B, He L, Sakurovs R, et al. 2012. Accessibility of pores in coal to methane and carbon dioxide. Fuel, 91(1): 200-208.

Mitropoulos A C, Haynes J M, Richardson R M, et al. 1996. Water adsorption and small angle X-ray scattering studies on the effect of coal thermal treatment. Carbon, 6(34): 755-781.

Morimoto T, Ochiai T, Wasaka S, et al. 2006. Modeling on pore variation of coal chars during $CO_2$ gasification associated with their submicropores and closed pores. Energy & Fuels, 20(1): 353-358.

Nakagawa T, Nishikawa K, Komaki I. 1999. Change of surface fractal dimension for Witbank coal with heat-treatment studied by small angle X-ray scattering. Carbon, 37(3): 520-522.

Nie B S, Liu X F, Yang L L, et al. 2015. Pore structure characterization of different rank coals using gas adsorption and scanning electron microscopy. Fuel, 158: 908-917.

Pan J N, Zhao Y Q, Hou Q L, et al. 2015. Nanoscale pores in coal related to coal rank and deformation structures. Transport in Porous Media, 107: 543-554.

Pfeifer P, Wu Y J, Cole M W, et al. 1989. Multilayer adsorption on a fractaly rough surface. Physical Review Letters, 62: 1997-2000.

Qi H, Ma J, Wong P. 2002. Adsorption isotherms of fractal surfaces. Colloids and Surfaces A: Physicochemical and Engineering Aspects, 206(1-3): 401-407.

Radliński A P, Busbridge T L, Gray E M A, et al. 2009. Small angle X-ray scattering mapping and kinetics study of sub-critical $CO_2$ sorption by two Australian coals. International Journal of Coal Geology, 77(1-2): 80-89.

Radliński A P, Busbridge T L, Mac A G E, et al. 2009. Dynamic micromapping of $CO_2$ sorption in coal. Langmuir, 25(4): 2385-2389.

Radliński, A P, Mastalerz M, Hinde A L, et al. 2004. Application of SAXS and SANS in evaluation of porosity, pore size distribution and surface area of coal. International Journal of Coal Geology, 59(3): 245-271.

Reich M H, Russo S P, Snook I K, et al. 1990. The application of SAXS to determine the fractal properties of porous carbon-based materials. Journal of Colloid and Interface Science, 135(2): 353-362.

Reich M H, Snook I K, Wagenfeld H K. 1992. A fractal interpretation of the effect of drying on the pore structure of Victorian brown coal. Fuel, 71(6): 669-672.

Richard S, Stuart D, Steve W, et al. 2008. Temperature dependence of sorption of gases by coals and charcoals, International Journal of Coal Geology, 73(3-4): 250-258.

Sakurovs R, Radlinski A P, Melnichenko Y B, et al. 2009. Stability of the Bituminous Coal Microstructure upon Exposure to High

Pressures of Helium. Energy & Fuels, 23(10): 5022-5026.

Sastry P U, Mazumder S, Chandrasekaran K S, et al. 2000. Structural variations in lignite coal: A small angle X-ray scattering investigation. Solid State Communications, 114(6): 329-333.

Schaefer D W, Bunker B C, Wilcoxon J P. 1989. Fractals and phase separation. Proceedings of the Royal Society of London: Series A, 423(1864): 35-53.

Sun W J, Feng Y Y, Jiang C F, et al. 2015. Fractal characterization and methane adsorption features of coal particles taken from shallow and deep coalmine layers. Fuel, 155: 7-13.

Wang C Y, Hao S X, Sun W J, et al. 2012. Fractal dimension of coal particles and their $CH_4$ adsorption. International Journal of Mining Science and Technology, 22: 855-858.

Wu D, Liu G J, Sun R Y, et al. 2014. Influences of magmatic intrusion on the macromolecular and pore structures of coal: Evidences from Raman spectroscopy and atomic force microscopy. Fuel, 119: 191-201.

Yao Y B, Liu D M, Tang D Z, et al. 2008. Fractal characterization of adsorption pores of coals from North China: An investigation on $CH_4$ adsorption capacity of coals. International Journal of Coal Geology, 73(1): 27-42.